生物科学研究方法丛书

微生物学方法

中国生物技术发展中心
中国科学院微生物研究所 编著

主　编　马延和

主要参编人员　（按姓氏汉语拼音排序）

蔡　真　董红军　付卫平　高成华
高　鹏　耿红冉　巩伏雨　黄英明
贾开志　姜　凯　旷　苗　李春立
李　寅　柳国霞　马贵宏　马延和
孟　姗　邱宏伟　宋亚团　孙际宾
王　晶　王少华　王　莹　邢建民
薛燕芬　于　波　翟　磊　张海峰
张天瑞　张延平　赵秋伟　赵饮虹
周　成　周　杰　朱林江　朱泰承
朱　岩

整体校稿

李　寅　张延平　于　波

科学出版社

北　京

内 容 简 介

微生物学领域正经历跨越式的发展,创新方法层出不穷。本书在总结微生物学发展历程的基础上,重点调研和总结了该学科主要研究领域的新方法、新技术,内容涉及微生物资源发掘、认识、改造、应用等多个方面,尤其关注了工业微生物研究和工业生物技术的最新发展和应用,希望与广大科研人员和科研管理人员一起,共同探讨我国微生物学领域方法创新的目标和重点,以便在科学研究过程更科学地应用这些方法,更理性地设计研究思路。

图书在版编目(CIP)数据

微生物学方法 / 中国生物技术发展中心,中国科学院微生物研究所编著;马延和主编.—北京:科学出版社,2012.9

(生物科学研究方法丛书)

ISBN 978-7-03-035586-7

Ⅰ.微… Ⅱ.①中…②中…③马… Ⅲ.微生物学-研究方法 Ⅳ.Q93-3

中国版本图书馆 CIP 数据核字(2010)第 221818 号

责任编辑:邹梦娜 / 责任校对:包志虹

责任印制:徐晓晨 / 封面设计:范壁合

科学出版社 出版

北京东黄城根北街 16 号

邮政编码:100717

http://www.sciencep.com

北京凌奇印刷有限责任公司 印刷

科学出版社发行 各地新华书店经销

*

2012 年 9 月第 一 版 开本:787×1092 1/16

2024 年 1 月第十三次印刷 印张:13 1/2

字数:319 000

定价:98.00 元

(如有印装质量问题,我社负责调换)

前　言

微生物学(microbiology)是生物学的分支学科之一。它是在分子、细胞或群体水平上研究各类微小生物(细菌、放线菌、真菌等)的形态结构、生长繁殖、生理代谢、遗传变异、生态分布和分类进化等生命活动的基本规律,并将其应用于工业发酵、医学卫生和生物工程等领域的科学。

自古以来,人类在日常生活和生产实践中,已经觉察到微生物的生命活动及其所发生的作用。17世纪,荷兰人列文虎克用自制的简单显微镜(可放大160～260倍)观察牙垢、雨水、井水和植物浸液后,发现其中有许多运动着的"微小动物",并用文字和图画科学地记载了人类最早看见的"微小动物"——细菌的不同形态(球状、杆状和螺旋状等)。1838年,德国动物学家埃伦贝格在《纤毛虫是真正的有机体》一书中,首次创用bacteria(细菌)这一词。随着人类对生命过程认识的加深,系统认识并利用微生物已成为实现社会可持续发展的最有潜力的领域,在环境治理、能源生产和健康保障等方面发挥着不可替代的作用。

微生物已经有35亿年的进化历史,可存在于任何环境。微生物适应环境的广泛性和生命策略的多样性,为人类社会发展和文明进步提供了无穷的物质源泉,也为人类社会的可持续发展和科学进步提供了崭新模式。微生物代谢类型多样,可塑性强,能利用任何形式的物质和能量,几乎参与了地球有机化学反应的全部过程。微生物具有卓越的化学合成能力,几乎能合成地球上所有的化学品,其次级代谢产物的化学结构和生物活性多样。利用生命科学和生物技术的最新发展,充分发掘自然微生物资源的潜力,对推动生物产业的发展、提升科技创新和竞争能力将做出重要贡献。

尽管人类对微生物的利用已有几千年的历史,现代微生物学也经历了一个多世纪的发展,但至今,为人们所认识的微生物种类仅占自然界中微生物总数的1%～5%,获得开发利用的则更少。因此,微生物可能是地球上最大的、尚未有效开发利用的自然资源。自20世纪90年代以来,微生物学领域正经历跨越式的发展,对微生物的认识步步深入,在微生物资源发掘、认识、改造、应用等各个方面的创新方法层出不穷。这些新技术、新方法的利用,对发掘和利用微生物资源、推动微生物学科发展已经产生巨大影响。因此,非常有必要适时总结最新技术发展,认真总结不同方法的优点和缺陷,找准技术进步的方向,不断完善方法,坚持创新和发展之路,推动微生物学研究的更大进步。

应中国生物技术发展中心之邀,我们邀请从事微生物学研究的一线科研人员,整理出微生物学领域的主要技术发展历程,对微生物学研究主要领域的新方法、新技术进行了调研和总结。微生物学涉及领域非常广,方法创新蓬勃发展,以一书之力难概全局。本书力求在微生物资源发掘、认识、改造和应用等领域给读者一些"面"上的认识。不同于《分子生物学手册》、《基因工程手册》等书籍在"点"上对方法的具体介绍,本书力求在所涉及的各个领域都形成由浅入深、由简单到复杂的逻辑主"线",汇总成微生物学研究方法的"面",希望帮助科研人员和科研管理人员更系统的了解微生物学技术的发展,在科学研究过程中更科学地应用这些新方法,更客观地评价研究思路和技术。

由于编写时间紧迫和编者水平所限,书中难免有疏漏或不当之处,敬请广大读者不吝指正并提出宝贵意见。

编写组全体人员

2012年3月12日

目　　录

第一篇　历　史　篇

微生物学领域技术方法的发展历程和规律

第一章

微生物学发展历程(总论)

人类最早认识微生物仅仅是一个朦胧阶段,大多是凭借实践经验利用微生物的有益活动(进行酿酒、发面、制酱、酿醋、沤肥等)。随着人类社会科学技术的不断进步,微生物学领域的发展经历了形态描述、生理水平研究、生化水平研究和分子生物学水平研究的阶段,不断交叉发展并持续至今。随着基因组学、系统生物学和合成生物学的飞速发展,现代微生物学也逐渐进入了一个组学与系统研究的新发展阶段,在不远的将来,还将实现人工半合成与全合成的微生物。

在现代科学中,对人类健康关系最大、贡献最为突出的莫过于微生物学。微生物学从建立之初就与人类和动物传染病的防治产生了不解之缘,可以说,微生物学的发展促进了人类的进步。在基础理论问题研究中,微生物也是最佳的模式生物。历史上自然发生说的否定、糖酵解机制的认识、基因与酶关系的发现、突变本质的阐明、核酸是一切生物遗传变异的物质基础的证实、操纵子学说的提出、遗传密码的揭示、基因工程的开创、PCR(DNA聚合酶链式反应)技术的建立、真核细胞内共生学说的提出等,都是选用微生物作为研究对象而取得的重大成果。随着认识微生物能力的不断提高,人类利用微生物的技术能力也不断提升。新技术也不断促进核心"生物工具"的进步,生物炼制与生物质转化、生物催化与生物加工、现代发酵等现代生物制造技术不断取得重大创新和产业应用,对工业基础原材料的化石原料路线替代、传统工业的工艺路线替代以及生物产业升级显示了巨大的推动作用。

一、微生物的形态描述阶段

微生物是生物中一群重要的分解代谢类群,它们是地球上最早出现的生命形式,迄今已有35亿年的进化历史,其生物多样性在维持生物圈和为人类提供广泛而大量的未开发资源方面起着主要的作用。微生物可存在于任何环境,代谢类型多样,可利用任何形式的物质和能量,从无机小分子到有机高分子化合物,几乎无所不被其所利用;从太阳辐射,到光合作用产生有机化学物,到地表深处的矿物质,微生物参与了地球有机化学反应的全部过程。

由于微生物个体过于微小、群体外貌不显、种间杂居混生以及形态与其作用的后果之间很难被人认识等,初期成为一个难以认识的微生物世界。直至1676年,列文虎克发明了显微镜,观察到了微生物的个体,也对一些微生物进行了初步的形态描述,而成为微生物学研究的先驱者。显微镜发明之后,组织学和细胞学也就相应地建立起来。电子显微镜的使用,进一步使表观形态描述深入到超微结构的领域。微生物资源是人类赖以生存和发展的重要物质基础和生物技术创新的重要源泉。没有微生物的活动,地球上的生命是不可能存在的。现在的形态学早已跳出单纯描述的圈子,形态学的研究也越来越与微生物机能研究结合起来,通过研究微生物形态分类,进行微生物多样性和微生物资源发掘,帮助揭示极端环境中的生命特征,生命起源和演化,系统发育与进化生物学等重大科学问题。

二、微生物生理水平研究阶段

微生物种类繁多,生理类型复杂,就营养和能量转换而论,既有像动物那样异养生活的类群,也有像植物那样进行光合作用的自养类群。另外还有利用化能的自养类群以及与其他生物具有共生或寄生关系的类群。在碳的同化方面,除一般的代谢类型外,微生物还有许多特殊的代谢途径,可以产生有机酸、溶剂、脂肪酸、维生素、多糖等对人类有用的产物,也可代谢氧化烃、芳香族化合物等,从而清除污染环境的物质。另外,微生物还可产生抗生素、色素、毒素、甾体化合物等次级代谢产物。氮的利用方面,微生物有能利用有机氮化合物的类群,也有能利用无机氮的类群。固氮菌、根瘤菌、蓝细菌和某些异养菌能够直接同化大气中的氮。微生物的能量产生方式因好氧生活、厌氧生活或兼性生活而有所不同。光合细菌可通过光合磷酸化方式获得能量,好氧菌可由氧化磷酸化获得能量,厌氧菌可由底物水平的磷酸化获得能量。

微生物学的研究从19世纪60年代开始进入生理水平阶段,法国科学家巴斯德对微生物生理学的研究为现代微生物学奠定了基础。从此,微生物学作为一个学科真正开始建立。随着科技的进步,微生物生理学的研究也不断面临着一些重大科学问题的挑战:包括①细胞中的生物化学转化、能量的产生和转换的机制;②生物大分子的结构与功能(核酸与蛋白质的合成、遗传信息的传递以及膜的结构和功能等)的关系;③分子水平上的形态建成、分化及其行为等。近年来,微生物生理学的研究扩展到了新的或过去不引人注意的微生物类群和可再生能源方面。极端环境中的微生物为了适应生存,逐步形成了独特的结构、生理机能和遗传因子,以适应环境。它不仅在生命起源、系统进化等方面给了人们许多重要的启示,而且极端微生物特殊的基因类型、生理机制及代谢产物,具有极大的应用价值。这将使某些新的生物技术手段成为可能,极大地推动生物技术的发展。目前,极端微生物已成为国际研究的热门领域,日本、美国、欧洲等国都启动了极端微生物的研究计划,进行新物种的发现、新产物的研究与生产、酶的结构与功能及其基因的克隆表达和基因组分析等研究,瞄准解决酶适应机制的分子基础及遗传原理等方面科学问题。特别值得一提的是,极端微生物产生的极端酶在极端的条件下具有高的活性和稳定性,而传统酶工业中的酶在应用的过程中经常会表现出不稳定性,尤其是在高温、强碱、强酸等极端环境下易出现失活状态，这使酶工程的应用范围有一定的局限性，极端酶正好弥补了这方面的缺陷。这使得这类特殊的酶成为现代酶学微生物学研究的焦点，极端微生物酶的研究将会成为酶学研究和微生物资源开发利用的新方向。通过微生物生理机制的研究，尤其是极端微生物，包括部分极端古菌的研究，将逐步加深我们对生命科学基础理论的认知水平。

三、微生物生化水平研究阶段

20 世纪以来，生物化学和生物物理学向微生物学渗透，再加上电子显微镜的发明和同位素示踪原子的应用，推动了微生物学向生物化学阶段的发展。1897 年德国学者认识了酵母菌酒精发酵的酶促过程，将微生物生命活动与酶化学结合起来。随后的微生物学者对微生物代谢的研究以及比较生物化学的研究，发现了微生物代谢的统一性，阐明了生物体的代谢规律和控制其代谢的基本原理，普通微生物学开始形成。在控制微生物代谢的基础上扩大利用微生物，发展酶学，推动了微生物生物化学的发展。微生物的生长繁殖主要依赖于两种代谢途径，即分解代谢与合成代谢。微生物通过分解代谢将从环境中吸收的各种碳源、氮源等物质降解，为细胞的生命活动提供能源和小分子中间体。分解代谢包括各种中心途径如 TCA，EMP 和 HMP，以及外周途径（指其他碳源、氮源物质通过分解后进入中心途径）。微生物的合成代谢是利用分解代谢的能量和中间体合成氨基酸、核酸等单体物质，及蛋白质、核酸、多糖等多聚物。因此，微生物的分解代谢与和合成代谢是相互关联、相互制约的，成为其生命活动的基础。阐明代谢调控机制成为微生物学领域的一个重大科学基础问题。多年的研究发现，微生物在生产过程中机体内的复杂代谢过程是互相协调和高度有序的，并对外部环境的改变能够做出反应。其原则是经济合理的利用和合成所需的各种物质和能量，使细胞处于平衡生产状态。

研究微生物的代谢调节具有极为重要的意义。在工业上，可对微生物的代谢途径加以控制，打破微生物原有的代谢调控系统，满足生产的需要。微生物及其代谢产物的多样性，为新抗菌药物的筛选提供了丰富来源。但过去半个多世纪以来的药物筛选还只触及到其中很小的一部分，而对海洋微生物和极端微生物的研究更少，因此，新型抗菌药物开发尚有十分广阔的前景。通过对微生物进行生化水平上的研究，解决了微生物代谢调控、合成途径等各方面的技术挑战，运用抗生素作用机制、耐药原理和分子药理学与病理学等方面的新成就，创建新的筛选模型，利用高新技术建立自动、快速、高通量的筛选程序；广开菌源，并采用基因工程、细胞工程等技术构建生物工程菌株，运用电子计算机辅助设计和组合化学等手段大量获取新化合物和产品制造新路线。另一方面，能源、资源安全以及日益严重的环境问题迫使我们寻找更加可持续的经济发展模式，以降低不可再生的化石资源（石油、天然气、煤、矿物）的快速消耗速度。一个有前景的方法就是逐步将全球经济的大部分转变为可持续的，以生物能源、生物燃料及生物基产品为主要支柱的生物基经济。将经济形态部分或全部调整为以可再生原材料为基础的经济，需要在研究、开发及生产过程中使用全新的理念和方法。微生物代谢调控机制等微生物生物化学领域的重大基础科学问题的突破为实现生物经济提供了理论与技术基础。

四、微生物分子生物学水平研究阶段

生物的遗传变异有无物质基础以及何种物质可执行遗传变异功能的问题，是生物科学中的一个重大的基础理论问题。围绕这一问题，曾有过种种推测和争论。通过生物学家不懈的努力，以确凿的事实证明了核酸尤其是DNA才是一切生物遗传编制的真正物质基础。1953年，沃森和克里克提出了DNA分子的双螺旋结构模型和核酸半保留复制学说。富兰克尔·康拉特等通过烟草花叶病毒重组试验，证明核糖核酸(RNA)是遗传信息的载体，为奠定分子生物学基础起了重要作用。其后，又相继发现转运核糖核酸(tRNA)的作用机制、基因三联密码的论说、病毒的细微结构和感染增殖过程、生物固氮机制等微生物学中的重要理论，展示了微生物学广阔的应用前景。

将外源DNA通过体外重组后，导入受体细胞，使其在受体细胞中复制、转录、翻译表达的技术称为基因工程或DNA体外重组技术。这项在微生物遗传学和分子生物学基础理论上发展起来的技术，不仅是生命科学研究发展的里程碑，也使现代生物技术产业发生了革命性的变化。近年来，微生物基因重组的研究不断获得进展。自1973年第一个目的基因重组成功以来，已用微生物细胞表达和生产了许多重组基因产物，包括受体细胞自身原有的和原来不能产生的各种物质。1982年第一个基因工程产品——人工胰岛素在美国问世，更是吸引和激励了大批科学家投身这一领域的研究和开发，获得了大批的成果，也产生了巨大的经济效益和社会效益。随着基因工程的长足发展，利用基因工程技术改变代谢流，扩展和构建新的代谢途径，或通过关联酶将两个代谢途径连接形成新的代谢途径的研究，早已取得了令人瞩目的进展。这种涉及多个基因的基因工程称为代谢工程或途径工程。通过广泛运用分子生物学理论和现代研究方法，深刻揭示微生物的各种生命活动规律。以基因工程为主导，把传统的工业发酵提高到发酵工程新水平。微生物分子生物学的基础理论和独特实验技术推动了生命科学各领域飞速发展。尤其值得一提的是，微生物基因组的研究促进了生物信息学及组学研究时代的到来。

五、现代微生物组学研究与系统改造

随着对生物体内部代谢及调控知识的积累和分子生物学技术的进步，人类认识和改造微生物的技术能力也在不断增强。在20世纪90年代出现了代谢工程(或途径工程)技术。代谢工程一度成为定向改造微生物菌种的热点方法，如上文所述，有很多成功的例子。但是，多年的代谢工程实践也告诉我们，针对途径的操作并不是万能的，生物体是一个比想象更为复杂的系统，特定途径的限速步骤常常位于途径之外。21世纪初，大规模廉价的基因组测序技术的出现终于为微生物学研究揭开了新的一页。以生物信息学为支撑，基于基因组数据可以迅速重建细胞代谢网络，这为揭示微生物的生理代谢本质提供了一种全新的方法。通过比较基因组分析，可以将研究目标锁定在存在差异的基因及其调控序列上，迅速阐明生理代谢特性的分子机制。功能基因组学、转录组学、蛋白质组学和代谢物组学等，从各个水平为解析生物的生理代谢提供了系统层面的实验数据；序列比对、基因组注释、细胞网络的重建、模拟和预测，从一级序列预测三维结构，从三维结构预测小分子与大分子的相互作用，生物信息学和计算生物学为全面理解生物学数据和设计生物学进程提供了强有力的计算工具；定向进化、蛋白质工程、基因组规模的knockout和knockdown为重新设计生物催化剂提供了有效的实验手段。为了解决生物制造的原料利用、产品成本与过程效率等相关科技问题，提高我国基础化学品、手性化学品与特殊化学品等有机化学品生物合成的核心竞争力与发展的可持续性，真正实现生物基经济。需要解决生物催化、生物质原料转化、生物分子机器等重要科学问题，为建立高效生物催化技术奠定科学基础。开展微生物系统生物学与物质代谢的分子基础研究，探索人工生命的构建原理，解决合成生命、人工生物器件、细胞工厂、人工生物叶片等方面的重大科学问题，为解决我国能源、化工、医药和环境等重大需求问题提供原始创新方案。研究复杂生物过程的原理与规律，解决生物过程及其工程化的科学问题，以突破生物工艺过程、食品加工过程、多物种生态工艺过程、污染物生物降解过程等方面的重大科学问题，为建立生物制造过程模式奠定科学基础。

基于基因组信息的代谢和调控网络重构的基因组育种改造技术已取得了一系列突破性的进展。基因组改组技术、系统代谢工程技术、基因组快速进化技术、基因组删减技术、细胞全局扰动技术等微生物基因组育种技术已经引发传统工业微生物育种及发酵产业的革命，大幅度提高生物产品的生产水平。蛋白质工程技术在工业酶蛋白进化、改造等方面发展迅速，正在使更多的生物蛋白质成为可商业化的工业催化剂。合成生物学建立在系统生物学和代谢工程的基础之上，是生命科学发展的必然趋势，它将创造解决生物医药、环境能源、生物材料等重大问题的新“生命”，为产业升级带来新的动力，从根本上改变经济发展模式。合成生物学技术快速发展，使人们有可能按照对生命系统运行法则的认识，以最优化的方式重新编程，甚至合理引入自然界不存在的人造法则，从而构建出全新的“人造微生物体”，突破自然生物体的局限，改变功能材料、工业化学品与药品合成的现有生产模式，开创一个微生物学研究及其应用的新纪元。

执笔：于　波

讨论与审核：周　成、朱泰承

资料提供：朱林江

第二章

研究思路的发展历程(方法论的角度)

第一节　微生物培养

从人类有意识地利用微生物以来,微生物培养历经杂菌发酵、纯培养、混合培养以及菌群培养几个阶段,这些技术发展是与对微生物及其群落的认识程度密切相关的,其中,微生物纯培养技术是现代微生物学发展的基础。纯培养(pure culture)是指在同一培养物或一管菌种中,所有的细胞或孢子都是生物分类中的同一个种。严格说,是在培养基上由一个细胞分裂、繁殖所产生的后代。

微生物是一大群种类各异、独立生活、以单细胞或以多细胞群体存在的生物体。因为单独的微生物细胞很小,肉眼是看不到的,所以在自然界中,我们对微生物的认识起始于显微镜的使用。19世纪,显微镜的性能得到改良,随后广泛使用,从而极大的推动了微生物学科的发展,促进了科学工作者深入的研究细胞的秘密。在显微镜下,通过对自然物质如土壤、淤泥、腐烂的食物、患病动物的血液和排泄物等材料的观察,科学工作者发现这些材料中充满了众多的微生物细胞,而其中的一种或几种微生物是导致腐败、疾病、降解等现象的重要原因。为了成功的研究一种微生物引起的这种现象,人们必须确保这一微生物是单独存在于培养基中及纯培养。Koch观察到,固体培养基表面,如马铃薯片,暴露在空气中,然后加以培养时,细菌菌落就会产生并生长,每一个菌落都有一个特定的形状和颜色。他认为不同形状和颜色的菌落来自于不同种类的微生物。当挑取菌落中的细胞涂布到新鲜的培养基表面时,就会出现许多菌落,每个都具有同原有菌落一样的形状和颜色。Koch的这一发现为我们提供了一个简单、快速获得纯培养的方法及纯培养技术。此外,Koch发现在污染的固体培养基上产生的不同菌落(颜色、菌落形态、大小和嗜好)的特征是彼此有别的,来自不同菌落的细胞在显微结构、温度以及营养需求方面也是不同的。Koch敏锐地认识到有机体的这些不同能够有助于微生物分类的研究。Koch这两项极为重要的发现最终导致了微生物鉴定和筛选技术的产生和发展。

但是对微生物进行常规培养时,由于生活条件的改变,有些微生物不能适应而死亡,另一些则通过产生孢子进入休眠状态或改变细胞形态、进入维持一定代谢活性但不生长繁殖的“活的非可培养状态”,结果均表现为微生物的“不可培养性”。实际上,微生物的不可培养性是由于对微生物生长条件及其规律性的认识严重不足,而采取了偏离微生物生长实际情况的培养条件所造成的。由于目前监测技术和手段的限制,人们对微生物生存环境和自然条件的了解尚不充分。因此,人们没有或无法完全模拟微生物的自然生存条件,而通常将培养条件进行简化:将微生物置于恒温、恒湿、黑暗等环境中;将微生物限制在“板结”的琼脂或不扰动的液体介质中;简化微生物的营养组成没有提供微生物生长繁殖所必需的某些化学物质等等。所以在自然界中可以生长繁殖的微生物,在“纯培养”中生长条件得不到满足,从而导致了微生物的不可培养性。

模拟自然环境条件，维持微生物种群间的相互关系是提高环境中微生物可培养性的关键。如可考虑将环境微生物用环境介质混合培养至生长稳定阶段，然后将菌液离心过滤，用上清液作为培养基培养微生物，这些方法由于在培养过程中引入了多种微生物自然分泌的信号分子和促进复活因子，均可较好地强化微生物之间的相互关系，而克服引入单一信号分子的效果有限且操作费时费力的缺点。此外，在培养过程中结合多种培养因素、组合采取多种培养方案来取代模拟一种培养条件的方案，可以获得更多可培养的微生物、取得更高效的培养结果。

第二节　分子水平研究

随着对微生物胞内功能单元（核酸、蛋白质）以及信息传递通路的深入理解，目前对微生物的研究已经深入到分子水平，发展了分子生物学、分子细胞学、分子生态学、分子遗传学、分子病毒学等分支领域。

一、分子生物学

分子生物学（molecular biology）从分子水平研究生物大分子的结构与功能从而阐明生命现象本质的科学。自20世纪50年代以来，分子生物学是生物学的前沿与生长点，其主要研究领域包括蛋白质体系、蛋白质-核酸体系（中心是分子遗传学）和蛋白质-脂质体系（即生物膜）。生物大分子，特别是蛋白质和核酸结构功能的研究，是分子生物学的基础。现代化学和物理学理论、技术和方法的应用推动了生物大分子结构功能的研究，从而出现了近年来分子生物学的蓬勃发展。

分子生物学和生物化学及生物物理学关系十分密切，它们之间的主要区别在于：①生物化学和生物物理学是用化学的和物理学的方法研究在分子水平，细胞水平，整体水平乃至群体水平等不同层次上的生物学问题。而分子生物学则着重在分子（包括多分子体系）水平上研究生命活动的普遍规律；②在分子水平上，分子生物学着重研究的是大分子，主要是蛋白质，核酸，脂质体系以及部分多糖及其复合体系。而一些小分子物质在生物体内的转化则属生物化学的范围；③分子生物学研究的主要目的是在分子水平上阐明整个生物界所共同具有的基本特征，即生命现象的本质；而研究某一特定生物体或某一种生物体内的某一特定器官的物理、化学现象或变化，则属于生物物理学或生物化学的范畴。

结构分析和遗传物质的研究在分子生物学的发展中做出了重要的贡献。结构分析的中心内容是通过阐明生物分子的三维结构来解释细胞的生理功能。1912年英国W. H. 布拉格和W. L. 布拉格建立了X射线晶体学，成功地测定了一些相当复杂的分子以及蛋白质的结构。以后布拉格的学生W. T. 阿斯特伯里和J. D. 贝尔纳又分别对毛发、肌肉等纤维蛋白以及胃蛋白酶、烟草花叶病毒等进行了初步的结构分析。他们的工作为后来生物大分子结晶学的形成和发展奠定了基础。50年代是分子生物学作为一门独立的分支学科脱颖而出并迅速发展的年代。首先是在蛋白质结构分析方面，1951年L. C. 波林等提出了α-螺旋结构，描述了蛋白质分子中肽链的一种构象。1955年F. 桑格完成了胰岛素的氨基酸序列的测定。接着J. C. 肯德鲁和M. F. 佩鲁茨在X射线分析中应用重原子同晶置换技术和计算机技术分别于1957和1959年阐明了鲸肌红蛋白和马血红蛋白的立体结构。1965年中国科学家合成了有生物活性的胰岛素，首先实现了蛋白质的人工合成。

另一方面，M. 德尔布吕克小组从1938年起选择噬菌体为对象开始探索基因之谜。噬菌体感染寄主后半小时内就复制出几百个同样的子代噬菌体颗粒，因此是研究生物体自我复制的理想材料。1961年F. 雅各布和J. 莫诺提出了操纵子的概念，解释了原核基因表达的调控。到20世纪60年代中期，关于DNA自我复制和转录生成RNA的一般性质已基本清楚，基因的奥秘也随之而开始解开了。

二、分子生态学

分子生态学是90年代初新兴的一门生态学学科分支，它一经产生就引起了人们的广泛重视。不同的学者从各自的研究背景出发，对分子生态学的概念有着不同的理解。Burke等(1992)和Smith等(1993)分别在《分子生态学》(*Molecular Ecology*)的创刊号和第二期首卷的社论中解释了分子生态学的概念。这个概念注重动植物和微生物(包括重组生物体)的个体或群体与环境的关系，认为分子生态学是分子生物学与生态学有机结合的一个很好的界面。目前较为一致的看法是，分子生态学是应用分子生物学的原理和方法来研究生命系统与环境系统相互作用的机制及其分子机制的科学，它是生态学与分子生物学相互渗透而形成的一门新兴交叉学科。其特点是强调生态学研究中宏观与微观的紧密结合，用分子生物学的方法来研究生态学或种群生物学的方方面面，阐明自然种群和引进种群与环境之间的联系，评价重组生物体释放对环境的影响。向近敏等(1996)则将分子生态学与宏观生态学和微观生态学对应起来，认为分子生态学是研究细胞内的生物活性分子，特别是核酸分子与其分子环境关系的。这个概念强调有生命形式的细胞内寄生物(如分子形式的病毒等)及其有生物学活性的细胞和分子与其相关细胞之间的各种活性分子，直至分子网络相互作用的生理平衡态和病理失调态的分子机制，从而提出促进生理平衡和防止病理失调的措施和方法。

从分子生态学的历史来看，它与群体遗传学-生态遗传学和进化遗传学的关系是密不可分的。这三个学科的研究工作所用的手段既包括DNA水平的，也包括同工酶等水平的。由此可见，分子生态学并非是生物学术在生态学研究领域中的简单运用，而是宏观与微观的有机结合。它是围绕着生态现象的分子活动规律这个中心进行的。包含了在生物形态-遗传-生理生殖-进化等各个水平上协调适应的分子机制。

三、分子遗传学

分子遗传学(molecular genetics)是在分子水平上研究生物遗传和变异机制的遗传学分支学科。

经典遗传学的研究课题主要是基因在亲代和子代之间的传递问题；分子遗传学则主要研究基因的本质、基因的功能以及基因的变化等问题。分子遗传学的早期研究都用微生物为材料，它的形成和发展与微生物遗传学和生物化学有密切关系。

1944年，美国学者埃弗里等首先在肺炎链球菌中证实了转化因子是脱氧核糖核酸(DNA)，从而阐明了遗传的物质基础。1955年，美国分子生物学家本泽用基因重组分析方法，研究大肠埃希菌的T4噬菌体中的基因精细结构，其剖析重组的精细程度达到DNA多核苷酸链上相隔仅三个核苷酸的水平。

关于基因突变方面，早在1927年马勒和1928年斯塔德勒就用X射线等诱发了果蝇和玉米的基因突变，但是在此后一段时间中对基因突变机制的研究进展很慢，直到以微生物为材料广泛开展突变机制研究和提出DNA分子双螺旋模型以后才取得显著成果。例如碱基置换理论便是在T4噬菌体的诱变研究中提出的，它的根据便是DNA复制中的碱基配对原理。美国遗传学家比德尔和美国生物化学家塔特姆根据对粗糙脉孢菌的营养缺陷型的研究，在40年代初提出了一个基因一种酶假设，它沟通了遗传学中对基因的功能的研究和生物化学中对蛋白质生物合成的研究。按照一个基因一种酶假设，蛋白质生物合成的中心问题是蛋白质分子中氨基酸排列顺序的信息究竟以什么形式储存在DNA分子结构中，这些信息又通过什么过程从DNA向蛋白质分子转移。前一问题是遗传密码问题，后一问题是蛋白质生物合成问题，这又涉及转录和翻译、信使核糖核酸(mRNA)、转移核糖核酸(tRNA)和核糖体的结构与功能的研究。这些分子遗传学的基本概念都是在20世纪50年代后期和60年代前期形成的。

分子遗传学的另一重要概念——基因调控在1960～1961年由法国遗传学家莫诺和雅各布提出。他们根据在大肠埃希菌和噬菌体中的研究结果提出乳糖操纵子模型。接着在1964年，又由美国微生物和分子遗传学家亚诺夫斯基和英国分子遗传学家布伦纳等，分别证实了基因的核苷酸顺序和它所编码的蛋白质分子的氨基酸顺序之间存在着排列上的线性对应关系，从而充分证实了一个基因一种酶假设。此后真核生物的分子遗传学研究逐渐开展起来。用遗传学方法可以得到一系列使某一种生命活动不能完成的突变型，例如不能合成某一种氨基酸的突变型、不能进行DNA复制的突变型、不能进行细胞分裂的突变型、不能完成某些发育过程的突变型、不能表现某种趋化行为的突变型等。不过许多这类突变型常是致死的，所以各种条件致死突变型，特别是温度敏感突变型常是分子遗传学研究的重要材料。在得到一系列突变型以后，就可以对它们进行遗传学分析，了解这些突变型代表几个基因，各个基因在染色体上的位置，这就需要应用互补测验，包括基因精细结构分析等手段。抽提、分离、纯化和测定等都是分子遗传学中的常用方法。在对生物大分子和细胞的超微结构的研究中还经常应用电子显微镜技术。对于分子遗传学研究特别有用的技术是顺序分析、分子杂交和重组DNA技术。

分子遗传学方法还可以用来研究蛋白质的结构和功能。例如可以筛选得到一系列使某一蛋白质失去某一活性的突变型。应用基因精细结构分析可以测定这些突变位点在基因中的位置；另外通过顺序分析可以测定各个突变型中氨基酸的替代，从而判断蛋白质的哪一部分和特定的功能有关，以及什么氨基酸的替代影响这一功能等等。生物进化的研究过去着眼于形态方面的演化，以后又逐渐注意到代谢功能方面的演变。自从分子遗传学发展以来又注意到DNA的演变、蛋白质的演变、遗传密码的演变以及遗传机构包括核糖体和tRNA等的演变。通过这些方面的研究，对于生物进化过程将会有更加本质性的了解。

分子遗传学也已经渗入到以个体为对象的生理学研究领域中去，特别是对免疫机制和激素的作用机制的研究。随着克隆选择学说的提出，目前已经确认动物体的每一个产生抗体的细胞只能产生一种或者少数几种抗体，而且已经证明这些细胞具有不同的基因型。这些基因型的鉴定和来源的探讨，以及免疫反应过程中特定克隆的选择和扩增机制等既是免疫遗传学也是分子遗传学研究的课题。分子遗传学研究的方法，特别是重组DNA技术已经成为许多遗传学分支学科的重要研究方法。分子遗传学也已经渗入到许多生物学分支学科中，以分子遗传学为基础的遗传工程则正在发展成为一个新兴的工业生产领域。

第三节　组学水平研究

20 世纪 80 年代，随着测序技术的发展，基因组学应运而生。1990 年人类基因组计划启动，揭开了基因组学研究的新篇章。随着生物学数据的高速积累，以及数据信息的方便获取，人类从此进入了一个生物学研究的新时代——后基因组时代。分子生物学的研究方式发生了重大的变革，从对单个基因和蛋白的功能研究逐步转向了对生命体全局化系统化的研究。基因组学与转录组学、蛋白质组学、代谢物组学等新兴组学技术一起构成了后基因组时代生物学研究的技术平台。

一、基因组学

基因组学最初被用来描述对基因组进行图谱绘制测序和分析的科学学科。后来这一定义扩展为利用全基因组序列信息和高通量基因组技术，在基因组水平上认识生物系统的结构、功能和进化的分子基础的生物学领域。广义的基因组研究既包括以全基因组测序为目标的结构基因组学（structural genomics），又包括以基因功能鉴定为目标的功能基因组学（functional genomics），即后基因组（postgenome）研究。其中功能基因组学主要指转录组学、蛋白质组学和代谢物组学，将在以下部分分别予以介绍。

人类基因组计划之初，模式生物的基因组测序也同时启动，以期探讨 DNA 测序的新技术、新方法，以及确定基因功能的表达模式。其中包括我们所熟知的大肠埃希菌（*Escherichia coli*）和酿酒酵母（*Saccharomyces cerevisiae*）等微生物。1995 年，Fleischmann 等采用全基因组随机测序法（whole-genome shotgun sequencing）成功地完成了流感嗜血杆菌（*Haemophilus influenzae*）全基因组序列的测定和组装，为微生物基因组研究翻开了历史性的一页。1996 年酿酒酵母全基因组测序完成，1997 年大肠埃希菌全基因组测序完成，之后许多微生物的序列相继被测定。随着新型测序技术的不断涌现和测序成本不断降低，完成基因组测序的微生物数量呈指数增长。

微生物基因组学不仅推动了人类基因组计划的顺利实施，同时对微生物学，甚至整个生命科学都产生了巨大影响。它为本学科开辟了新的研究领域，提供了新思路和新方法，极大促进了微生物生态，生理和遗传等方面的发展。

二、转录组学

转录组是指一个活细胞所能转录出来的所有 RNA 的总和。转录组学（transcriptomics）就是一门在整体水平上研究细胞中基因转录情况，发现基因转录调控规律的学科。简而言之，转录组学从 RNA 水平研究基因表达情况，是研究细胞表型和功能的一个重要手段。基因在不同条件下的表达状态与其编码产物的功能有很强的相关性，转录调节是控制蛋白质和代谢物细胞水平的重要机制，因此 RNA 水平反映着细胞的生理状态和功能活性的动态变化信息。转录组学的综合分析对研究基因功能，基因表达的调节机制和细胞的生理状态具有重要意义。

与蛋白质和代谢产物相比，RNA 分子可以借助基因芯片杂交，RNA 测序等技术实现大规模的全面综合分析。基因芯片又称为 DNA 微阵列（DNA microarray），它的诞生使得同时对成千上万个基因进行转录水平的分析成为可能。目前这项技术已被成功应用于微生物转录表达和基因组差异研究，随着越来越多的微生物基因组测序的完成，基因芯片正逐渐成为微生物学研究领域中的常规技术，在微生物生理、致病性、流行病学、生态、进化、代谢工程及发酵优化等研究中得到广泛应用。

三、蛋白质组学

蛋白质组是指由一个基因组，或一个细胞、组织乃至整个生物体所表达的所有蛋白质，而蛋白质组学就是阐明这些蛋白质的表达及功能模式的学科。蛋白质是细胞中的活性物质，它的状态是生命活动的最直接反应。蛋白质水平、功能和定位受到众多转录后调控机制和转录后加工的影响，mRNA 水平并不能真实反正蛋白质水平。因此蛋白质组学是认识细胞结构的分子组成和蛋白质相互作用的唯一方法，在认识基因功能和基因调控机制上具有重要意义。

蛋白质样品制备、分离、质谱鉴定和生物信息学分析是蛋白质组学研究的核心技术。微生物蛋白质组学研究的基本目标是鉴定与微生物活动相关的蛋白质，从而确定相关的基因，进一步阐明微生物基因组的功能。微生物蛋白质组学，尤其是病原微生物蛋白质组学的研究已经对生命科学及人类疾病的防治起到了重要作用。

四、代谢组学

代谢组学的最初定义是生命体对外界刺激以及遗传改变的代谢物应答的定量测定。这个定义现在可以更广泛地表述为关于整体定量分析生命系统内源性代谢物质的及其对内因和外因变化的动态响应的科学领域。代谢组学的目的是采用全面和综合的方法了解代谢系统，其研究对象大都是相对分子质量 1000 以内的小分子物质。由于代谢物的多样性，进行多种代谢产物的平行鉴定和定量分析需要各种测量技术的支持。目前，代谢组学研究主要依赖基于质谱(MS)和基于核磁共振(NMR)的两大类分析平台。

相比其他组学技术，代谢组学研究起步较晚，但已经在微生物分类，突变体筛选，功能基因研究，发酵工艺监控、代谢工程改造以及环境微生物方面得到应用。目前，代谢组学正日益成为各国科学家的研究热点，随着更灵敏、广谱、通用的检测方法的发展，必定在功能基因组学研究中发挥越来越重要的作用。

五、系统生物学

基因组学，转录组学，蛋白质组学，代谢组学等技术为新兴学科——系统生物学诞生和发展的奠定了技术基础。所谓系统生物学是指在细胞、组织、器官和生物体整体水平研究各种分子及其相互作用，并通过计算生物学来定量描述和预测生物体功能、表型和行为的综合学科。它与各种组学技术的不同之处在于，它是一种整合型大科学，要把系统内基因、mRNA、蛋白质、生物小分子等不同要素整合在一起进行研究。

系统生物学的开展离不开组学技术和计算生物学。组学技术可以为生物系统的阐明和定量预测提供强有力的基础。计算生物学通过数据开采从各实验平台产生的大量数据和信息中抽取隐含规律并形成假说，通过模拟分析验证所形成的假说，并对拟进行的生物学实验进行结果预测，最终形成可用于各种生物学研究和预测的虚拟系统。因此科学家又把系统生物学分为“湿”实验(实验室内的研究)和“干”实验(计算机模拟和理论分析)两部分。“湿”、“干”实验的完美整合才能使系统生物学的目标得以实现。

系统生物学旨在使生命科学由描述式的科学转变为定量和预测的科学,完成由生命密码到生命过程的研究。经过短暂的发展,该学科已在预测医学、预防医学、个性化医学、农业和工业生物技术、生物能源、生物材料和环境生物技术等领域取得了一定的进展。作为21世纪的科学,系统生物学将不仅推动生命科学和生物技术的发展,而且对整个国民经济、社会和人类本身将产生重大和深远的影响。

执笔:董红军、宋亚囡
讨论与审核:周　成、朱泰承
资料提供:董红军

参考文献

Banerjee N, Zhang MQ. 2002. Functional genomics as applied to mapping transcription regulatory networks. Curr Opin Microbiol, 5: 313～317

Ideker T, Galitski T, Hood L. 2001. A new approach to decoding life: systems biology. Annu Rev Genomics Hum Genet, 2:343～372

Medini D, Serruto D, Parkhill J et al. 2008. Microbiology in the post-genomic era. Nat Rev Microbiol, 6:419～430

Westerhoff HV, Palsson BO. 2004. The evolution of molecular biology into systems biology. Nat Biotechnol, 22:1249～1252

第三章

研究手段的发展历程(技术原理的角度)

第一节 微生物培养技术

一、纯种分离与培养技术

自然界的微生物均混杂存在,为获得某种微生物,需采取一系列措施将其从混杂菌群中分离为纯培养;由于周围环境、空气、用具、操作者体表均有大量微生物存在,为获得和保持纯培养,在分离、培养过程中,必需严格操作,以防止杂菌污染。纯培养技术包括灭菌、消毒技术和分离接种过程的无菌操作技术。

培养基、器皿、接种工具的彻底灭菌,环境及某些材料的消毒,是防止杂菌污染,保证纯培养的关键步骤。常用方法如下:①干热灭菌:通过加热使蛋白质变性或凝固,或直接烧死菌体。②烧灼灭菌:直接用火焰烧灼用具上的杂菌,如接种时在火焰上灼烧接种工具、试管口、瓶口等,或焚烧废弃的带菌物品。③烘箱灭菌:玻璃器皿、接种用具、手术器械经包装后,放电热干燥箱中,升温至160~170℃,1~2小时,可彻底杀灭杂菌。灭菌后的物品保持干燥,包装存放备用,不易污染。但应注意温度及时间均不可超过上述规定,否则包装纸被烤焦,不宜使用。④湿热灭菌:直接煮沸或用饱和水蒸汽的高温进行灭菌或消毒。常用的方法有高压蒸汽灭菌、间歇灭菌、巴斯德灭菌、煮沸消毒等。⑤高压蒸汽灭菌(autoclaving):亦称饱和蒸汽灭菌,是医疗保健、发酵工业及微生物实验、科研中常用的灭菌方法。利用水的沸点随水蒸汽的压力增加而上升所产生的高温,达到灭菌的目的。常用的灭菌装置为高压灭菌锅,是用铝、铁等金属制成的可密闭容器,可承受一定压力(一般耐压为5千克/厘米^2),分为手提式、立式及卧式等。加热后锅底的水不断产生蒸汽,待冷空气排除后,使完全密闭,温度即可随蒸汽压力而上升。常用于培养基、水等灭菌,1.05千克/厘米^2(15磅/英寸^2),即温度121℃,15~20分钟即可。使用高压锅在升压前必须充分排除冷空气,才能保证压力上升与温度上升相一致;到达所需压力(温度)必须保持恒温,到达恒温时间后,切断电源,待压力缓缓下降至零点,方可排汽、开盖。⑥间歇灭菌:在没有高压灭菌锅时,采用常压间歇蒸煮的方法灭菌。即将待灭菌的培养基等放在蒸锅内,经100℃热蒸汽蒸3次,每次30~60分钟。第一、二次蒸后放25~30℃恒温过夜,以使未杀死的芽孢萌发,待第三次蒸后,即可达到灭菌的目的。但此法较麻烦,且会使培养基营养成分破坏,在设备允许的情况下,不宜采用。⑦巴斯德灭菌:由巴斯德首创。即在60℃条件下保持30分钟,可杀死致病微生物而保持营养成分不被破坏。因仅杀死致病微生物,故又称巴氏消毒法。常用于牛乳、啤酒等食品的消毒。⑧煮沸消毒:把物品直接放在清水中煮沸,5分钟以上可杀死全部细胞,15~20分钟或在水中加入1%碳酸钠,效果更佳。用于带菌物品、器皿的初步清洗。

二、微生物的分类鉴定

微生物分类是按微生物亲缘关系把微生物归入各分类单元或分类群(taxon),以得到一个反映微生物进化的自然分类系统、可供鉴定用的检索表以及可给出符合逻辑的名称的命名系统。

微生物分类学(microbial taxonomy):研究微生物分类理论和技术方法的学科。具体任务有三,即分类(classification)、命名(nomenclature)和鉴定(identification)。分类指的是根据相似性或亲缘关系,将一个有机体放在一个分类单元中;命名是按照国际命名法规给有机体一个科学名称;鉴定则是确定一个新的分离物是否归属于已经命名的分类单元的过程。

微生物的主要分类单位,依次为界(kingdom)、门(phylum 或 division)、纲(class)、目(order)、科(family)、属(genus)、种(species)。具有完全或极多相同特点的有机体构成同种。性质相似、相互有关的各种组成属。相近似的属合并为科。近似的科合并为目。近似的目归纳为纲。综合各纲成为门。由此构成一个完整的分类系统。此外,每个分类单位都有亚级,即在两个主要分类单位之间,可添加"亚门"、"亚纲"、"亚目"、"亚科"等次要分类单位。在种以下还可以分为亚种、变种、型、菌株等。

三、微生物菌种诱变育种

(一) 诱变方法

使用物理诱变剂[包括各种射线,如紫外线(焦耳)、X 射线(库仑/千克)、β 射线、γ 射线、α 射线和超声波等]或化学诱变剂[包括甲基磺酸乙酯(EMS)、亚硝基胍、亚硝酸、氮芥等]使微生物发生突变。选择诱变剂要根据诱变剂作用机制,结合菌种特性来考虑选择哪种诱变剂,同时要考虑菌种特性和遗传稳定性。同时还要参考出发菌株原有的诱变系谱来选择诱变剂。对遗传稳定的菌株,最好采用以前未使用过的、突变谱较宽的、诱变率高的强诱变剂进行复合处理,然后再采用一些作用较缓的诱变剂处理。对遗传不稳定的菌株,首先进行自然分离,划分菌落类型,从中选择效价高的、性能好的一类菌落作为诱变处理的出发菌株。采用温和诱变剂或对该类菌剂进行继续处理,从中筛选突变体。并结合自然分离和环境条件的改变,使有效的菌落类型不断增加,成为正常型菌落。在诱变之前还要考查出发菌株的诱变系谱,详细分析,总结规律性,选择一种最佳的诱变剂。

诱变的最适剂量,应该使所希望得到的突变株在存活群体中占有最大比例,这样可减少以后的筛选工作。要确定一个合适的剂量,通常要经过多次试验。就一般微生物而言,诱变频率往往随剂量的增高而增高,但达到一定剂量后,再提高剂量会使诱变频率下降。根据对紫外线、X 射线及乙烯亚胺等诱变剂诱变效应的研究,发现正突变较多地出现在较低的剂量中。而负突变则较多地出现在高剂量中,同时还发现经多次诱变而提高产量的菌株中,高剂量更容易出现负突变。因此,在诱变育种工作中,目前较倾向于采用较低剂量。化学诱变剂主要是调节浓度、处理时间和处理条件(温度、pH 等)。物理诱变剂主要控制照射距离、时间和照射过程中的条件(氧、水等),以达到最佳的诱变效果。主要的物理诱变方法包括:

1. 紫外线照射 由于紫外线不需要特殊贵重设备，只要普通的灭菌紫外灯管即能做到，而且诱变效果也很显著，因此被广泛应用于工业育种。紫外线诱变育种的原理是：紫外线是波长短于紫色可见光而又紧接紫色光的射线、波长范围为136～300nm，紫外线波长范围虽宽，但有效范围仅限于一个小区域，多种微生物最敏感的波长集中在265nm处，对应于功率为15W的紫外灯。它是一种非电离辐射，当物质吸收一定能量的紫外线后，它的某些电子将被提升到较高的能量水平，从而引起分子激发而造成突变；而不吸收紫外线的物质，能量不发生转移，分子也不会激发，不会产生任何化学变化，然而，脱氧核糖核酸能大量吸收紫外线，因此它极容易受紫外线的影响而变化。紫外线的诱变作用是由于它引起DNA分子结构变化而造成的。这种变化包括DNA链的断裂，DNA分子内和分子间的交联，核酸与蛋白质的交联，嘧啶水合物和嘧啶二聚体的产生等，特别是嘧啶二聚体的产生对于DNA的变化起主要作用。将10ml菌悬液放在直径为9cm的培养皿中，液层厚度约为2mm，启动磁力搅拌器，使用15W功率紫外灯管，照射距离为30cm左右，照射时间以几秒至数十分钟为宜，具芽孢的菌株需处理10分钟左右。为准确起见，照射前紫外灯应先预热20～30分钟，然后再进行处理。不同的微生物对于紫外线的敏感程度不一样，因此不同的微生物对于诱变所需要的剂量也不同。在紫外灯的功率、照射距离已定的情况下，决定照射剂量的只有照射时间，这样可以设计一个照射不同时间梯度的实验，根据不同时间照射的死亡率，作出照射时间与死亡率的曲线，这样就可以选择适当的照射剂量。一般以照射后微生物的致死率在90%～99.9%的剂量为最佳照射剂量，近来也有倾向于采用杀菌率70%～75%甚至更低(30%～70%)的剂量。一般认为，偏低的剂量处理后正突变率较高，而用较高的剂量时则负突变率较高，但高剂量造成损伤大、回复少。目前趋向采用低剂量、长时间处理，尽管致死率较高，而诱变效果较好。实验时，为了避免光复活现象，处理过程应在暗室的红光下操作，处理完毕后，将盛菌悬液的器皿用黑布包起来培养，然后再进行分离筛选。

2. ^{60}Co照射 ^{60}Co属γ射线，是一种高能电磁波，其诱发的突变率和射线剂量直接有关，而与时间长短无关。它能产生电离作用，直接和间接改变DNA结构。直接的效应是导致碱基的化学键、脱氧核糖的化学键、糖-磷酸相连接的化学键的断裂；间接的效应是电离辐射使水和有机分子产生自由基，自由基作用于DNA分子，特别是对嘧啶的作用更强，可引起缺失和损伤，造成基因突变，还能引起染色体断裂，引起倒位、缺失和易位等畸变。不同的微生物对^{60}Co的辐射敏感程度差异很大，可以相差几倍，引起最高变异的剂量也随菌种而有所不同。一般照射时多采用菌悬液，也可用长了菌落的平皿直接照射。照射剂量在4万～10万伦琴，或者采用能使微生物产生90%～99%死亡率的剂量。电离辐射是造成染色体巨大损伤的最好诱变剂，它能造成不可回复的缺失突变，但可能影响邻近基因的性能。

3. 等离子输入 等离子输入是一种较新的诱变方法，国外自20世纪60年代中、后期相继开始把等离子注入技术应用于生物学领域的研究，国内将离子束作为一种新技术应用于生物等品种改良的研究则是由中国科学院等离子体物理研究所于1986年开创的。低能离子束是以具质量、能量双重诱变效应的特征不同于传统的电磁辐射，它的注入引发的生物效应，机制相当复杂，既有能量的沉积、动量的传递，又有粒子的注入和电荷的交换，可导致细胞表面被刻蚀，引起细胞膜透性和膜电场的改良，与γ射线，中子束等明显不同。离子束与生物体作用，首先有能量的沉积，即注入离子与生物大分子发生一系列碰撞，生物大分子获得能量时，键断裂，分子击出原位，留下断键或缺陷；同时还有质量沉积，离子束是高

LET 粒子,有 Braag 峰,具有较强的电离作用,还能产生活性高的自由基间接损伤作用,因此它对生物体的作用可导致较高的突变率;另外由于注入离子的不同电荷数、质量数、能量、剂量的组合,提供了众多的诱变条件,通过这种电、能、质的联合作用,将强烈影响生物细胞的生理生化特性,以引起基因突变,所以变异幅度大,有较高的突变率,较广的突变谱;再者突变体的遗传性能比较稳定,回复突变率低。

(二) 诱变育种的筛选方法

在实际工作中,为了提高筛选效率,往往将筛选工作分为初筛和复筛两步进行。初筛的目的是删去明确不符合要求的大部分菌株,把生产性状类似的菌株尽量保留下来,使优良菌种不至于漏网。因此,初筛工作以量为主,测定的精确性还在其次。初筛的手段应尽可能快速、简单。复筛的目的是确认符合生产要求的菌株,所以,复筛步骤以质为主,应精确测定每个菌株的生产指标。

1. 从菌体形态变异分析 有时,有些菌体的形态变异与产量的变异存在着一定的相关性,这就能很容易地将变异菌株筛选出来。尽管相当多的突变菌株并不存在这种相关性,但是在筛选工作中应尽可能捕捉、利用这些直接的形态特征性变化。

2. 平皿快速检测法 平皿快速检测法是利用菌体在特定固体培养基平板上的生理生化反应,将肉眼观察不到的产量性状转化成可见的“形态”变化。具体的有纸片培养显色法、变色圈法、透明圈法、生长圈法和抑制圈法等,这些方法较粗放,一般只能定性或半定量用,常只用于初筛,但它们可以大大提高筛选的效率。它的缺点是由于培养平皿上种种条件与摇瓶培养,尤其是发酵罐深层液体培养时的条件有很大的差别,有时会造成两者的结果不一致。平皿快速检测法操作时应将培养的菌体充分分散,形成单菌落,以避免多菌落混杂一起,引起“形态”大小测定的偏差。

(1) 纸片培养显色法:将饱浸含某种指示剂的固体培养基的滤纸片搁于培养皿中,用牛津杯架空,下放小团浸有 3% 甘油的脱脂棉以保湿,将待筛选的菌悬液稀释后接种到滤纸上,保温培养形成分散的单菌落,菌落周围将会产生对应的颜色变化。从指示剂变色圈与菌落直径之比可以了解菌株的相对产量性状。指示剂可以是酸碱指示剂也可以是能与特定产物反应产生颜色的化合物。

(2) 变色圈法:将指示剂直接掺入固体培养基中,进行待筛选菌悬液的单菌落培养,或喷洒在已培养成分散单菌落的固体培养基表面,在菌落周围形成变色圈。如在含淀粉的平皿中涂布一定浓度的产淀粉酶菌株的菌悬液,使其呈单菌落,然后喷上稀碘液,发生显色反应。变色圈越大,说明菌落产酶的能力越强。而从变色圈的颜色又可粗略判断水解产物的情况。

(3) 透明圈法:在固体培养基中渗入溶解性差、可被特定菌利用的营养成分,造成浑浊、不透明的培养基背景。将待筛选在菌落周围就会形成透明圈,透明圈的大小反映了菌落利用此物质的能力。在培养基中掺入可溶性淀粉、酪素或 $CaCO_3$ 可以分别用于检测菌株产淀粉酶、产蛋白酶或产酸能力的大小。

(4) 生长圈法:利用一些有特别营养要求的微生物作为工具菌,若待分离的菌在缺乏上述营养物的条件下,能合成该营养物,或能分泌酶将该营养物的前体转化成营养物,那么,在这些菌的周围就会有工具菌生长,形成环绕菌落生长的生长圈。该法常用来选育氨基酸、核苷酸和维生素的生产菌。工具菌往往都是对应的营养缺陷型菌株。

（5）抑制圈法：待筛选的菌株能分泌产生某些能抑制工具菌生长的物质，或能分泌某种酶并将无毒的物质水解成对工具菌有毒的物质，从而在该菌落周围形成工具菌不能生长的抑菌圈。该法常用于抗生素产生菌的筛选，工具菌常是抗生素敏感菌。

四、微生物固定化

微生物固定化技术是将特选的微生物固定在选定的载体上，使其高度密集并保持生物活性，在适宜条件下能够快速、大量增殖的生物技术。这种技术应用于废水处理，有利于提高生物反应器内微生物（尤其是特殊功能的微生物）的浓度，有利于微生物抵抗不利环境的影响，有利于反应后的固液分离，缩短处理所需的时间。

利用固定化微生物技术提高废水处理效率的工艺方法也被称作"生物增效"，其适用的领域非常广泛，例如：化粪池、隔油槽、排水管、城市污水处理厂以及工业废水等。一般而言，针对特殊污染源，来自天然环境的微生物消耗很快、效率低下，即使有快速的繁殖能力仍不足以负荷。因此，生物增效的作业过程还是依循自然的方式，向目标添加定制的、具有已知降解能力的微生物制剂（固定化微生物），处理效果则有明显的提升。

现在所研究的生物吸附剂的固定化方法主要有：吸附法，一般依靠生物体与载体之间的作用，包括范德华力、氢键、静电作用、共价键及离子键，两者间的屯电位，在微生物体和载体的相互作用中起重要作用。常用的吸附载体有活性炭、木屑、多孔玻璃、多孔陶瓷、磁铁矿、硅藻土、硅胶、纤维素、聚氨醋泡沫体、离子交换树脂等。它是一种简单易行、条件温和的固定化方法，但用它固定的生物体不够牢靠，容易脱落。交联法，又称无载固定化法，是一种不用载体的工艺，通过化学、物理手段使生物体细胞间彼此附着交联。化学交联法它一般是利用醛类、胺类等具有双功能或多功能基团的交联剂与生物体之间形成共价键相互联结形成不溶性的大分子而加以固定，所使用的交联剂主要有戊二醛、聚乙烯酞胺、表氯醇等。物理交联法在是指在微生物培养过程中，适当改变细胞悬浮液的培养条件（如离子强度、温度、pH 等），使微生物细胞之间发生直接作用而颗粒化或絮凝来实现固定化，即利用微生物自身的自絮凝能力形成颗粒的一种固定化技术。包埋法，在微生物的固定化方法中，以包埋法最为常用。它的原理是将生物体细胞截留在水不溶性的凝胶聚合物孔隙的网络中，通过聚合作用或通过离子网络形成，或通过沉淀作用，或通过改变溶剂、温度、pH 使细胞截留。凝胶聚合物的网络可以阻止细胞的泄露，同时能让基质渗入和产物扩散出来。包埋材料可以分为两大类：①天然高分子多糖类，如海藻酸盐、琼脂、明胶等，其中以海藻酸钠和卡拉胶应用最多，它们具有固化方便，对微生物毒性小及固定化密度高等优点，但是它们抗微生物分解性能较差，机械强度低，但是可使用交联剂进行稳定化处理，但活力和传质性能又会下降。②合成高分子化合物，如聚丙烯酰胺、聚乙烯醇等。这类交联剂的突出优点是抗微生物分解性能好，机械强度高，化学性能稳定。但是聚合物网络的形成条件比较剧烈，对微生物细胞的损害较大，而且成形的多样性和可控性不好。

第二节　微生物分子操作技术

一、电泳技术

溶液中带电粒子在电场中定向移动的现象称为电泳。电泳是带电粒子在电场中向着与其本身电荷相反的电极移动的过程。电泳技术的优点为快速、准确、重现性好。电泳技术是指利用带电粒子在电场作用下定向移动的特性，对混合物组进行分离、纯化和测定的一项技术。电泳方法主要包括：①按电场分：常压（<500V，适用大分子）、高压（>500V，适用小分子）；②按支持体分：自由电泳、区带电泳；③按仪器装置分：水平式、垂直式、悬架式；④按分离物质分：核酸电泳、蛋白电泳。

（一）核酸电泳

核酸（包括 DNA 和 RNA）是一类带负电荷的生物大分子，在电场作用下可由负极向正极移动，因此可用电泳的方法进行分离、鉴定和纯化。核酸电泳根据所用凝胶介质的不同可以分两类，即琼脂糖凝胶电泳和聚丙烯酰胺凝胶电泳。琼脂糖电泳几乎都在水平板上进行，操作简单，快速有效；聚丙烯酰胺电泳多在垂直板中进行，主要用于某些特殊需要，如 DNA 序列分析电泳、寡核苷酸的分离鉴定。用低浓度的荧光嵌入染料溴化乙锭（EB）进行染色，可直接在紫外灯下确定 DNA 在凝胶中的位置。根据外加电场的不同，核酸电泳又分为恒定电场的常规电泳和脉冲场电泳。

琼脂糖凝胶电泳：琼脂糖主要从海洋植物琼脂中提取来的，为一种聚合线性分子，一般含有多糖、蛋白质和盐等杂质，杂质的含量每个厂商和批号的产品不尽相同。对 DNA 电泳迁移率的影响也不一样，经化学修饰后熔点降低的琼脂糖叫低熔点琼脂糖，其机械强度无明显变化，主要用于 DNA 的限制酶原位消化、DNA 片段回收以及小 DNA 片段（10～500bp）的分离。琼脂糖凝胶的孔径取决于琼脂糖的浓度。

聚丙烯酰胺凝胶电泳：丙烯酰胺与甲叉丙烯酰胺都具有神经毒性，能够经过皮肤及呼吸道进入体内，会因多次积蓄而中毒；故操作时要极其小心，需戴手套和面罩。聚丙烯酰胺凝胶最适合分离小片段 DNA（5～500bp）。它的分辨率非常强，长度上相差 1bp 或质量上相差 0.1%的 DNA 都可以彼此分离。虽然它能很快地进行电泳，并能容纳较大的 DNA 上样量，但是与琼脂糖凝胶相比在制备和操作上还是更繁琐些。聚丙烯酰胺凝胶电泳是在恒定电场中垂直方位上进行的。

脉冲电泳凝胶电泳：PFGE 与常规电泳的不同之处在于，常规的电泳采用的是单一的均匀电场，DNA 分子经凝胶的分子筛作用由负极移向正极。而 PFGE 采用了两个交变电场，即两个电场交替地开启和关闭，使 DNA 分子的电泳方向随着电场的变化而改变。正是因为电场方向的交替改变，才使大分子 DNA 得以分离。在标准的脉冲电场凝胶电泳中、头一个脉冲的电场方向与核酸移动方向成 45°夹角，而下一个脉冲的电场方向与核酸移动方向在另一侧亦成 45°夹角。由于加压在琼脂糖凝胶上的电场方向、电流大小及作用时间都在交替地变换着，使得 DNA 分子能够随时地调整其游动方向，以适应凝胶孔隙的无规则变化。与分子量较小的 DNA 分子相比、分子量较大的 DNA 分子需要更多次地更换其构型和方位，以使其可以按新的方向游动。因此，在琼脂糖介质中的迁移速率显得更慢一些，从而达到了分离超大分子量 DNA 分子的目的。

（二）蛋白电泳

蛋白质分子在溶液中由于其末端氨基、末端羧基及侧链的游离基团而成为带电颗粒，并可在电场内移动，其移动方向取决于蛋白质分子所带静电荷。不同蛋白质分子根据其氨基酸组成及所在溶液的 pH，携带的静电荷不尽相同，致使它们在电场中的迁移率各异，从而达到分理的目的。

一维电泳：一维电泳(one dimensional gel electrophoresis，1DE)，现在普遍采用垂直板聚丙烯酰胺凝胶电泳(PAGE)包括非变性电泳(native PAGE)和 SDS-PAGE 两种，前者主要是在分离蛋白复合物时经常用到。后者是在凝胶与缓冲系统中加入阴离子表面活性剂十二烷基硫酸钠(SDS)，蛋白质分子被大量 SDS 阴离子包裹，消除了它们间原来携带的电荷差别，因而其迁移率仅反映蛋白质分子大小，故广泛用于蛋白质分子量的测定。现在用于凝胶中蛋白染色的方法包括氨基黑 10、考马斯亮蓝 R250、考马斯亮蓝 R350、银染、铜染及橙染(sypro orange)。最常用的为考马斯亮蓝 R250、考马斯亮蓝 R350 染色，为了提高灵明度采用银染。

二维电泳(two-dimensional gel electrophoresis，2DE)，又称双向电泳。2DE 是第一向采用等电聚焦分离，第二向为 SDS-PAGE 分离。由于 2DE 是依据蛋白质的两种不同性质，即等电点和分子量进行分析，因此分辨率远高于其他任何一种单一的电泳方法，是目前分析混合蛋白质样品最有效的手段。(注意：双向电泳中的"双向"指的是按照蛋白质的两个性质即"等电点和分子量"进行分离的原理。)

蛋白质的等电点：(isoelectric point，pI)当蛋白质溶液处于某一 pH 时，蛋白质解离成正、负离子的趋势相等，即成为兼性离子，净电荷为零，此溶液的 pH 称为蛋白质的等电点。

第一向等电聚焦(IEF)基本原理：把蛋白质加入到 pH 梯度的载体时，如果蛋白质所在点的 pH 与其等电点不等，则该蛋白质会带上一定量的正或负电荷。此时如果外加一个强电场，蛋白质分子会在电场作用下向正极或负极移动。蛋白质若所带电荷为正(或负)，则它向负(或正)极移动，其所带的正(或负)电荷会逐渐减弱直至为零。如果蛋白质偏离 pI，其立即带上电荷而返回 pI 的位置。这就是等电聚焦的聚焦效应，将蛋白质在其 pI 上浓缩及分离。并根据所带电荷微小的差异，能将蛋白质分离。

分离蛋白质组所有蛋白的两个关键参数是其分辨率和可重复性。在目前情况下双向凝胶电泳的一块胶板(16cm×20cm)可分出 3 千～4 千个，甚至 1 万个可检测的蛋白斑点，这与 10 万个基因可表达的蛋白数目相比还是太少了。80 年代开始采用固定化 pH 梯度胶，克服了载体两性电解质阴极漂移等许多缺点而得以建立非常稳定的可以随意精确设定的 pH 梯度。由于可以建立很窄的 pH 范围(如 0.05U/cm)，对特别感兴趣的区域可在较窄的 pH 范围内做第二轮分析，从而大大提高了分辨率。此种胶条已有商品生产，因此基本上解决了双向凝胶电泳重复性的问题。这是双向凝胶电泳技术上的一个非常重要的突破。第二向 SDS-PAGE 有垂直板电泳和水平超薄胶电泳两种做法，可分离 10～100kD 分子量的蛋白质。

双向电泳可应用于：①分离复杂的蛋白质组：包括系统分离(systematic separation)，鉴定(identification)及定量(quantification)；②预测蛋白质的翻译后修饰；③差别表达蛋白质组分析，研究细胞分化、寻找疾病相关的生物标记分子、进行疾病治疗情况的监测、药物开发及癌症研究等。

二、色谱技术

色谱技术是利用混合物中各组分理化性质(分子形状和大小、带电状态、溶解度、吸附能力、分配系数、分子极性以及分子的亲和力等)的差别，使各组分以不同程度分布在两相中，其中一相为固定的(称为固定相)，另一个相则流过此固定相(称为流动相)，造成流动相对固定相作单向相对运动。流动相推动样品中各组分经固定相向前迁移，使各组分、迁移速度不同，而对物质进行分离的方法。这一技术具有分离效率高，应用范围广、分析速度快、样品用量少、易于自动化及能够与其他方法配合使用等优点，已成为近代生物学、生物化学、分子生物学、生物工程等学科中的重要研究手段，并发展成为一门对物质进行分离、分析、纯化与鉴定的综合性技术。

色谱技术有多种分类方法，同一个色谱类型可以有不同的名称。①按照固定相的附着方式，可以分为柱色谱和平板色谱。前者固定相装在色谱柱内，后者的固定相呈平板状，纸色谱中固定相是滤纸附着的水膜；固定相均匀涂布在塑料（或玻璃、金属）板上称之为薄层色谱；若将固定相软支持物上则又叫薄膜色谱。②按照分离原理，可以分为吸附色谱、分配色谱、离子交换色谱、凝胶色谱和亲和色谱（包括络合和螯合）。③按照流动相物理状态，可分为液相色谱和气相色谱。液相色谱根据固定相物理状态不同又包括液-液色谱和液-固色谱，同理气相色谱包括气-液色谱和气-固色谱。其中若流动相处于临界温度和临界压力下，则称之为超临界流体色谱（LLC，supercritical fluid chromatography）。研究较多的是 CO_2 超临界流体色谱，主要用于分析沸点高、热稳定差的物质。④按照两相极性，可分为正向色谱（normal chromatography）和反相色谱（reverse phage chromatography）。前者流动相极性小于固定相，后者流动相极性大于固定相。⑤按照流动相展开方式，可分为迎头色谱、顶替色谱和冲洗色谱。迎头色谱（frontal chromatography）是将待分离混合物连续注入色谱柱，而不加入流动相。这种方法可以获得纯的第一个洗脱组分，后面的组分是混合物。顶替色谱（displacement chromatography）是利用一种组分或试剂将另一种组分从固定相中顶替出来。这种方法分离的各组分谱带紧靠在一起，难以 100％回收，主要用于大规模制备分离。冲洗色谱（elution chromatography）中各组分可以被流动相完全隔开，是目前采用最多的分离方式。在实际应用中常常把不同的分类标准混合使用，如吸附薄层色谱。

三、PCR 技术

DNA 的半保留复制是生物进化和传代的重要途径。双链 DNA 在多种酶的作用下可以变性解链成单链，在 DNA 聚合酶与启动子的参与下，根据碱基互补配对原则复制成同样的两分子拷贝。在实验中发现，DNA 在高温时也可以发生变性解链，当温度降低后又可以复性成为双链。因此，通过温度变化控制 DNA 的变性和复性，并设计引物做启动子，加入 DNA 聚合酶、dNTP 就可以完成特定基因的体外复制。聚合酶链式反应，简称 PCR，其英文 polymease chain reaction（PCR）是体外酶促合成特异 DNA 片段的一种方法，由高温变性、低温退火及适温延伸等几步反应组成一个周期，循环进行，使目的 DNA 得以迅速扩增，具有特异性强、灵敏度高、操作简便、省时等特点。它不仅可用于基因分离、克隆和核酸序列分析等基础研究，还可用于疾病病的诊断或任何有 DNA，RNA 的地方。聚合酶链式反应又称无细胞分子克隆或特异性 DNA 序列体外引物定向酶促扩增技术。由美国科学家 PE（Perkin Elmer 珀金-埃尔默）公司遗传部的 Dr. Mullis 发明，由于 PCR 技术在理论和应用上的跨时代意义，因此 Mullis 获得了 1993 年诺贝尔化学奖。

类似于 DNA 的天然复制过程，其特异性依赖于与靶序列两端互补的寡核苷酸引物。PCR 由变性—退火—延伸三个基本反应步骤构成：①模板 DNA 的变性：模板 DNA 经加热至 93℃左右一定时间后，使模板 DNA 双链或经 PCR 扩增形成的双链 DNA 解离，使之成为单链，以便它与引物结合，为下轮反应作准备；②模板 DNA 与引物的退火（复性）：模板 DNA 经加热变性成单链后，温度降至 55℃左右，引物与模板 DNA 单链的互补序列配对结合;③引物的延伸:DNA 模板—引物结合物在 TaqDNA 聚合酶的作用下,以 dNTP 为反应原料,靶序列为模板,按碱基配对与半保留复制原理,合成一条新的与模板 DNA 链互补的半保留复制链重复循环变性—退火—延伸三过程,就可获得更多的"半保留复制链",而且这种新链又可成为下次循环的模板。每完成一个循环需 2～4 分钟,2～3 小时就能将待扩目的基因扩增放大几百万倍。

但是,DNA 聚合酶在高温时会失活,因此,每次循环都得加入新 DNA 聚合酶,不仅操作烦琐,而且价格昂贵,制约了 PCR 技术的应用和发展。发现耐热 DNA 聚合同酶——Taq 酶对于 PCR 的应用有里程碑的意义,该酶可以耐受 90℃以上的高温而不失活,不需要每个循环加酶,使 PCR 技术变得非常简捷、同时也大大降低了成本,PCR 技术得以大量应用,并逐步应用于临床。

四、遗传操作技术

(一) 基因克隆技术

基因克隆技术包括了一系列技术,它大约建立于 20 世纪 70 年代初期。一般来说,基因克隆技术包括把来自不同生物的基因同有自主复制能力的载体 DNA 在体外人工连接,构建成新的重 DNA,然后送入受体生物中去表达,从而产生遗传物质和状态的转移和重新组合。因此基因克隆技术又称为分子克隆、基因的无性繁殖、基因操作、重组 DNA 技术以及基因工程等。

采用重组 DNA 技术,将不同来源的 DNA 分子在体外进行特异切割,重新连接,组装成一个新的杂合 DNA 分子。在此基础上,这个杂合分子能够在一定的宿主细胞中进行扩增,形成大量的子代分子,此过程叫基因克隆。载体构建(vector construction)是把连接好的 DNA 分子运送到受体细胞中去。首先,必须寻找一种能进入细胞、在装载了外来的 DNA 片段后仍能照样复制的运载体。理想的运载体是质粒(plasmid),在基因工程中,常用人工构建的质粒作为载体。当给质粒插入一段外源 DNA 片段后,它依然能够进行自我复制。载体构建是分子生物学研究常用的手段之一。主要包括已有载体多克隆位点 MCS 的改造和已有载体启动子、增强子、筛选标记等功能元件的改造。载体构建完成后可利用 PCR 原理进行测序验证。

(二) 基因敲除技术

基因敲除是自 20 世纪 80 年代末以来发展起来的一种新型分子生物学技术,是通过一定的途径使机体特定的基因失活或缺失的技术。通常意义上的基因敲除主要是应用 DNA 同源重组原理,用设计的同源片段替代靶基因片段,从而达到基因敲除的目的。随着基因敲除技术的发展,除了同源重组外,新的原理和技术也逐渐被应用,比较成功的有基因的插入突变和 iRNA,它们同样可以达到基因敲除的目的。

五、结构生物学技术

(一) 蛋白质结晶技术

蛋白质的 X 射线结构分析首先要获得合适的单晶。蛋白质结晶学尚未发展成熟,尽管很受人青睐，特别是受航天飞机中微重力实验(Kundrot，et al.，2001；McPherson，et al.，1995)的激发。蛋白质结晶是一个反复试验的过程，蛋白质逐渐会从溶液中析出，杂质、晶核及其他未知因素对此过程有所影响。通常，蛋白质越纯，生长晶体几率越大。蛋白质结晶学者对蛋白质的纯度要求要严于生化学家的要求，后者往往在酶催化活性足够高时就很满意。另一方面，为了使蛋白质结晶，不仅要加其他成分，所有蛋白质分子的表面性质也必须是相同的，特别是表面的电荷分布，因为它影响晶体内分子的聚集。质谱是蛋白质结晶中的一种有效工具，例如检测重组蛋白的表达、样品纯度、重原子衍生物及蛋白质结构的特性。

蛋白质结晶涉及四个重要步骤如下：①蛋白质纯度的确定。如果不够非常纯，必须要进一步纯化。②蛋白质溶解于合适的溶剂中，从中它能通过一种盐或有机化合物而析出。溶剂通常是水-缓冲剂溶液，有时加有机溶剂，如 2-甲基-2，4-戊二醇(MPD)。正常情况下，沉淀剂也被加入，但是浓度不高于使沉淀产生。对于不溶于水-缓冲剂或水-有机溶剂的膜蛋白，还需要加入去污剂。③使溶液过饱和。在这一步中，小聚集体形成，它是晶体生长所需的核。对小分子的结晶来说，相比于蛋白质更为人熟知，晶核的自发形成需要提供表面张力能。一旦这个能障被突破了，晶体开始生长。能障在高水平的过饱和度时很容易克服。因此，在高过饱和度时，晶核更易自发形成。晶核的形成可作为一个过饱和度和其他参数的函数通过多种方法来研究，包括光散射、荧光去极化及电子显微镜。④一旦晶核形成，晶体生长正式开始。对低分子量的化合物而言，新分子会逐步结合到正在生长的晶体表面。这是由于这些位置的结合能比较大，相对于分子结合到平滑的表面。这些步骤要么由晶系缺陷造成，要么发生在表面随机形成的晶核。

(二) X 射线单晶衍射方法

X 射线单晶衍射技术是由 H. W. 布拉格和 W. L. 布拉格父子于 1912 年提出和发展起来的。此技术最先用于无机晶体分析，后来到 1953 年，沃森和克里克用于 DNA 晶体分析，至 20 世纪 60 年代，肯德鲁和佩鲁兹用于研究血红蛋白和肌红蛋白，逐渐成为生物大分子晶体结构研究的重要手段，直至今天仍占据统治地位。它的优点是分辨率高，达到原子分辨率，既可研究水溶性蛋、也可研究膜蛋白和大分子组装体与复合体。它能给出生物大分子的分子结构和构型，确定活性中心的位置和结构，从分子水平理解蛋白质如何识别和结合客体分子，如何催化，如何折叠和进化等生命的基本过程，进而阐明生命现象。例如，1997 年底，应用 X 射线单晶衍射方法完成了有关核小体(nucleosome)的核心颗粒分辨率为 0.28nm 的精细空间结构的测定，每个核小体的盘状核心含有 8 个组蛋白形成的八面体、外绕 146 个碱基对组成的 DNA，这一杰出的成就对了解基因转录、DNA 复制与修复的动态过程都很重要。此外，应用 X 射线单晶衍射技术测定蛋白质和核酸的晶体结构并结合分子模拟技术，已经为新药物的设计提供了一个全新的方向，大大缩短了新药的研制过程．新药的设计和开发，要求对这些药物靶标(drug target)的结构、性能有精确的了解，由于迄今对其了解甚少，现有临床药物绝大多数是通过尝试筛选获得的，导致研制一个新药常常需十多年，甚至几十年的时间。通过对艾滋病病毒(HIV)蛋白酶的精细结构测定，并以此为靶标设计酶的抑制剂作为治疗艾滋病的有效药物获得巨大成功，已显著减少艾滋病死亡数量。

然而 X 射线单晶衍射方法也有缺点，就是样品必须为晶体，但生物大分子结晶困难，特别是膜蛋白和病毒等分子组装体结晶更是困难，而且所获得的结果是结晶状态的结构，而不是自然状态的结构。其次对于像病毒那样大的分子组装体,测量其精细结构十分复杂。原因有二:一是大晶胞含有的原子极多,X 射线衍射点极多,常常无法区分、辨认和探测;其二是大晶胞所产生的衍射点强度过弱,特别在高分辨时,无法与背景区分。高亮度和极细聚焦的同步 X 射线源出现,使第一个问题基本获得解决,第二个问题也有明显的改善。同步辐射光源,由于其特有的高亮度、高准直性和光谱分布宽等优点,极大地促进了结构生物学的发展,并已成为研究生物大分子晶体结构的主要手段。

最早应用同步辐射光源进行 X 射线衍射的是汉堡 DESY 同步辐射实验室 Rosenbaum 于 1997 年报道了同步辐射小角衍射对肌肉研究的结果。与此同时,不少科学家对利用同步辐射进行蛋白质晶体学研究的可行性作了讨论,并在斯坦福的 SPEA 上进行了一些早期的尝试性实验。

近一二十年来,国际上特别是欧、美、日各发达国家同步辐射光源发展很快,第一、第二代同步辐射光源稳定运行并不断改进,第三代同步辐射光源已经投入运行和使用,而不论第一代、第二代,还是第三代同步辐射光源,建有多条专用于生物大分子晶体学结构研究的光束线和实验站,结构生物学已经成为同步辐射应用中最重要的研究领域之一。

(三)核磁共振技术(NMR)

原子核是带电荷粒子,和外层电子相似,也有自旋现象. 实验证明,随着原子序数和核同位素质量不同,核的自旋量子数分别为 0、1/2 和 1。在外静磁场 H_0 作用下,核自旋量子数不为零的原子核会发生能级分裂。如果同时将射频磁场 H_1 作用到原子核系统上,当射频磁场的频率 ω 满足关系式 $\omega=\gamma H_0$ 时,原子核就吸收了射频磁场的能量,从低能级跃迁到高能级,这些能级是量子化的,是每一种结构特征的,这就是核磁共振现象。关系式 $\omega=\gamma H_0$ 为核磁共振条件,γ 为磁旋比。不同原子核的磁旋比是不同的,因而也有不同的共振频率。核的运动不是孤立的,它与核外电子、周围环境的原子和分子均有相互作用,因此,通过核磁共振谱研究,可获得物质结构的信息。以蛋白质为例,它的二级结构如 α 螺旋,β 折叠、转角、环形和卷曲等,体现了蛋白质分子主链原子在三维空间各种不同的排列规律性。位于不同二级结构域的原子核间距,原子核间的相互作用以及多肽段的动态特性,都直接反映蛋白质三维结构的特征。这些具有不同结构特征的原子核间距、肽键二面角、肽键的动态特性等都具有特征的核磁共振谱线。因此,我们分析核磁共振谱就可以获得蛋白质的三维结构。

1945 年物理学家 Bloch 和 Purcell 发现 NMR,而获 1952 诺贝尔物理学奖。应用傅里叶变换(FT)技术提高灵敏度,发展二维和多维 NMR 则得益于 Ernst 的研究(获 1991 年诺贝尔化学奖)。一张 NMR 谱图像草坪一样,成千上万的峰难以区分到底哪个峰对应哪个原子。最终解决这些问题者是 2002 年诺贝尔奖得主维特里希。他研究了溶液中蛋白质和核酸三维结构的 NMR 方法和大分子相互作用的异核过滤技术,用横向弛豫最优化谱(TROSY)和交叉相关弛豫提高极化转移(CRINEPT)技术测定溶液中生物大分子质量;解决了 50 多种蛋白质和核酸的结构。20 世纪 70 年代维特里希应用 NMR 研究蛋白质结构,包括欧氏效应及自旋漫射与正旋数据处理器等。80 年代他让质子进行配对,然后连续测定所有相邻两质子间距离和方位,继以距离几何学方法算出分子结构。第一次完整进行蛋白质(AhBS2)结构研究。蛋白质数据库中 14734 个分子结构数据,大约 20% 即 2763 个数据由 NMR 方法测定。NMR 的优点是可忽略物理特性,很好描述分子非规则性和流动性,阐明蛋白质肽链的柔性与动力学特征。

20世纪90年代生物NMR研究获长足发展。开始用同位素标记NMR技术探讨一些细菌蛋白质的表达、开发异核三维新技术、提供动力学信息等。NMR还用于研究蛋白质折叠区,发现序列不规则的蛋白质长链在依时性反应中却表现出均匀三维结构图。现在单晶XRC在鉴定三维结构比较有效,可鉴定非常大的生物分子及分辨系统的三维结构。但NMR通常适合解决低于30kD的较小分子,通过应用TROSY与CRINEPT技术,可研究高达900kD的蛋白质系统如分子伴侣。生物大分子三维结构是认识生命过程的基础,NMR提供了在溶液中的鉴别方法解决了复杂物理形态问题,可用在单晶体难以得到场合及不规则序列和高弹性部分。一个典型鉴别例子就是疯牛病有关的朊病毒(PrP)的测定。1994年维特里希将重点是放在朊病毒上,1996年终于得到第一个三维结构图;接着研究哺乳动物和非哺乳动物包括人及鸡PrP结构,将在分子水平上探索脑海绵状可遗传物质的传播。NMR研究发现对于正常PrP序列排列一半是规则的,而另一半则有很高流动性和较大的涨落。联合结构和动力学信息能得到NMR三维结构特征,观察正常PrP转变为疾病形态的过程。从2002年三位诺贝尔化学奖获得者贡献来看,生物化学和分子生物学界已加强了对蛋白质研究的重视。另外在制药业中应用生物NMR也在蓬勃开展,包括确定主蛋白质作为新药标靶及筛选新药。

(四) 电子显微学方法

常用于蛋白质晶体结构研究,故也称为蛋白质电子晶体学。电子显微学是通过电子显微镜技术并结合图像处理技术发展起来的,在直接提供生物大分子的形貌信息上具有很大的优越性。电子显微学在本质上有提供原子分辨率的能力,但由于生物样品易受辐照损伤、图像衬度低、信噪比低的特点,使其对生物大分子的高分辨率结构解析非常困难。1968年,De Rosier和Klug第一次用电子显微镜对生物大分子的结构(T4噬菌体的尾部)进行了解析。在随后的35年里,随着生物大分子样品制备技术的完善,电子显微镜在设备和技术上的进步,计算机与图像处理技术的发展,使得应用电子显微镜对生物大分子进行结构解析的方法日益成熟,并逐渐发展成为解析生物大分子空间结构的重要学科——生物电子显微学。目前电子显微学已经成为一种公认的研究生物大分子、超分子复合体及亚细胞结构的有力手段。

生物电子显微学相对于其他两种成熟的结构生物学研究手段:X射线晶体学和核磁共振技术,主要有以下一些优势:①可以直接获得分子的形貌信息,即使在较低分辨率下,电子显微学也可给出有意义的结构信息;②适于解析那些不适合应用X射线晶体学和核磁共振技术进行分析的样品,如难以结晶的膜蛋白,大分子复合体等;③适于捕捉动态结构变化信息;④易同其他技术相结合得到分子复合体的高分辨率的结构信息;⑤电镜图像中包含相位信息,所以在相位确定上要比X射线晶体学直接和方便。

电子显微学方法包含以下三种独立的技术:电子晶体学(electron crystallography)、单颗粒技术(single particle analysis)、电子断层成像技术(electron tomography)。虽然它们所面对的研究对象不同,但图像处理的基本原理都相同,即中心截面定理。电子晶体学是通过对二维晶体在各个倾转角度下投影的衍射谱在倒易空间的信息提取和整合来解析生物大分子的结构。单颗粒方法是对若干个取向不同的全同蛋白分子或复合体进行分类,平均和重构来解析生物大分子的结构。断层成像术是对单个细胞器、细胞或超分子复合体进行多角度的倾转成像,最终进行重构。

（五）质谱技术

质谱是带电原子、分子或分子碎片按质荷比（或质量）的大小顺序排列的图谱。质谱仪是一类能使物质粒子离化成离子并通过适当的电场、磁场将它们按空间位置、时间先后或者轨道稳定与否实现质荷比分离，并检测强度后进行物质分析的仪器。质谱仪主要由分析系统、电学系统和真空系统组成。

用于分析的样品分子（或原子）在离子源中离化成具有不同质量的单电荷分子离子和碎片离子，这些单电荷离子在加速电场中获得相同的动能并形成一束离子，进入由电场和磁场组成的分析器，离子束中速度较慢的离子通过电场后偏转大，速度快的偏转小；在磁场中离子发生角速度矢量相反的偏转，即速度慢的离子依然偏转大，速度快的偏转小；当两个场的偏转作用彼此补偿时，它们的轨道便相交于一点。与此同时，在磁场中还能发生质量的分离，这样就使具有同一质荷比而速度不同的离子聚焦在同一点上，不同质荷比的离子聚焦在不同的点上，其焦面接近于平面，在此处用检测系统进行检测即可得到不同质荷比的谱线，即质谱。

电喷雾质谱技术是在毛细管的出口处施加一高电压，所产生的高电场使从毛细管流出的液体雾化成细小的带电液滴，随着溶剂蒸发，液滴表面的电荷强度逐渐增大，最后液滴崩解为大量带一个或多个电荷的离子，致使分析物以单电荷或多电荷离子的形式进入气相。电喷雾离子化的特点是产生高电荷离子而不是碎片离子，使质量电荷比降低到多数质量分析仪器都可以检测的范围，因而大大扩展了分子量的分析范围，离子的真实分子质量也可以根据质荷比及电荷数算出。

（六）荧光光谱技术

荧光光谱技术又称荧光分光光度术，属于光谱技术中的一种发射光谱术。其原理是电磁波和物质作用后，物质首先吸收电磁波的能量，然后再重新发射电磁波。激发波段在100～800nm之间，相当于紫外与可见光波段。

凡是用于研究光的吸收、发射和散射的强度与波长关系的仪器，均称之为光谱仪或分光光度计。这些仪器通常都是由光源、单色器、样品室、检测器和显示器等5个基本单元组成。

（七）微量热法技术

微量热法（包括等温滴定量热和差示扫描量热）是近年来发展起来的一种研究生物热力学与生物动力学的重要结构生物学方法，它通过高灵敏度、高自动化的微量量热仪连续和准确地监测和记录一个变化过程的量热曲线，原位（in situ）、在线（on-line）和无损伤地同时提供热力学和动力学信息。

第三节　微生物组学分析技术

一、微生物基因组学

微生物基因组学的发展过程主要依赖于测序技术的突破，数据信息的不断积累和算法工具的开发。

基因组数据是基因组生物信息学发展的主要推动力，而测序技术的发展是获取基因组数据的关键。1977 年，Sanger 等人发明了双脱氧核苷酸 DNA 测序方法。1986 年，Leroy Hood 和他的同事对 Sanger 的方法做了改进，并发明了 DNA 自动测序仪，同年 Applied Biosystems 推出第一台商业化的 DNA 测序仪。1995 年，Applied Biosystems 推出第一台毛细管电泳测序仪，大大提高了测序的精确度和速度。近年来，新一代基于“非 Sanger 技术”的基因测序方法不断问世。相对于以前的测序技术，新一代的 DNA 测序技术广泛使用了并行度很高的序列扩增技术和数据读取技术，其特点是通量大、速度快、准确度高和成本低廉。如 Roche 公司的 454 测序技术，Applied Biosystems 公司 SOLID 测序技术，和 Illumina 公司的 Solexa 测序技术等。目前，新一代测序仪已经相继问世并逐步走向成熟，必将带来微生物基因组数据新一轮的“爆炸式”积累。

有组织地收集和管理庞大的基因组数据是开展基因组学研究的前提。基因组信息内容丰富、种类繁多、格式多样，储存于世界各地信息中心、测序和研究机构的数据库。为了便于数据共享，及时更新，也为了保证基因组数据的一致性和完整性，世界各国相继建立了许多专门的机构搜集和管理这些数据。其中最权威的三大国际数据库为 GenBank，EMBL 和 DDBJ。三大数据库建立了相互交换数据的合作关系，保证了各数据库中的数据信息基本一致。此外，还有一些专门的模式生物基因组数据库，在收录基因组信息之外还收录分子生物学及遗传学等大量信息，为相关科研人员提供了便利的共享和交流平台。除了以上提供基因组序列信息的数据库，另有针对特殊研究方向提供标准数据集的数据库，这类数据库旨在提供真实可靠的数据，为相关领域的算法研究和实验设计提供数据基础。

为了分析复杂和庞大基因组数据信息，算法工具的开发十分重要。其中动态规划(dynamic programming)、隐马尔可夫模型(hidden Markov models)和聚类算法是较经典的算法解决方案。为了在减少精确度损失的前提下提高运算速度，产生了基于概率统计的近似算法，如经典的 BLAST(basic local alignment search tool)算法，该算法在 1990 年被提出，之后针对不同的应用产生了新的统计模型。目前，各个主要的生物信息网站都推出了各自的算法工具集，像 NCBI 的数据挖掘工具集(tools for date mining)(http://www.ncbi.nlm.nih.gov/Tool/)；EMBL 的工具集(http://www.ebi.ac.uk/Tools/)等．这些算法和工具在 DNA 序列或者蛋白质序列的比对、基因识别、RNA 结构预测等基因组数据研究中发挥着重要的作用。

二、微生物转录组学

基因芯片是微生物转录组学研究的最重要的工具。该技术是典型的多学科，多技术交叉的产物，涉及物理、化学、材料科学、生物化学、分子生物学、电子工程、机械工程、光学等中多学科。基因芯片技术的产生与分子生物学的迅猛发展密不可分，DNA 杂交技术在这一过程中起到了关键作用。20 世纪 70 年代，基于硝酸纤维素膜和尼龙膜的杂交技术在斯坦福大学诞生，第一篇关于 DNA 阵列的文章发表。由于核酸样品的扩散性，滤膜并不是理想的载体，为了提高点样密度和检测灵敏度同时减少探针用量，以玻璃和硅片为载体的 DNA 芯片产生了。荧光染料也逐步被应用于芯片的标记和检测。

1991 年，Affymetrix 公司生产了第一块原位合成基因芯片，它采用半导体照相平板技术在玻璃片上原位合成寡核苷酸片段，得到了世界上首张寡核苷酸基因芯片。1994 年，斯坦福大学开发了直接点样的基因芯片制备技术，将 PCR 扩增的 cDNA 点在经过修饰的载玻片上，制备了世界上首张 cDNA 芯片，并将双色荧光杂交系统应用于信号分析。原位合成技术制造的芯片密度高，批间差异低，保证了芯片的高通量和高精度，但成本高，技术要求高，只限于少数大公司生产。直接合成技术虽不及原位合成的密度和精度，但成本低，操作简单，也在科研工作这中得到了广泛应用。经过十几年的发展，基因芯片技术日益成熟，迅速得到普及和推广，涌现了大量专门从事生物芯片技术研究和生产服务的机构和公司，使得这一技术成为生命科学研究中必不可少的实验手段，深入影响着各个生物学研究领域。

近几年来，基于第二代测序技术的转录组测序，又称为 RNA-Seq，日益成为转录组学研究中的新兴方法。转录组测序相较基因芯片而言有许多不可替代的优势。它可以直接测定每个转录本片段的序列，不存在传统微阵列杂交的荧光模拟信号带来的交叉反应和背景噪声问题，可以对任意物种进行全基因组分析，无需预先设计特异性探针，并且具有极高的灵敏度，可以检测细胞中少至几个拷贝的稀有转录本。转录组测序弥补了基因芯片的不足，在微生物转录组学研究中正起到越来越重要的作用。

三、微生物蛋白质组学

双向凝胶电泳技术与 LC-MS/MS 技术是目前应用最为广泛的研究蛋白质组学的方法。二维凝胶电泳由 O. Farrel 于 1975 年首次建立，并且成功地分离了约 1000 个大肠埃希菌蛋白。双向电泳分为两步：第一向为等电聚焦，蛋白质根据等电点不同沿 pH 梯度分离；第二向沿垂直的方向根据分子量的大小进行分离。80 年代固相化 pH 梯度(immobilized pH gradients，IPG)的发明和完善，大大改善了实验的重复性，对双向电泳技术发展贡献巨大。现如今 pH 梯度胶条已广泛投入商业化生产，随着技术的不断成熟，目前已可以通过双向电泳分离出多达 10 000 个蛋白点。GE 公司推出荧光差异凝胶电泳技术大大提高了双向电泳技术的重复性和准确性，其基本原理是将样品在电泳前标记 Cy2、Cy3 和 Cy5 三种荧光染料(其中 Cy2 作为内标)，然后将标记后的 3 种样品混合，同时在一块胶上进行电泳。所得到的 2D 胶图谱可选用 3 种不同的激发光得到不同颜色荧光信号，根据这些信号的比例来判断样品之间蛋白质的差异，其特点是保证所有样品在完全相同的第一向和第二向电泳条件下分离，消除实验的偏差并保证精确的胶内匹配。另外，谱图分析软件的开发和发展也大大提高了双向电泳技术数据分析的精确性和重复性，减少了实验误差和人为引入差异。

质谱技术是蛋白质组学研究的重要手段，质谱技术的发展开启了大规模自动化的蛋白质鉴定之门。与传统的蛋白质鉴定方法相比比如 Edman 降解法，质谱分析技术具有微量、灵敏、准确、高通量、自动化等特点。质谱鉴定蛋白质的基本原理是先使蛋白质分子离子化，然后根据不同离子之间的质荷比(m/z)的差异来分离并确定蛋白质的相对分子质量。根据产生离子的方法不同发展起来许多不同的质谱技术，其中包括广泛应用于蛋白质组学研究的基质辅助激光解吸离子化质谱(MALDI-MS)、电喷雾离子化质谱(ESI-MS)、表面增强激光解吸离子化质谱(SELDI-MS)等。基质辅助激光解吸离子化质谱是将过量的基质与分析样品混合后在激光轰击后，基质被高速激发，并且将能量传递给蛋白/多肽，随后基质与单离子化的分析物飞入气相。这些离子在静电作用引导下进入质量分析器并被检测。MALDI 适合对复杂混合物的高效分析，经常与 TOF 分析仪联用。电喷雾电离的原理是通过向液相样品提供高电场来达到蛋白或多肽的软电离。高压电场作用下，样品通过针形管形成喷雾状液滴进入质谱仪，溶剂分子在加热气体或其他形式的能量(比如与惰性气体碰撞)作用下被去除。随着液滴体积逐渐缩小,液滴的电荷密度超过表面张力极限,最终引起液滴分裂(库仑爆炸),产生单电荷或多电荷离子。目前蛋白质组学基本的鉴定流程是将蛋白质酶解后通过质谱技术获得肽质量指纹图谱(PMF)、肽序列标签(PST)、和肽阶梯序列(PLS),然后检索蛋白质或核酸序列数据库,以达到对蛋白质的快速鉴定。

随着质谱技术的发展,许多物种的双向电泳和蛋白质数据库相继建立和完善。尽管如此,基于双向电泳的蛋白组学研究在某些研究中面临很多的困难,具体表现在对样品要求高,灵敏度低,特别是对膜蛋白、碱性蛋白以及痕量蛋白难以进行有效的分离和鉴定;难以应用于翻译后修饰蛋白的检测及鉴定;自动化程度低,通量小,费时费力;可检测蛋白的动态范围低等等。因此基于色谱的蛋白质组应运而生,近十年得到了很大的发展。该方法不经过双向电泳分离,而是直接酶切得到肽段混合物,然后经过色谱技术,肽段得以分离并通过质谱完成鉴定。这种方法可根据样品的特点采用两种或者多种不同色谱分离模式组合对样品进行正交分离,如反相色谱(RP)、尺寸排阻色谱(SEC)、亲和色谱(AC)、离子交换色谱(IEC)、疏水作用色谱(HIC)等。多维液相色谱系统的峰容量是其构成的各个一维色谱峰容量的乘积,因此能大大提高分离复杂样品的能力。多维液相色谱(MD-LC)技术,因便于接口控制、歧视效应小、易与质谱连接、自动化程度高等优势,作为与 2D-GE 互补的技术在大规模蛋白质组研究中已发挥了重要作用。

在蛋白质组学研究中,各种定量技术也得到很大的发展。应用比较广泛的如同位素标记法(SILAC)、同重同位素标签标记定量法(iTRAQ)、^{18}O 同位素标记法、荧光同位素亲和标签(FCAT)、金属螯合亲和标签(MeCAT)和非标定量法(label-free)等。定量蛋白质组的根本目的还是通过对蛋白质的绝对定量研究,精确测量蛋白组在不同生理状态下的相对丰度及动态变化,使人们深入理解蛋白质在细胞功能网络中的性质和作用。

蛋白质的翻译后修饰(PTM)在细胞信号传导和蛋白功能行使方面起着非常重要的作用,也是蛋白质组研究的重点内容。但由于蛋白的 PTM 动态范围低、修饰不稳定和分离困难,对翻译修饰蛋白的检测和鉴定一直是蛋白质组研究的重心和难点。磷酸化和糖基化是蛋白质的两种主要的 PTM,其中蛋白质的可逆磷酸化修饰是细胞内最主要的 PTM。鉴于磷酸化蛋白的丰度低及稳定性差,蛋白质组分析中,磷酸化蛋白的标记、捕捉、富集和检测是关键。常用的分析方法有 32P 标记、磷酸基团衍生(beta 消除和 michael 加成,生物素标签)、磷酸化蛋白富集[抗磷酸化氨基酸抗体、固相金属亲和色谱(IMAC)、二氧化钛(TiO_2)、Phos-Tag]、检测分析(放射自显影、Western 杂交、MS-MS 分析)等。磷酸化蛋白质组研究限制在样品的制备方法,到现在为止还没有一个最好的方法进行全面的磷酸化蛋白质组分析。现如今需要多维策略,把多种方法结合起来才能得到较为全面客观的结果。

蛋白质组学研究的另一重要技术是微列阵技术。其基本原理是将不同种类的分子固定到一个平面上作为捕获分子进行特异的相互作用分析。比如将抗体点样到特殊材料表面,通过抗体抗原作用可检测蛋白质的差异表达、进行蛋白表达谱分析或应用于临床诊断等等(analytical microarray)。鉴于知道单克隆抗体的高费用和高劳动强度,该技术最有前景的方法是结合噬菌体展示技术并结合全面的合成文库来产生抗体。如果捕获分子为合成分子,可用于解读复杂的细胞调控过程,比如:细胞凋亡、生长因子信号、细胞间的信息交流等等(functional protein microarray)。

总之,蛋白质学是一门复杂的,多技术支持的系统科学。经过几十年的发展,蛋白质组学在微生物研究中已经取得了很大的成功,还亟待需要新思路、新技术、新方法的提出、出现和发展才能解决面临的困难。

四、微生物代谢组学

微生物代谢组学的研究目的是对微生物所有代谢产物进行定量分析，并寻找代谢物与生理变化的相对关系，它的研究对象大都是相对分子质量1000以内的小分子物质。代谢组学的一般流程包括样品制备、代谢产物的检测和分析鉴定、数据分析与模型建立。

生命科学领域的进步尤其是组学的进步总是与先进的分析技术密不可分，进行代谢组学研究首要解决的就是分析技术的问题。传统的酶法定量的方法只能分析一个样品中的一个或几个代谢物，并且需要很大的样品量。而经过淬灭和提取过程的胞内代谢物体积小、浓度低，这些都将严重影响酶法定量的应用。代谢组学的分析方法要求具有高灵敏度、高通量和无偏向性的特点。目前最常用的手段是气相色谱与质谱联用(GC-MS)、液相色谱与质谱联用(LC-MS)、毛细管电泳与质谱联用(CE-MS)以及核磁共振技术(NMR)。GC-MS具有分离效率高、易于开展、较为经济的特点，但需要对挥发性较低的代谢物需要进行衍生化预处理。LC-MS无需进行样品的衍生化处理，检测范围广，作为GC-MS的补充，非常适合于生物样本中低挥发性或非挥发性以及热稳定性差的代谢物分析。而CE-MS具有效率高、进样量低、耗时短、试剂成本低等优点，在微生物代谢组领域发挥着越来越重要的作用。核磁共振技术没有偏向性，对所有化合物具有相同的灵敏度，并且对样品无损伤，可在接近生理条件下进行试验，并进行实时和动态的检测。

随着分析技术的改进，产生了多维的、海量的波谱数据，如何对这些数据进行分析就要借助于专门的数据分析方法。代谢组学的数据分析包括预处理和统计分析，多元统计分析方法主要分为非监督方法和监督方法两大类。目前最常用的是非监督分类方法中的主成分分析(PCA)、非线性影射(NLM)以及监督分类方法中的偏最小二乘法(PLS)和神经网络(NN)。由于分析技术和数据处理方法的多样化，导致代谢组学数据缺乏规范性，这使得数据的采集、存储、查询、比较和共享存在很多问题。因此与其他组学技术相比，代谢组学研究尚无类似的功能完备数据库。目前，代谢组学正处于快速发展阶段，日益成为研究的热点，随着研究的深入，代谢组学必将在微生物领域中发挥更大的作用。同时，将微生物代谢组学与基因组学、转录组学和蛋白质组学整合将是微生物代谢组学未来发展的方向。

执笔：董红军、宋亚囝
讨论与审核：周　成、朱泰承
资料提供：贾开志

参考文献

Bantscheff M, Schirle M, Sweetman G et al. 2007. Quantitative mass spectrometry in proteomics: a critical review. Anal Bioanal Chem, 389: 1017～1031

Fleischmann R D, Adams MD, White O et al. 1995. Whole-genome random sequencing and assembly of Haemophilus influenzae Rd. Science, 269: 496～512

Lucchini S, Thompson A, Hinton JC. 2001. Microarrays for microbiologists. Microbiology, 147: 1403～1414

Medini D, Serruto D, Parkhill J et al. 2008. Microbiology in the post-genomic era. Nat Rev Microbiol, 6: 419～430

Rochfort S. 2005. Metabolomics reviewed: a new "omics" platform technology for systems biology and implications for natural products research.. J Nat Prod, 68: 1813～1820

Wang Z, Gerstein M, Snyder M. 2009. RNA-Seq: a revolutionary tool for transcriptomics. Nat Rev Genet, 10: 57～63

第四章

仪器设备的发展历程(工具的角度)

第一节　微生物研究显微镜的发展历程

一、显微镜的发展史

微生物个体一般小于 0.1mm,细菌则往往小于 0.01mm,人的眼睛不能直接观察到,必须借助于显微镜。最早的显微镜是由荷兰的杨森于 1590 年前后发明的,但制作水平很低。1665 年,列文虎克制成了第一台具有使用价值的显微镜,并开始真正地用于科学研究。列文虎克利用显微镜发现了红细胞、酵母菌等等,他因此成为世界上第一个发现微生物世界的人。

第一代显微镜是光学显微镜。光学显微镜的构造主要分为三部分:机械部分、光学部分和照明部分。普通生物显微镜也称为明视野显微镜,与其对应的是暗视野显微镜(dark field microscope)。暗视野显微镜的聚光镜中央有挡光片,使照明光线不直接进入物镜,只允许被标本反射和衍射的光线进入物镜,因而视野的背景是黑的,物体的边缘是亮的。在此基础上,1935 年,P. Zernike 发明了相差显微镜(phasecontrast microscope),并因此获 1953 年诺贝尔物理奖。相差显微镜的最大特点是可以观察未经染色的标本和活细胞。不同于一般的光学显微镜,荧光显微镜以紫外线为光源,使被照射的物体发出荧光的显微镜。20 世纪 80 年代以来,光学显微镜的设计和制作又有了很大的发展,其发展趋势主要表现在,注重实用性和多功能方面的改进。在装配设计上趋于采用组合方式,集普通光镜加相差、荧光、暗视野、摄影装置于一体,操作灵活,使用方便。

第二代显微镜是电子显微镜。在光学显微镜下无法看清小于 0.2μm 的细微结构,这些结构称为亚显微结构(submicroscopic structures)或超微结构(ultramicroscopic structures; ultrastructures)。要想看清这些结构,就必须选择波长更短的光源,以提高显微镜的分辨率。1932 年 Ruska 发明了以电子束为光源的透射电子显微镜(transmission electron microscope,TEM),电子束的波长要比可见光和紫外光短得多,并且电子束的波长与发射电子束的电压平方根成反比,也就是说电压越高波长越短。扫描电子显微镜(scanning electron microscope,SEM)于 20 世纪 60 年代问世,用来观察标本的表面结构。

第三代显微镜是扫描探针显微镜。20 世纪 80 年代初期,IBM 公司苏黎世实验室的 G. Binning 和 H. Rohrer 发明了扫描隧道显微镜(STM),它的分辨率达到 0.01 纳米。在 STM 的基础上,又发明了原子力显微镜、磁力显微镜、近场光学显微镜等等,这些显微镜都统称扫描探针显微镜。因为它们都是靠一根原子线度的极细针尖在被研究物质的表面上方扫描,检测采集针尖和样品间的不同物理量,以此得到样品表面的形貌图像和一些有关的电化学特性。如:扫描隧道显微镜检测的是隧道电流,原子力显微镜镜测试的是原子间相互作用力等等。光学显微镜和电子显微镜都称之为远场显微镜,因为相对来说样品离成像系统有比较远的距离。而扫描探针显微镜的工作原理是基于微观或介观范围的各种物理特性,探针和样品之间只有2～3埃的距离,会产生相互的作用,是一种相互影响的耦合体系,我们称它为近场显微镜。它的成像质量不单单取决于显微镜本身,很大程度上受样品本身和针尖状态的影响。所以,我们在使用这一类的仪器时,要想得到好的图像,关键是要学会分析判断各种图像及现象的产生原因,然后通过调整参数,得到相对好的图像。

二、显微镜的分类

显微镜是观察微生物的主要工具。如前所述,根据光源不同,可分为光学显微镜和电子显微镜两大类。前者以可见光、紫外线、激光等为光源,后者则以电子束为光源。

(一) 光学显微镜

普通光学显微镜是研究微生物的必备实验仪器。现在的光学显微镜可把物体放大1500倍。光学显微镜的种类很多,常用的是亮视野显微镜,使用较为普遍,此处不再介绍;另外还包括暗视野显微镜、相差显微镜、荧光显微镜、激光共聚焦扫描显微镜(laser confocal scanning microscope)等。

1. 暗视野显微镜 暗视野显微镜分辨率可比普通显微镜高50倍,利用暗视野显微镜能观察小至4～200nm的微粒子。暗视野显微镜常用来观察未染色的透明样品。这些样品因为具有和周围环境相似的折射率,不易在一般明视野之下看得清楚,利用暗视野提高样品本身与背景之间的对比。但是,暗视野显微镜只能看到物体的存在、运动和表面特征,不能辨清物体的细微结构。相差显微镜利用光的衍射和干涉现象将透过标本的光线光程差或相位差转换成肉眼可分辨的振幅差,提高了密度不同物质图像的明暗区别,可用于观察未经染色的细胞结构。

2. 荧光显微镜 荧光显微镜以紫外线为光源。微生物细胞中有些物质,如叶绿素等,受紫外线照射后可发荧光;另有一些物质本身虽不能发荧光,但如果用荧光染料或荧光抗体染色后,经紫外线照射亦可发荧光,荧光显微镜就是对这类物质进行定性和定量研究的工具之一。在荧光显微镜上,必须在标本的照明光中,选择出特定波长的激发光,以产生荧光,然后必须在激发光和荧光混合的光线中,单把荧光分离出来以供观察。因此,滤光镜系统极其重要。

3. 激光共聚焦扫描显微镜 激光共聚焦扫描显微镜以激光为扫描光源,由于激光束的波长较短,光束很细,所以共焦激光扫描显微镜有较高的分辨力,大约是普通光学显微镜的3倍。激光共聚焦扫描显微镜是当今世界最先进的微生物形态学分析仪器之一,在生物学研究领域中得到了广泛应用。与传统光学显微镜相比,在对微生物样品的观察中,激光共聚焦显微镜有如下优越性:①可以对活细胞和组织或细胞切片进行连续扫描,可获得精细的细胞骨架、染色体、细胞器和细胞膜系统的三维图像。②可以得到比普通荧光显微镜更高对比度、高解析度图像、同时具有高灵敏度、杰出样品保护。③通过细胞内离子荧光标记,单标记或多标记,可以检测细胞内如pH和钠、钙、镁等离子浓度的比率测定及动态变化。④可以在同一张样品上进行多重物质标记,同时观察膜标记、免疫物质、免疫反应、受体或配体、核酸等。⑤检测过程无损伤、准确、可靠和优良重复性;数据图像可及时输出或长期储存。

(二) 电子显微镜

电子显微镜主要包括透射电子显微镜、扫描电子显微镜和扫描隧道显微镜三种。

1. 透射电子显微镜(TEM) 透射式电子显微镜与投射式光学显微镜的原理很相近，所不同的是前者用电子束作光源，用电磁场作透镜。其总体工作原理是：由电子枪发射出来的电子束，在真空通道中沿着镜体光轴穿越聚光镜，通过聚光镜将之会聚成一束尖细、明亮而又均匀的光斑，照射在样品室内的样品上；透过样品后的电子束携带有样品内部的结构信息，样品内致密处透过的电子量少，稀疏处透过的电子量多；经过物镜的会聚调焦和初级放大后，电子束进入下级的中间透镜和第 1、第 2 投影镜进行综合放大成像，最终被放大了的电子影像投射在观察室内的荧光屏板上；荧光屏将电子影像转化为可见光影像以供使用者观察。由于电子束的穿透力很弱，因此用于电镜的标本须制成厚度约 50nm 左右的超薄切片。这种切片需要用超薄切片机制作。

2. 扫描电子显微镜(SEM) 扫描电子显微镜的工作原理是用一束极细的电子束扫描样品，在样品表面激发出次级电子，次级电子的多少与电子束入射角有关，也就是说与样品的表面结构有关，次级电子由探测体收集，并在那里被闪烁器转变为光信号，再经光电倍增管和放大器转变为电信号来控制荧光屏上电子束的强度，显示出与电子束同步的扫描图像。图像为立体形象，反映了标本的表面结构。为了使标本表面发射出次级电子，标本在固定、脱水后，要喷涂上一层重金属微粒，重金属在电子束的轰击下发出次级电子信号。扫描电镜的最大有效放大倍率 20 000 倍(图 1.4.1)。

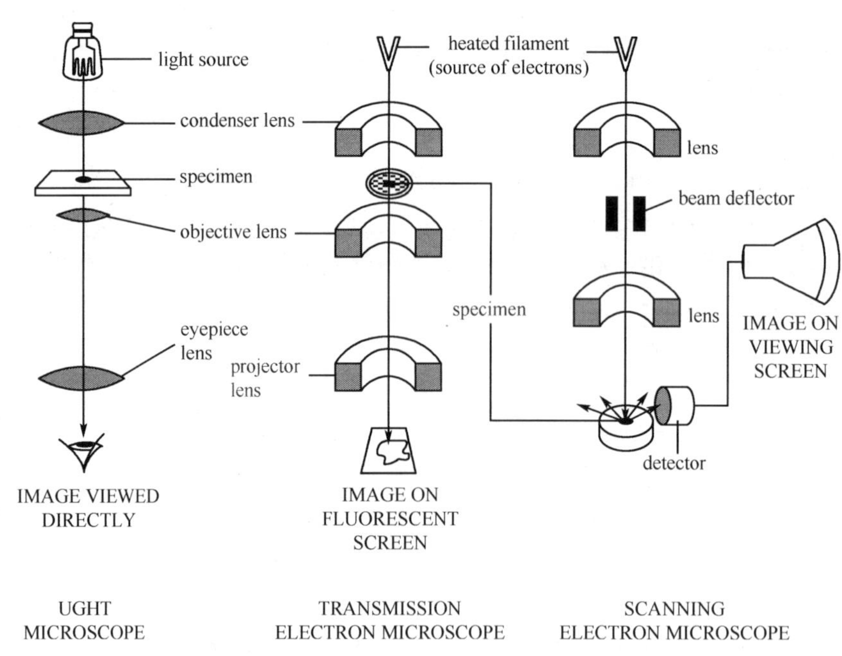

图 1.4.1 光学显微镜、透射电子显微镜及扫描电子显微镜成像原理比较

3. 扫描隧道显微镜(STM) 扫描隧道显微镜根据量子力学原理中的隧道效应而设计。当原子尺度的针尖在不到一个纳米的高度上扫描样品时，此处电子云重叠，外加一电压(2mV 至 2V)，针尖与样品之间产生隧道效应而有电子逸出，形成隧道电流。电流强度和针

尖与样品间的距离有函数关系，当探针沿物质表面按给定高度扫描时，因样品表面原子凹凸不平，使探针与物质表面间的距离不断发生改变，从而引起电流不断发生改变。将电流的这种改变图像化即可显示出原子水平的凹凸形态。扫描隧道显微镜的分辨率很高，横向为0.1～0.2nm，纵向可达0.001nm。它的优点是三态(固态、液态和气态)物质均可进行观察，而普通电镜只能观察制作好的固体标本。利用扫描隧道显微镜直接观察生物大分子，如DNA、RNA和蛋白质等分子的原子布阵，和某些生物结构，如生物膜、细胞壁等的原子排列。与其他表面分析技术相比，STM具有如下独特的优点：①具有原子级高分辨率，STM在平行于样品表面方向上的分辨率分别可达0.1埃，即可以分辨出单个原子。②可实时得到实空间中样品表面的三维图像，可用于具有周期性或不具备周期性的表面结构的研究，这种可实时观察的性能可用于表面扩散等动态过程的研究。③可以观察单个原子层的局部表面结构，而不是对体相或整个表面的平均性质，因而可直接观察到表面缺陷。表面重构、表面吸附体的形态和位置，以及由吸附体引起的表面重构等。④可在真空、大气、常温等不同环境下工作，样品甚至可浸在水和其他溶液中不需要特别的制样技术并且探测过程对样品无损伤。这些特点特别适用于研究生物样品和在不同实验条件下对样品表面的评价。⑤配合扫描隧道谱(STS)可以得到有关表面电子结构的信息，例如表面不同层次的态密度。表面电子阱、电荷密度波、表面势垒的变化和能隙结构等。⑥利用STM针尖，可实现对原子和分子的移动和操纵，这为纳米科技的全面发展奠定了基础。

第二节 微生物生物反应器的发展

生物反应器(bioreactor)是利用微生物、植物、动物或人细胞，或者用专一性酶通过生物方法将原料转化为特定产品的容器。生物反应器能通过提供合适的条件：最佳温度、pH、有效的底物、营养盐、维生素和氧(对好氧有机物)等，使细胞能进行生长和新陈代谢。酿制传统发酵食品时使用的容器就是最初的生物反应器。传统生物工业中使用的生物反应器称为“发酵罐”(fermenter)。20世纪40年代是生物反应器的开发、研制和应用获得迅速发展的阶段。为了实现发酵法青霉素的商业化生产，Merck公司和Pfizer公司投入大量的人力物力，开发了液体深层发酵装置——机械搅拌通风式发酵罐，成为生物反应器发展的先驱。机械搅拌通风式发酵罐目前仍然是发酵工业主要的生物反应器。20世纪70年代，Atkinson提出了生化反应器(biochemical reactor)一词，其含义除包括原有发酵罐外，还包括酶反应器、处理废水用反应器等。同一时期，Ollis提出了另一术语——生物反应器(biological reactor)。20世纪80年代后，生物反应器(bioreactor)一词在专业期刊与书籍中大量出现。

一、微生物培养生物反应器

生物反应器是发酵生产中最基本也是最主要的设备，其作用就是按照发酵过程的工艺要求，保证和控制各种生化反应条件，如温度、压力、供氧量、密封防漏防止染菌等，促进细胞(包括植物、动物、微生物细胞)的新陈代谢，使之能在低消耗下获得较高的产量。根据发酵过程是否通入空气可以将反应器分为厌氧生物反应器和好氧生物反应器。①厌氧生物反应器：发酵过程不需供氧，设备结构一般较为简单，主要应用于乙醇、啤酒、丙酮、丁醇的生产；②好氧生物反应器：生产过程中需不断通入无菌空气，设备结构比厌氧生物反应器复杂。主要应用于氨基酸、有机酸、酶制剂、抗生素和单细胞蛋白SCP等的生产。根据反应器通风和搅拌的方式不同可分为三类:机械搅拌通风式、自吸式和气升式生物反应器。

二、生物反应器在线检测相关电极和设备

传统发酵工艺(包括厌氧和好氧)微生物发酵过程中需要在线监测发酵液中的pH变化情况,溶解氧(DO)值,氧化还原电位(ORP)等发酵参数,以便随时判断掌握微生物生长情况,代谢途径,以及发酵产物类型。为此,针对不同发酵工艺应选用配套的参数电极与相关设备。下面列举在发酵过程中应用最广泛的三种常用电极设备。

1. pH电极 发酵过程中,发酵液的pH变化可以表明微生物细胞生长及产物或副产物生成的情况,是最重要的发酵过程参数之一。不同的细胞生长、代谢有其最适pH,快速、精准的pH监测与控制是发酵成败的关键因素之一。而正确的pH电极选用与维护就显得尤为重要。常见的pH电极分为金属电极(铂电极,锑电极及钨电极)与玻璃电极。目前由于玻璃电极以响应快、精度高等特点在生物发酵行业得到广泛应用。

2. 溶解氧电极 微生物好氧发酵需要测量无菌液态培养基中的溶解氧值。发酵过程中关键看发酵需氧高峰期与发酵初期饱和供氧之间的差异,所以采用相对百分浓度较为适合。根据上述发酵要求,目前大多数发酵设备均使用复膜氧电极。复膜氧电极的测定,实际上是液体中的氧分压,压差产生电流,通过电流的变化,可以求出溶解氧的绝对值。发酵液成分复杂,搅拌转数、搅拌形式、通风量,档板数量都会影响总传递系数,进而影响溶氧值。实际生产过程中,要求了解溶氧变化的瞬时情况,所以溶解氧电极的膜材料必须薄而通透性好。另外还必须可以耐受蒸汽灭菌(125℃、30分钟)。

3. 氧化还原电位电极 氧化还原电位(oxidation reduction potential,简称ORP)作为控制参数能够反映许多有氧和厌氧微生物培养过程中发生的代谢信息。发酵体系的氧化还原电位值是pH、溶解氧浓度、平衡常数和大量溶解培养基中物质的氧化还原电位的综合反映。胞外的氧化还原电位可以影响胞内的酶活、$NADH/NAD^+$的比例,从而可以影响菌体的代谢。ORP电极可由多种金属制造,如镍、铜、银、铱、铂、金等由离子晶格结构组成,电子可在晶格内部运动,它们还会因同种离子的存在而产生电位差。其中铂与金的ORP值较高,测量的灵敏度更高,针对发酵液成分的复杂性与对灵敏度的高要求,玻璃载体-铂晶体头部复合ORP电极在实际发酵过程中较为适合。

第三节 微生物代谢物检测仪器的发展

一、分光光度计

由于不同物体分子的结构不同,对不同波长光线的吸收能力也不同,因此,每种物体都具有特定的吸收光谱。能从含有各种波长的混合光中,将每一种单色光分离出来,并测量其强度的仪器叫做分光光度计。

分光光度计根据所使用的波长范围不同,可分为紫外光区(200～400nm)、可见光区(400～760nm)、红外光区(>760nm)以及全波段分光区。因此,分光光度计可分为可见光分光光度计、紫外-可见光分光光度计、荧光分光光度计、红外分光光度计等。无论是哪一类分光光度计主要都是由光源、单色器、样品室、检测器、信号处理器和显示系统五部分组成。分光光度计的准确度是由很多因素决定的,但是最重要的因素之一是光谱波段(即在所测

量的光谱中每点波长的范围)。使用分光光度计可以绘制吸收光谱曲线,具有尖峰分光光度法曲线的介质要求分光光度计能通过狭窄的波段,典型的波长间隔是5nm,比较便宜的仪器通常能通过10nm或20nm的波段。

二、拉曼光谱和红外光谱

红外光谱和拉曼光谱都属于分子振动谱,是研究分子结构的有力手段。红外光谱测定的是样品的透射光谱,当红外光穿过样品时,样品分子中的基团吸收红外光产生振动,使偶极矩发生变化,得到红外吸收光谱;拉曼光谱测定的是样品的发射光谱,当单色激光照射到样品上时,分子的极化率发生变化,产生拉曼散射,检测器检测到的是拉曼散射光谱。

(一)傅里叶变换红外光谱仪

傅里叶变换红外光谱仪(fourier transform infrared spectrometer,FTIR Spectrometer),也可以简称为傅里叶红外光谱仪。是一种利用对干涉后的红外光进行傅里叶变换的一种仪器。傅里叶变换是指将复杂时间域信号变换为简单的频率域信号的一种手段。傅里叶变换红外光谱仪根据检测波长的不同可分为:近红外光谱仪(0.78~2.5μm)、中红外光谱仪(2.5~25μm)及远红外光谱仪(25~1000μm)。其主要由红外光源、光阑、干涉仪(分束器、动镜、定镜)、样品室、检测器以及各种红外反射镜、激光器、控制电路板和电源构成。

光源发出的光被分束器分为两束,一束经反射到达动镜,另一束经透射到达定镜。两束光分别经定镜和动镜反射再回到分束器,动镜以一恒定速度做直线运动,因而经分束器分束后的两束光形成光程差,产生干涉。干涉光在分束器会合后通过样品池,通过样品后含有样品信息的干涉光到达检测器,然后通过傅里叶变换对信号进行处理,最终得到透过率或吸光度随波数或波长的红外吸收光谱图。

(二)傅里叶变换拉曼光谱仪

傅里叶变换拉曼光谱(FT Raman)仪,在傅里叶变换红外光谱仪一侧链接FT-Raman附件构成。使用近红外区波长的激光激发样品(很难将分子激发到第一电子激发态,避免了荧光的产生),在此激发过程中,傅里叶变换拉曼光谱仪可以通过检测样品的拉曼散射光谱来研究物质的分子结构及结构变化。

激发器发射激光照射到拉曼样品室中的样品上,产生的拉曼散射光和瑞利散射光经聚焦被传送至红外光学台的干涉仪,经干涉仪调制后被光路穿梭器再传送至FT-Raman模块中的检测器,最后检测到的信息输入计算机处理,处理后输出拉曼光谱。

三、色谱技术

色谱法也叫层析法,它是一种高效能的物理分离技术,将它用于分析化学并配合适当的检测手段,就成为色谱分析法。色谱法的最早应用是用于分离植物色素,其方法是这样的:在一玻璃管中放入碳酸钙,将含有植物色素(植物叶的提取液)的石油醚倒入管中。此时,玻璃管的上端立即出现几种颜色的混合谱带。然后用纯石油醚冲洗,随着石油醚的加入,谱带不断地向下移动,并逐渐分开成几个不同颜色的谱带,继续冲洗就可分别接得各种颜色的色素,并可分别进行鉴定。色谱法也由此而得名。现在的色谱法已得到了极大的发展，已经突破了颜色分离的范畴，但其分离的原理是一样的，所以我们仍然叫它色谱分析。

色谱分离基本原理：由以上方法可知，在色谱法中存在两相，一相是固定不动的，我们把它叫做固定相；另一相则不断流过固定相，我们把它叫做流动相。色谱法的分离原理就是利用待分离的各种物质在两相中的分配系数、吸附能力等亲和能力的不同来进行分离的。使用外力使含有样品的流动相（气体、液体）通过一固定于柱中或平板上、与流动相互不相溶的固定相表面。当流动相中携带的混合物流经固定相时，混合物中的各组分与固定相发生相互作用。由于混合物中各组分在性质和结构上的差异，与固定相之间产生的作用力的大小、强弱不同，随着流动相的移动，混合物在两相间经过反复多次的分配平衡，使得各组分被固定相保留的时间不同，从而按一定次序由固定相中先后流出。与适当的柱后检测方法结合，实现混合物中各组分的分离与检测。

色谱分类方法：色谱分析法有很多种类，从不同的角度出发可以有不同的分类方法。从两相的状态分类：色谱法中，流动相可以是气体，也可以是液体，由此可分为气相色谱法（GC）和液相色谱法（LC）。固定相既可以是固体，也可以是涂在固体上的液体，由此又可将气相色谱法和液相色谱法分为气-液色谱、气-固色谱、液-固色谱、液-液色谱。

（一）气相色谱法

气相色谱法是一种以气体为流动相的柱色谱法，根据所用固定相状态的不同可分为气-固色谱（GSC）和气-液色谱（GLC）。

气相色谱原理：气相色谱的流动相为惰性气体，气-固色谱法中以表面积大且具有一定活性的吸附剂作为固定相。当多组分的混合样品进入色谱柱后，由于吸附剂对每个组分的吸附力不同，经过一定时间后，各组分在色谱柱中的运行速度也就不同。吸附力弱的组分容易被解吸下来，最先离开色谱柱进入检测器，而吸附力最强的组分最不容易被解吸下来，因此最后离开色谱柱。如此，各组分得以在色谱柱中彼此分离，顺序进入检测器中被检测、记录下来。

气相色谱流程：载气由高压钢瓶中流出，经减压阀降压到所需压力后，通过净化干燥管使载气净化，再经稳压阀和转子流量计后，以稳定的压力、恒定的速度流经气化室与气化的样品混合，将样品气体带入色谱柱中进行分离。分离后的各组分随着载气先后流入检测器，然后载气放空。检测器将物质的浓度或质量的变化转变为一定的电信号，经放大后在记录仪上记录下来，就得到色谱流出曲线。根据色谱流出曲线上得到的每个峰的保留时间，可以进行定性分析，根据峰面积或峰高的大小，可以进行定量分析。

气相色谱仪：由以下五大系统组成：气路系统、进样系统、分离系统、温控系统、检测记录系统。组分能否分开，关键在于色谱柱；分离后组分能否鉴定出来则在于检测器，所以分离系统和检测系统是仪器的核心。目前已经开发了很多种检测器，常用的检测器包括：氢火焰离子化检测器（FID）、热导检测器（TCD）、氮磷检测器（NPD）、火焰光度检测器（FPD）、电子捕获检测器（ECD）等类型。

（二）高效液相色谱法

高效液相色谱是在气相色谱和经典色谱的基础上，于 20 世纪 70 年代初期发展起来的一种以液体做流动相的新色谱技术。现代液相色谱和经典液相色谱没有本质的区别。不同点仅仅是现代液相色谱比经典液相色谱有较高的效率和实现了自动化操作。经典的液相色谱法，流动相在常压下输送，所用的固定相柱效低，分析周期长。而现代液相色谱法引用了气相色谱的理论，流动相改为高压输送（最高输送压力可达 4.9×10^{7} Pa）；色谱柱是以特殊的方法用小粒径的填料填充而成，从而使柱效大大高于经典液相色谱（每米塔板数可达几万或几十万）；同时柱后连有高灵敏度的检测器，可对流出物进行连续检测。因此，高效液相色谱具有分析速度快、分离效能高、自动化等特点。所以人们称它为高压、高速、高效或现代液相色谱法。

（三）离子色谱(ion chromatography)

离子色谱是高效液相色谱的一种，是分析离子的一种液相色谱方法，具有快速、灵敏度高、选择性好、可同时测定多组分的优点。主要用于分析水中常见的阴、阳离子和有机酸类。最新型离子色谱还可分析水中常见的阴、阳离子和有机酸类。根据分离机制，离子色谱可分为高效离子交换色谱（HPLC）、离子排斥色谱（HPIEC）和离子对色谱（MPIC）。离子色谱主要是利用离子交换基团之间的交换，也即利用离子之间对离子交换树脂的亲和力差异而进行分离。离子交换色谱柱的填料是阴、阳离子交换树脂，是在有机高聚物或硅胶上接有机季铵或磺酸基团。离子色谱系统主要由流动相传送部分、分离柱、检测器和数据处理单元四个部分组成。

离子色谱常用的检测方法可以分为两类：电化学法和光学法。电化学检测器有三种，即电导、安培和积分安培（包括脉冲安培）。其中，电导检测器应用的最广泛，可分析各种强酸和强碱的阴阳离子，羧基、磺酸基或膦酸基官能团。光学法主要是紫外-可见光和荧光检测器。紫外-可见光检测器在离子色谱中最重要的应用是通过柱后衍生技术测量过渡金属和镧系元素。荧光检测器是通过测定分子中电子能级跃迁时发射出的荧光强度来表征物质的浓度，可用于测定铵离子、伯胺、多胺和肽。

四、核磁共振 NMR(nuclear magnetic resonance)

核磁共振现象来源于原子核的自旋角动量在外加磁场作用下的进动，是由原子核的磁矩和自旋角动量在外磁场中联合形成的。

由于原子核携带正电荷，当具有自旋量子数的原子核自旋时，会由自旋产生一个磁矩，这一磁矩的方向与原子核的自旋方向相同，大小与原子核的自旋角动量成正比。当将此原子核置于外加磁场中，原子核自旋产生的磁场与外加磁场方向不同，则原子核磁矩会绕外磁场方向旋转，这一现象类似陀螺在旋转过程中转动轴的摆动，称为进动（precession）。进动具有能量也具有一定的频率，进动频率与自旋核角速度及外加磁场的相关。

根据量子力学原理，原子核与电子一样，也具有自旋角动量，其自旋角动量的具体数值由原子核的自旋量子数决定。实验结果显示，不同类型的原子核自旋量子数也不同：质量数和质子数均为偶数的原子核，自旋量子数为 0，即 $I=0$，如 ^{12}C、^{16}O、^{32}S 等，这类原子核没有自旋现象，称为非磁性核。质量数为奇数的原子核，自旋量子数为半数，如 ^{1}H、^{19}F、^{13}C 等，此种类型的原子核为磁性核，具有核磁共振现象。质量数为偶数，质子数为奇数的原子核，自旋量子数为整数，这样的核也是磁性核。但迄今为止，人们的研究对象主要局限于 $I=1/2$ 的原子核，$I=1/2$ 的原子核电荷呈球形均匀分布于核表面，核磁共振现象较为简单，最易于核磁共振的检测。经常使用的原子核有：^{1}H、^{11}B、^{13}C、^{17}O、^{19}F、^{31}P。

原子核进动的频率由外加磁场的强度和原子核本身的性质决定，也就是说，对于某一特定原子,在一定强度的外加磁场中,其原子核自旋进动的频率是固定不变的。原子核发生进动的能量与磁场、原子核磁矩以及磁矩与磁场的夹角相关,根据量子力学原理,原子核磁矩与外加磁场之间的夹角并不是连续分布的,而是由原子核的磁量子数决定的,原子核磁矩的方向只能在这些磁量子数之间跳跃,而不能平滑的变化,这样就形成了一系列的能级。当原子核在外加磁场中接受其他来源的能量输入后,就会发生能级跃迁,也就是原子核磁矩与外加磁场的夹角会发生变化。这种能级跃迁是获取核磁共振信号的基础。

为了让原子核自旋的进动发生能级跃迁,需要为原子核提供跃迁所需要的能量,这一能量通常是通过外加射频场来提供的。根据物理学原理当外加射频场的频率与原子核自旋进动的频率相同的时候,射频场的能量才能够有效地被原子核吸收,为能级跃迁提供助力。因此某种特定的原子核,在给定的外加磁场中,只吸收某一特定频率射频场提供的能量,这样就形成了一个核磁共振信号。

(一) 核磁共振谱技术(NMR 技术)

核磁共振谱技术是将核磁共振现象应用于分子结构测定的一项技术。对于有机分子结构测定来说,核磁共振谱扮演了非常重要的角色,核磁共振谱、紫外光谱、红外光谱和质谱一起被有机化学家们称为“四大名谱”。目前对核磁共振谱的研究主要集中在^{1}H和^{13}C两类原子核的图谱。

对于孤立原子核而言,同一种原子核在同样强度的外磁场中,只对某一特定频率的射频场敏感。但是处于分子结构中的原子核,由于分子中电子云分布等因素的影响,实际感受到的外磁场强度往往会发生一定程度的变化,而且处于分子结构中不同位置的原子核,所感受到的外加磁场的强度也各不相同,这种分子中电子云对外加磁场强度的影响,会导致分子中不同位置原子核对不同频率的射频场敏感,从而导致核磁共振信号的差异,这种差异便是通过核磁共振解析分子结构的基础。原子核附近化学键和电子云的分布状况称为该原子核的化学环境,由于化学环境影响导致的核磁共振信号频率位置的变化称为该原子核的化学位移。

耦合常数是化学位移之外核磁共振谱提供的另一个重要信息,所谓耦合指的是临近原子核自旋角动量的相互影响,这种原子核自旋角动量的相互作用会改变原子核自旋在外磁场中进动的能级分布状况,造成能级的裂分,进而造成 NMR 谱图中的信号峰形状发生变化,通过解析这些峰形的变化,可以推测出分子结构中各原子之间的连接关系。

最后,信号强度是核磁共振谱的第三个重要信息,处于相同化学环境的原子核在核磁共振谱中会显示为同一个信号峰,通过解析信号峰的强度可以获知这些原子核的数量,从而为分子结构的解析提供重要信息。表征信号峰强度的是信号峰的曲线下面积积分,这一信息对于^{1}H-NMR 谱尤为重要,而对于^{13}C-NMR 谱而言,由于峰强度和原子核数量的对应关系并不显著,因而峰强度并不非常重要。

早期的核磁共振谱主要集中于氢谱,这是由于能够产生核磁共振信号的^{1}H原子在自然界丰度极高,由其产生的核磁共振信号很强,容易检测。随着傅里叶变换技术的发展,核磁共振仪可以在很短的时间内同时发出不同频率的射频场,这样就可以对样品重复扫描,从而将微弱的核磁共振信号从背景噪音中区分出来,这使得人们可以收集^{13}C核磁共振信号。

近年来,人们发展了二维核磁共振谱技术,这使得人们能够获得更多关于分子结构的信息，目前二维核磁共振谱已经可以解析分子量较小的蛋白质分子的空间结构。

（二）磁共振成像技术（MRI 技术）

磁共振成像是利用核磁共振原理，通过外加梯度磁场检测所发射出的电磁波，据此可以绘制成物体内部的结构图像。

磁共振成像技术是一种非介入探测技术，相对于 X 射线透视技术和放射造影技术，MRI 对人体没有辐射影响；相对于超声探测技术，磁共振成像更加清晰，能够显示更多细节；此外相对于其他成像技术，磁共振成像不仅仅能够显示有形的实体病变，而且还能够对脑、心、肝等功能性反应进行精确的判定。在帕金森症、阿尔茨海默症、癌症等疾病的诊断方面，MRI 技术都发挥了非常重要的作用。

磁共振成像技术是核磁共振在医学领域的应用。人体内含有非常丰富的水，不同的组织，水的含量也各不相同，如果能够探测到这些水的分布信息，就能够绘制出一幅比较完整的人体内部结构图像，磁共振成像技术就是通过识别水分子中氢原子信号的分布来推测水分子在人体内的分布，进而探测人体内部结构的技术。

与用于鉴定分子结构的核磁共振谱技术不同，磁共振成像技术改变的是外加磁场的强度，而非射频场的频率。磁共振成像仪在垂直于主磁场方向会提供两个相互垂直的梯度磁场，这样在人体内磁场的分布就会随着空间位置的变化而变化，每一个位置都会有一个强度不同、方向不同的磁场，这样，位于人体不同部位的氢原子就会对不同的射频场信号产生反应，通过记录这一反应，并加以计算处理，可以获得水分子在空间中分布的信息，从而获得人体内部结构的图像。磁共振成像技术还可以与 X 射线断层成像技术（CT）结合为临床诊断和生理学、医学研究提供重要数据。

磁共振探测是 MRI 技术在地质勘探领域的延伸，通过对地层中水分布信息的探测，可以确定某一地层下是否有地下水存在，地下水位的高度、含水层的含水量和孔隙率等地层结构信息。

目前磁共振探测技术已经成为传统的钻探探测技术的补充手段，并且应用于滑坡等地质灾害的预防工作中，但是相对于传统的钻探探测，核磁共振探测设备购买、运行和维护费用非常高昂，这严重地限制了 MRS 技术在地质科学中的应用。

五、质谱仪（mass spectrometer，MS）

质谱法是一种根据带电粒子在电磁场中能够偏转的原理，按物质原子、分子或分子碎片的质量差异进行分离和检测物质组成的一类仪器。世界上第一台质谱仪是由英国物理学家 J. J. Thomson 在 1912 年制成的，早期质谱仪主要用于测定原子量，直至 20 世纪 60 年代以后，它才开始应用于复杂化合物的鉴定和结构分析。质谱仪主要通过测定被测样品离子的质荷比（m/z）来进行分析，质谱法检测灵敏度高，无需标样，可通过谱库检索来定性，也可根据目标化合物质谱的特征峰来确定分子结构。由于质谱仪无法分离混合物，目前单独使用质谱仪作为检测手段的情况较少，更多的是与其他一些分析手段如气相色谱、液相色谱等联用，以获得相互补充的效果。

质谱仪的核心装置为离子源、质量分析器和离子检测器。离子源是使试样分子在高真空条件下离子化的装置。电离后的分子因接受了过多的能量会进一步碎裂成较小质量的多种碎片离子和中性粒子。它们在加速电场作用下获取具有相同能量的平均动能而进入质量分析器。质量分析器是将同时进入其中的不同质量的离子，按质荷比 m/z 大小分离的装置。分离后的离子依次进入离子检测器，采集放大离子信号，经计算机处理，绘制成质谱图，根据质谱峰的位置可以进行定性和结构分析。离子源、质量分析器和离子检测器都各有多种类型。质谱仪按应用范围分为同位素质谱仪、无机质谱仪和有机质谱仪；按分辨本领分为高分辨、中分辨和低分辨质谱仪；按工作原理分为静态仪器和动态仪器。

质谱仪最重要的应用是分离同位素并测定它们的原子质量及相对丰度。仪器首先将物质气化、电离成离子束，经电压加速和聚焦，然后通过磁场电场区，不同质量的离子受到磁场电场的偏转不同，聚焦在不同的位置，从而获得不同同位素的质量谱。此法测定原子质量的精度超过化学测量方法，大约 2/3 以上的原子的精确质量是用质谱方法测定的。由于质量和能量的当量关系，由此可得到有关核结构与核结合能的知识。对于可通过矿石中提取的放射性衰变产物元素的分析测量，可确定矿石的地质年代。气体同位素质谱对稳定同位素 C、H、N、O、S 及放射性同位素 Rb、Sr、U、Pb、K、Ar 测定，可应用于地质石油、医学、环保、农业等部门。

质谱方法还可用于有机化学分析，特别是微量杂质分析，测量分子的分子量，为确定化合物的分子式和分子结构提供可靠的依据。丹麦罗斯基斯一实验室发明一种带有质谱仪的空调装置。该装置可绘制产品中 60 多种元素的相对含量，可与农产品样品的质谱仪图谱进行对比，从而可得知这些农产品有无化肥与农药残留物，确认是否是不含化肥与农药残留物的真正绿色食品，从而可以识别流通领域中商贩给伪劣农产品贴上“绿色食品”的伪劣绿色食品。

串联质谱技术是一种重要的分析混合物和分子结构的手段，很早以前已在大型质谱仪上得到应用，在两个前后串联的质谱/质谱仪中，前级质谱主要用于担任分离工作，在样品被电离后，它只允许被分析的目标化合物的母代离子碎片，经过碰撞裂解后，由第二级质谱分析裂解后产生的离子碎片，由于上述过程的完成至少需要三个质量分离器串联而成，故在大型质谱仪上应用串联质谱技术成本较高，而且操作比较复杂，从而限制了该技术的广泛应用。随着离子阱质谱仪的发展，利用其可实现时间串联的特性，即串联质谱的每个阶段在不同时间段进行，使用同一个离子阱质量分离装置就可以完成串联质谱的分析，甚至可以进行多级质谱的分析，Varian 公司的 Saturn 串联质谱仪目前可以做到 MS6。从而大大降低串联质谱分析的成本，而且性能优异的工作站软件也使该分析的操作变得十分容易。目前，该技术在环境分析、食品分析、生物分析等方面得到了广泛的应用。它不仅适用于复杂基体混合物的定性分析，而且可以利用得到二级质谱结果进行定量。

生物质谱是一种解决生命科学中有关生物物质分析的重要手段，目前已成为有机质谱中最活跃、最富生命力的前沿研究领域之一，它的发展强有力地推动了人类基因组计划及其后基因组计划的提前完成和有力实施。生物质谱主要借助软电离质谱技术对生物大分子如蛋白质、核酸和多糖等进行结构分析。2002 年度诺贝尔化学奖授予了三位在生物大分子研究领域作出突出贡献的科学家，以表彰他们开创了应用仪器分析法对于生物大分子进行确认和结构分析的方法。其中约翰·芬恩(John B. Fenn)和田中耕一(Koichi Tanaka)各得奖金的 1/4(共分享 1/2)，主要贡献是“发明了对生物大分子进行确认和结构分析的方法”及“发明了对生物大分子的质谱分析法”。生物质谱主要用于解决两个分析问题：精确测量生物大分子，如蛋白质、核苷酸和糖类等的分子量，并提供分子结构信息；对存在于生命复杂体系中的微量或痕量小分子生物活性物质进行定性或定量分析。业已发展了各种新软电离技术及联用技术，扩展了质谱可测质量范围，特别是色谱-质谱联用技术和质谱串联技术。近年来涌现出较成功地用于生物大分子质谱分析的软电离技术主要有下列几种：①电喷雾电离质谱；②基质辅助激光解吸电离质谱；③快原子轰击质谱；④离子喷雾电离质谱；⑤大气压电离质谱。在这些软电离技术中，以前面三种近年来研究得最多，应用得也最广泛。

第四节　微生物分子操作仪器的发展

一、PCR 仪发展

核酸研究已有 100 多年的历史，20 世纪 60 年代末、70 年代初人们致力于研究基因的体外分离技术，Korana 于 1971 年最早提出核酸体外扩增的设想："经过 DNA 变性，与合适的引物杂交，用 DNA 聚合酶延伸引物，并不断重复该过程便可克隆 tRNA 基因"。1985 年美国 PE-Cetus 公司人类遗传研究室的 Mullis 等发明了具有划时代意义的聚合酶链反应。其原理类似于 DNA 的体内复制，只是在试管中给 DNA 的体外合成提供一种合适的条件——模板 DNA，寡核苷酸引物，DNA 聚合酶，合适的缓冲体系，选择合适的 DNA 变性、复性及延伸的温度与时间。

PCR 最重要的就是个升降温过程，最初的水浴锅式 PCR 仪，就是三个水浴箱，一个机械臂，定时抓出反应槽转换水浴锅。这种设备体积大，速度慢，随着技术的逐渐成熟演变为具有致冷和加热功能的固定位置升降温的 PCR 扩增仪即普通 PCR 仪。随着科技的发展，为了满足各种实验的需要，设计和生产了多种类型和型号的 PCR 仪。到目前为止根据 DNA 扩增的目的和检测的标准，大致可以将 PCR 仪分为普通 PCR 仪，梯度 PCR 仪，原位 PCR 仪，实时荧光定量 PCR 仪四类。

（一）普通 PCR 仪

普通 PCR 仪一次 PCR 扩增只能运行一个特定退火温度，主要是做简单的，对目的基因的克隆。该仪器主要应用于简单的科研研究，教学，医学临床，检验检疫等。

（二）梯度 PCR 仪

梯度 PCR 仪可把一次性 PCR 扩增可以设置一系列不同的退火温度条件（温度梯度），通常 12 种温度梯度。因为被扩增的 DNA 片段不同，其最适退火温度不同，通过设置一系列的梯度退火温度进行扩增，从而一次性 PCR 扩增，就可以筛选出最适退火温度，进行有效的扩增。主要用于研究未知 DNA 退火温度的扩增，这样节约成本的同时也节约了时间。主要用于科研，教学机构。梯度 PCR 仪，在不设置梯度的情况下也可以做普通 PCR 扩增。

（三）原位 PCR 仪

用于从细胞内靶 DNA 的定位分析的细胞内基因扩增仪，如病源基因在细胞的位置或目的基因在细胞内的作用位置等。是保持细胞或组织的完整性，使 PCR 反应体系渗透到组织和细胞中，在细胞的靶 DNA 所在的位置上进行基因扩增，不但可以检测到靶 DNA，又能标出靶序列在细胞内的位置，于分子和细胞水平上研究疾病的发病机制和临床过程及病理的转变有重要的实用价值。

(四) 实时荧光定量 PCR 仪

实时荧光定量 PCR 仪在普通 PCR 仪的基础上增加一个荧光信号采集系统和计算机分析处理系统。其 PCR 扩增原理和普通 PCR 仪扩增原理相同,只是 PCR 扩增时加入的引物是利用同位素、荧光素等进行标记,使用引物和荧光探针同时与模板特异性结合扩增。扩增的结果通过荧光信号采集系统实时采集型号连接输送到计算机分析处理系统得出量化的实时结果输出。荧光定量 PCR 仪有单通道,双通道,和多通道。当只用一种荧光探针标记的时候,选用单通道,有多荧光标记的时候用多通道。单通道也可以检测多荧光的标记的目的基因表达产物,因为一次只能检测一种目的基因的扩增量,需多次扩增才能检测完不同的目的基因片段的量。该仪器主要用于医学临床检测,生物医药研发,食品行业,科研院校等机构。

二、蛋白纯化设备

不管是从天然宿主还是通过基因工程的途径获得蛋白质或酶,都需要把蛋白质从复杂的大分子混合物中分离纯化出来。蛋白质的分离纯化主要利用其物理化学性质与其他生物大分子的差异,例如:分子的大小、溶解度、等电点、亲疏水性,以及与其他分子的亲和性等。利用这些性质所建立的蛋白质分离纯化的方法有:①依据分子的大小和形状:密度梯度离心、超滤、层析、分子筛层析等。②依据等电点与电荷:等电聚焦电泳、离子交换层析、吸附层析等。③依据溶解度:盐溶盐析、有机溶剂沉淀、液相萃取、等电点沉淀等。④依据与其他分子的亲疏水性质:亲和层析、金属螯合层析、共价层析、疏水层析等。

(一) 凝胶过滤层析

凝胶过滤层析是一种简单有效的液相层析技术,根据分离的混合物溶液通过凝胶的网孔向下移动,凝胶颗粒的网孔如一个筛子,小分子物质直径小于凝胶网孔而进入凝胶内部,流程变长,移动速度变慢,大分子物质于凝胶间隙中通过速度快,先被洗脱下来,因此对于凝胶过滤层析来说,最主要的是凝胶的类型及能力,其内部的多孔网状结构决定了凝胶分离的蛋白质分子量范围,目前常用的凝胶有葡聚糖凝胶、聚丙烯酰胺凝胶和琼脂糖等,可根据分离蛋白质的大小及性质来选择凝胶介质。凝胶过滤层析的设备较为简单,层析柱中装入适当的凝胶底部铺上一层尼龙筛或玻璃丝,样品缓冲液通过凝胶柱后分段收集蛋白。

(二) 亲和层析

亲和层析是利用两种物质的特异识别结合能力,这种结合既是特异的,又是可逆的,在一定的条件下发生特异的结合,改变条件后可以使这种结合解除。可利用的特异结合的物质包括抗原与抗体、酶与底物、受体与配体等,另外一种特殊的形式是金属螯合亲和层析,该法利用的是蛋白质暴露的一些氨基酸残基和载体之上的金属离子之间的相互作用,金属离子包括 Zn^{2+}、Cu^{2+}、Fe^{2+}、Ni^{2+} 等,其中以 Ni^{2+} 对蛋白质的吸附强烈而条件易于控制,因而在金属螯合层析中得到广泛的应用,如在基因工程中,在重组蛋白中加入 6 个组氨酸标签，在 Ni^{2+} 柱中可以得到良好的分离。

常规使用的亲和层析设备为柱形结构，基本构造是将亲和分子固定于载体中，蛋白混合液在结合缓冲液中通过载体而使目的蛋白结合与载体的亲和分子上，随后使用洗脱缓冲液洗脱可得到纯的蛋白制品。可使用的载体必须具有以下性质：不溶于水、惰性物质、具有相当量的化学基团可供活化、理化性质稳定、通透性和机械性能好等。可作为固相载体的有皂土、玻璃微球、石英微球、氧化铝、聚丙烯酰胺、淀粉凝胶、葡聚糖凝胶、纤维素和琼脂糖。但皂土、玻璃微球等吸附能力弱，且有非特异吸附，因而只有聚丙烯酰胺凝胶和琼脂糖凝胶是较好的固相载体。

商业应用的液相层析操作系统如 Amersham Pharmacia Biotech 公司如 AKTA 系统，其主要特点是：①预装有 80 种柱的预编程序，操作界面简单有效。②配有高压动力双泵系统提供高效液相层析系统的高中低压要求，因此流速范围大，提高了分离的效率。③具有自动缓冲液制备功能，系统通过分析缓冲液的 pK_a 值自动对盐及 pH 进行补偿，从而在线制备各种 pH/盐浓度梯度缓冲液。用户在开发工艺时，不必配置大量不同的缓冲液，节约了时间。④具有 3 个 190～700nm 的不同波长连续监测蛋白及其他杂质。与系统相适应的是该公司开发和改进了多种载体供纯化使用。例如 superdex 系列，source 系列，mini 系列，mono 系列等，其中以 mini 系列的载体介质为分辨率最高的离子交换介质，superdex 则为分辨率选择性最高的分子筛凝胶排阻介质，source 系列则是为生物分子的制备性分离而设计的一种低分压高分辨率介质，流速在 1000cm/h 以上仍保持高分辨率，可在数分钟内完成 1 次洗脱过程，适合作为中和精细纯化的应用。

（三）模拟移动床层析

模拟移动床层析又称为扩张柱床吸附层析，主要针对基因工程产品，结合澄清、浓缩及产品捕捉三个步骤为一体，直接从未经预处理的样品中捕获靶蛋白。其技术原理与一般的吸附层析相似，层析柱经过自下而上的扩张及平衡，通过逆流连续操作方式，通过变换固定床吸附设备的物料进出口位置，产生相当于吸附剂连续向下移动，物料连续向上移动的效果，此时目标蛋白会吸附于凝胶上面，杂蛋白、菌体和不溶性的颗粒会随液流从柱顶流出，通过改变洗脱条件，目标蛋白便可从柱中洗下来。

径向膜层析柱常采用螺旋式膜组件结构，流动的方向是从层析柱的圆周流向柱的圆心，优点在于结合了亲和层析与膜分离，并且流向的截面积加大，使纯化速度加快，上样量增大，有利于工业化生产。美国的 Millipore 公司和 Nygene 公司于 90 年代相继推出了以蛋白 A 为亲和配基的商业化膜层析组件，我国大连化物所也开发出了一系列以纤维素为基质的离子交换，亲和和疏水 3 种类型的复合膜层析介质和多种规格的径向膜层析柱。

其他一些诸如置换层析设备，金属螯合亲和层析等其原理及技术设备大同小异，因此不再一一介绍。

第五节　微生物高通量分析/检测仪器的发展

一、测　序　仪

DNA 序列测定技术的发展是高通量仪器发展的典型案例。20 世纪 70 年代末，Gilbert

发明化学法、Sanger 发明双脱氧终止法手动测序,同位素标记。80 年代中期,出现自动测序仪(应用双脱氧终止法原理)、荧光代替同位素,计算机图像识别。目前,自动化测序已成为 DNA 序列分析的主流。

此后,随着生物技术的进步和计算机技术的发展,科学家不断研发新型测序仪,从测序长度和测序通量的角度对现有的仪器进行改进,目前市场有 454 生命科学宣布推出的 GS FLX^{+} 系统。此仪器能够产生高达 1000bp 的测序读长,赶超了传统的毛细管电泳测序法。读长的改善也使得通量提升了近 50%,达到 1Gb,从而降低了大型测序项目的测序成本。在分辨复杂基因组的高度重复区域时,这种准确地读长特别有用,可显著改善拼接。2011 年 4 月 Pacific Biosciences 公司正式推出全球首个第三代测序平台 PacBioRS 单分子实时测序系统后,一直致力于进一步优化其试剂的性能并努力开拓更多的应用。据最新消息,其新版本的 C2 试剂将在今年年底或明年年初正式发布,C2 试剂可使该系统的平均读长从现在的 1300bp 提升至 2700bp。

测序仪的另外一个发展方向是个人型测序仪,不仅仪器价格相对较低且测序速度也有很大提高。首款基于半导体技术的个人测序仪创新的半导体芯片让测序仪更快速、更易用,且价格更具竞争力。Ion PGM™ 测序仪的读长目前达到 200bp,通量即将达到 1Gb,且整个测序流程不到 8 小时。此外 MiSeq 让更多的实验室有机会使用新一代测序。包括文库制备,以及数据分析,整个测序流程可以在 8 小时内完成。适合各种新一代测序及 Sanger 测序的应用,一次运行可获得多达 2GB 的数据结果,2 天内可以完成多至 96 个样本 384 个靶位点的 PCR 产物测序(包含 PCR 扩增反应及测序),完全取代传统 Sanger 测序,且无论测序深度还是数据质量,都远远超越 Sanger 测序结果。

二、生物芯片与基因芯片

生物芯片技术是通过缩微技术,根据分子间特异性地相互作用的原理,将生命科学领域中不连续的分析过程集成于硅芯片或玻璃芯片表面的微型生物化学分析系统,以实现对细胞、蛋白质、基因及其他生物组分的准确、快速、大信息量的检测。按照芯片上固化的生物材料的不同,可以将生物芯片划分为基因芯片、蛋白质芯片、细胞芯片和组织芯片。生物芯片技术与传统的仪器检测方法相比具有高通量、微型化、自动化、成本低、防污染等特点。按照生物芯片的制作技术,可以将生物芯片划分为微矩阵和原位合成芯片。鉴于生物芯片技术领域的飞速发展,美国科学促进会将生物芯片评为 1998 年的十大科技突破之一,认为生物芯片技术将是继大规模集成电路之后的又一次具有深远意义的科学技术革命。目前,最成功的生物芯片形式是以基因序列为分析对象的"微阵列(microarray)",也被称为基因芯片(gene chip)或 DNA 芯片(DNA chip)。按照载体上点的 DNA 种类的不同,基因芯片可分为寡核苷酸和 cDNA 两种芯片。按照基因芯片的用途可分为表达谱芯片、诊断芯片、指纹图谱芯片、测序芯片、毒理芯片等等。

早在 20 世纪 80 年代初期,Bains 等人就用杂交的方法对固定在支持物上的短 DNA 片段进行序列测定。基因芯片技术从实验阶段走向工业化是得益于其他技术的引入,如激光共聚焦显微技术、探针固相原位合成技术与照相平板印刷技术的结合和双色荧光探针杂交系统的建立。90 年代初期人类基因组计划(human genome project,HGP)和分子生物学相关学科的发展也为基因芯片技术的出现和发展提供了有利条件。1992 年,Affymatrix 公司 Fodor 领导的小组运用半导体照相平板技术,对原位合成制备的 DNA 芯片作了首次报道,这是世界上第一块基因芯片。1995年，Stanford大学的P. Brown实验室发明了第一块以玻璃为载体的基因微矩阵芯片。标志着基因芯片技术进入了广泛研究和应用的时期。

基因芯片的制备综合了生命科学、化学染料、微电子技术、激光、统计学等领域的前沿技术，主要包括芯片的制备、样品的制备、杂交条件的优化技术和数据分析技术。

(1) 芯片制备-基因芯片的制备主要依赖于微细加工、自动化及化学合成技术，制备芯片主要以玻璃片或硅片为载体，采用原位合成和微矩阵的方法将染色体DNA(或基因组DNA)、寡核苷酸片段或cDNA作为探针按顺序排列在载体上。芯片的制备除了用到微加工工艺外，还需要使用机器人技术。以便能快速、准确地将探针放置到芯片上的指定位置。

(2) 样品制备-生物样品往往是复杂的生物分子混合体，除少数特殊样品外，一般不能直接与芯片反应，有时样品的量很小。所以，必须将样品进行提取、扩增，获取其中的蛋白质或DNA、RNA，然后用荧光标记，以提高检测的灵敏度和使用者的安全性。

(3) 杂交反应-杂交反应是荧光标记的样品与芯片上的探针进行的反应产生一系列信息的过程。选择合适的反应条件能使生物分子间反应处于最佳状况中，减少生物分子之间的错配率。

(4) 信号检测和结果分析-杂交反应后的芯片上各个反应点的荧光位置、荧光强弱经过芯片扫描仪和相关软件可以分析图像，将荧光转换成数据，即可以获得有关生物信息。基因芯片技术发展的最终目标是将从样品制备、杂交反应到信号检测的整个分析过程集成化以获得微型全分析系统(micro total analytical system)或称缩微芯片实验室(laboratory on a chip)。使用缩微芯片实验室，就可以在一个封闭的系统内以很短的时间完成从原始样品到获取所需分析结果的全套操作。

基因芯片的应用及其商业价值：目前，基因芯片技术应用领域主要有基因表达谱分析、新基因发现、基因突变及多态性分析、基因组文库作图、疾病诊断和预测、药物筛选、基因测序等。另外基因芯片在农业、食品监督、环境保护、司法鉴定等方面都将作出重大贡献。

三、高通量筛选仪(high throughput scrccning，HTS)

高通量筛选技术是指以分子水平和细胞水平的实验方法为基础，以微板形式作为实验工具载体，以自动化操作系统执行试验过程，以灵敏快速的检测仪器采集实验结果数据，以计算机对实验数据进行分析处理，同一时间对数以千万样品检测，并以相应的数据库支持整体系运转的技术体系。

传统的微生物分析技术主要通过琼脂培养方法对细菌进行计数和鉴定，尤其是对复杂的混合菌群的分析更是如此。这些方法的缺点除了耗时外(12～72小时)，许多细菌还需要特殊培养条件，如需要苛刻培养条件或厌氧条件培养等，据估计，某些样本菌群中(比如环境样本)只有不到10%的细菌能培养成功。由于传统方法的局限性，微生物学家正致力于通过分子遗传方法对不同微生物样本进行鉴定和分析。美国环球基因有限公司根据改进的变性高效液相色谱(DHPLC)原理，通过温度介导的DNA片段分析技术，发展起来的一种培养不依赖的混合微生物群体分析系统即WAVE微生物高通量检测系统。WAVE微生物高通量检测系统是进行微生物分子分析的理想工具，它不仅可用于细菌的识别鉴定，混合细菌样本的分离鉴定和细菌抗药基因突变检测，还可用于真菌、病毒和寄生虫等研究领域。WAVE微生物高通量检测系统提供了一个自动化的技术平台，通过快速和简单的工作流程，我们就能在当天获得样品中微生物构成的结果。

执笔：邢建民

讨论与审核：周　成、朱泰承

资料提供：邢建民、王少华

参考文献

翁师甫. 2010. 傅里叶变换红外光谱分析. 北京：化学工业出版社

赵文宽，贺飞，方程，等. 2001. 仪器分析. 北京：高等教育出版社

Browning N D, Bonds M A, Campbell G H, Evans J E, LaGrange T, Jungjohann K L, Masiel D J, McKeown J, Mehraeen S, Reed B W, Santala M. 2012. Recent developments in dynamic transmission electron microscopy. Curr Opin Solid St M, 16: 23～30

Christophe F B, Séné Maureen C M, Reginald H W, Roger C. 1994. Fourier-Transform Raman and Fourier-Transform lnfrared Spectroscopy-An lnvestigation of Five Higher Plant Cell Walls and Their Components. Plant Physiol, 106: 1623～1631

Church G M, Gilbert W. 1984. Genomic sequencing. Proc Natl Acad Sci, 81(7): 1991～1995

Crews N, Wittwer C, Gale B. 2008. Continuous-flow thermal gradient PCR. Biomedical microdevices, 10(2): 187～195

Domon B, Ruedi A. 2006. Mass Spectrometry and Protein Analysis. Science, 312: 212～217

Fenn J B, Mann M, Meng CK, Wong SF, Whitehouse CM. 1989. Electrospray ionisation for mass spectrometry of large biomolecules. Science, 246: 64～68

Hearps A, Zhang Z, Alexandersen S. 2002. Evaluation of the portable Cepheid SmartCycler real-time PCR machine for the rapid diagnosis of foot-and-mouth disease. Veterinary Record, 150(20): 625～628

Karas M, Hillenkamp F. 1988. Laser desorption ionisation of proteins with molecular masses exceeding 10. 000 daltons. Anal Chem, 60: 2299～2301

Karim F, Frank J, Mareike B, Tatyana A Z, Thomas P S, Friedrich S. 1993. Protonation states of membrane-embedded carboxylic acid groups in rhodopsin and metarhodopsin Ⅱ: A Fourier-transform infrared spectroscopy study of site-directed mutants. P Natl Acad Sci, 90: 10 206～10 210

Long AA, Komminoth P. 1997. In situ PCR. PRINS and in situ PCR protocols Methods in Molecular Biology, 71: 141～161

Mellmann A, Harmsen D, Cummings CA, et al. 2011. Prospective genomic characterization of the German enterohemorrhagic Escherichia coli O104: H4 outbreak by rapid next generation sequencing technology. PloS one, 6(7): e22751

Noel B. 2004. Some trends in microscope image processing. Micron, 35: 635～653

Siebert PD, Chenchik A, Kellogg DE, Lukyanov KA, Lukyanov SA. 1995. An improved PCR method for walking in uncloned genomic DNA. Nucleic Acids Res, 23(6): 1087

Tomer R, Khairy K, Keller P J. 2011. Shedding light on the system: Studying embryonic development with light sheet microscopy. Curr Opin Genet Dev, 21: 558～565

Torre E A, Ramlrez A J. 2011. In situ scanning electron microscopy. Sci Technol Weld Joi, 16: 68～78

von Bubnoff A. 2008. Next-generation sequencing: the race is on. Cell, 132(5): 721～723

Wilm M, Shevchenko A, Houthaeve T, et al. 1996. Femtomole sequencing of proteins from polyacrylamide gels by nano-electro-spray mass spectrometry. Nature, 379: 466～469

第五章

微生物学技术方法演进案例的剖析与启示

第一节　微生物改造：从传统物化因子诱变育种到代谢工程定向改造

工业微生物菌种选育在发酵工业历史有着重要的地位，是决定发酵产品能否具有工业化价值及发酵过程成败与否的关键。菌种选育技术的广泛应用为我们提供了各种类型的突变菌株，使得在食品工业、医药、农业、环境保护、化工能源、矿产开发等领域产生众多新的产品，促使传统产业的技术改造和新型产业的产生，同时使诸如抗生素、有机酸、维生素、色素、生物碱、激素以及其他生物活性物质等产品的产量成倍甚至成千万倍地增长，并且产品的质量也不断的提高。如青霉素是于 1929 年英国 Fleming 发现的，当时的利用表面培养只能获得 1～2U/ml 青霉素，经过数十载的诱变育种使其产量提高到目前的 90000U/ml，以及由最初的纯度 20％和得率 35％提高到纯度 99.9％和得率 90％。以下将介绍微生物遗传育种的方法的演进过程。

一、诱 变 育 种

微生物的诱变育种，是以人工诱变手段诱变微生物基因突变，改变遗传结构和功能，通过筛选，从多种多样的变异体中筛选出产量高、性状优良的突变株，并且找出这个变株的最佳培养基和培养条件，使其在最合适的环境下合成有效产物。诱变育种和其他育种方法相比，具有速度快、收益大、方法简单等优点，是当前菌种选育的一种主要方法，在生产中使用得十分普遍。但是诱变育种缺乏定向性，因此诱变突变必须与大规模的筛选工作相配合才能收到良好的效果。目前，人们用于诱变育种的诱变因素有物理因素和化学因素，前者包括紫外线、激光、X 射线、γ 射线和中子等；后者主要是 *N*-甲基-*N′*-硝基-*N*-亚硝基胍(NTG)、甲基磺酸乙酯(EMS)、甲基亚硝基脲(NMU)、硫酸二乙酯(DES)和环氧乙酸等。采用化学诱变剂对微生物进行诱变效果良好，诱变机制清晰明了，它能诱发微生物产生点突变和导致染色体畸变这类 DNA 的大损伤。但其缺点是毒性大会导致人类等高级哺乳动物细胞癌变，因此操作时需加倍小心。常用的物理诱变剂有：非电离辐射的紫外线(UV)、激光和离子束；可引起电离辐射的 X 射线、γ 射线和快中子；还有近年来刚刚兴起的新型物理诱变方法——微波诱变。微波是一种频率在 300MHz 至 300GHz 之间波动的低能电磁波谱。从 18 世纪科学家们发现其参与并影响多种生命过程开始，微波便和我们的生活密不可分。微波诱变起始于 1976～1978 年之间，由日本东京大学的 Sasaki 等在同步发射装置上进行了噬菌体、病毒孢子和低等真核生物的突变效应的研究开始，此后，便相继有相关报道出现。利用物理诱变方法对微生物进行诱变，不仅操作简单方便、能耗少、诱变效果较好、诱变周期短，且对人体的危害少。因此，物理诱变是目前微生物诱变育种方法的首选。

其中使用最多的是紫外线(UV)诱变。

生物诱变主要是利用微生物之间的相互关系,通过另一种微生物生长代谢过程中所产生的次级代谢产物对诱变株产生作用,使诱变株的遗传变异向人们所需方向进行。这种方法最符合微生物生态的要求,但诱变菌难求且过程难以控制,故较少使用。

1973 年,美国首次发射 SL-1 空间实验室,成功地在空间生产出产量大、纯度高的治疗心血管病的尿激酶药物。另外,在 20 世纪 70 年代,德国也曾对细菌、放线菌进行了空间生长实验,发现细菌、放线菌的生物量成倍增加,大肠埃希菌的基因重组率显著增加,LG 枯草杆菌形成的孢子数比在地面上的孢子数增加了 4 倍。由此开启了空间微生物育种的先河。空间微生物诱变育种是利用空间的高真空、微重力、强辐射、高能粒子来提高菌株的产量和质量,甚至产生新的对人类发展有用的微生物代谢产物。但微生物的空间诱变育种要依附于国家航天事业的发展程度,需求量大,但实践的机会很小。

二、原生质体诱变技术

原生质体技术包括原生质体融合、原生质体诱变、原生质体转化或转染和原生质体再生等。目前,在真菌菌种选育中,原生质体诱变育种已被广泛应用。原生质体作为诱变材料,具有以下两方面的优越性:一是原生质体是单个的、分散的细胞,呈悬浮状态,这样有利于均匀地接触诱变剂;二是原生质体作为单个脱壁的细胞,在渗透压稳定剂中处于悬浮状态,并且原生质体在释放过程中多为单核,诱变后不易发生分离现象。另外,原生质体外有原生质膜,在诱变过程中,直接与诱变剂接触,而作用于核的诱变,必须经过原生质膜,由此可见,原生质膜也起着重要作用。因此,原生质体是一个优良的诱变试验材料。

目前,真菌原生质体已广泛应用于原生质体融合诱变育种,质粒、线粒体等外源 DNA 原生质体的转化,细胞壁的再生以及生理生化研究等方面。因此,无论是在理论研究上还是在应用研究上,如基因定位、酶的定位、细胞壁的合成和微生物遗传育种工作等,原生质体的研究均引起了学者们浓厚的兴趣,随着人们对原生质体技术研究的进一步深入,这项技术必将成为现代生物学研究的最重要领域之一。

三、杂 交 育 种

杂交是指在细胞水平上进行的一种遗传重组方式。杂交育种是利用两个或多个遗传性状差异较大的菌株,通过有性杂交、准性杂交、原生质体融合和遗传转化等方式,而导致其菌株间的基因的重组,把亲代的优良性状集中在后代中的一种育种技术。通过杂交育种可以实现不同的遗传性状的菌株间杂交,使遗传物质进行交换和重新组合,改变亲株的遗传物质基础,扩大变异范围,获得新的品种。同时不仅可克服因长期诱变造成的菌株活力下降,代谢缓慢等缺陷,也可以提高对诱变剂的敏感性,降低对诱变剂的"疲劳"效应。主要有性杂交、准性杂交和原生质体融合三种常见的育种技术来介绍杂交育种。

四、基因组改造育种

基因组重排技术结合了传统诱变技术和细胞融合技术,是一项对整个微生物基因组重排的新型育种技术。它以原生质体融合为手段,在全基因组水平上对多个基因组进行随机重组,进而创造出新基因组的过程。既有 DNA 改组能进行多亲本杂交的特点,也具有传统杂交育种可在全基因组水平重组的优势，因而也是一种表型改造的组合方法。其原理是当原生质体融合之后，不同基因组的基因之间彼此水平交流，并伴随细胞的分裂而发生重组，基因组水平的大幅度重组便产生较大的表型性状的变异。基因组内大量的散置重复起到重组热点区域的功能，为基因组改组提供了有效的机制。

基因组重排技术作为新型的育种技术，基于原生质体融合技术之上，使不同基因组发生重排。其主要机制在于利用原生质体融合达到全基因组片段交换、重组，经过多轮递归融合后促使正向突变表型聚集，与经典诱变育种，原生质体融合相比具有明显的优势。首先，相较诱变育种、原生质体融合技术等，基因组重排技术具有更高的效率。诱变育种具有盲目性、随机性，导致工程量巨大，时间漫长，菌株突变面临回复现象的难题。原生质体融合技术可以扮演类似于有性生殖途径基因信息交流的作用，但是有性生殖途径只能允许在双亲本之间的基因重组。基因组重排技术基于多亲本之间的递归融合，具有更大基因突变来源；递归融合还能使正向突变的表型聚集，多轮融合极大地提高了基因交换的概率。综上，与传统育种相比较，扩大菌株的基因型和加速菌株进化速度是基因组重排技术最大的优势。其次，基因组重排技术可以无需了解相关微生物的代谢途径、关键酶的表达基因、转录调控等知识背景，尤其适合微生物代谢途径的遗传改造。此外，基因组重排技术操作简单，容易推广，不需要昂贵的实验仪器，而且见效快。因此，基因组重排育种很适合工业菌株的改造工程，不仅体现成本经济效应，还具备高效性。

基因组重排技术过程主要分为三步：①不同亲本原生质体的制备；②诱导原生质体递归融合，每轮筛选的目的菌进入下轮融合；③根据目的表型需要设计特殊的选择培养基，每轮筛选的融合菌株，进入下轮的融合。目前，基因组重排技术主要应用于提高微生物代谢产物产率，增强菌株对环境的耐受性以及底物的利用率。2008 年，Yu 等通过基因组重排技术，对鼠李糖乳酸杆菌经过两轮育种后乳酸产量比野生菌提高了 71.4%。在 2009 年，Jin 等研究了 *Saccharopolyspora spinosa* 的基因组重排育种工作，经过四轮重排后，筛选到了两株高产多杀菌素的融合菌，生产能力比原始出发菌株提高了 201%和 436%。微生物在环境中的耐受力水平是极复杂的表型。环境耐受力的相关特征包括底物的耐受性、产物及副产物的耐受性、温度的耐受性、对 pH 和溶氧等因素的耐受性。当前，基因组重排技术已经成功应用于提高乳酸杆菌对酸和葡萄糖的耐受性，提高了产普纳霉素的 *Streptomyces pristinaespiralis* 对普纳霉素的耐受性，还用于提高了酿酒酵母的温度耐受性和乙醇的耐受性，获取的融合子可以在 55℃下正常生长和能耐受 25%（V/V）的乙醇。2007 年，Wang 等通过对乳酸杆菌的基因组重排育种，经过三轮融合后，筛选到了 4 株能在 pH3.6 上生长的耐酸融合菌。2009 年，Burkhard 等应用基因组重排技术最终筛选到了一株耐甘油和 1,3-丙二醇的 *Clostridium diolis* DSM 融合菌，其 1,3-丙二醇产量相较原始菌提高了 80%。

五、代谢控制育种

微生物代谢控制育种是指以生物化学和遗传学为基础，研究代谢产物的生物合成途径和代谢调节的机制，选择巧妙的技术路线，通过遗传育种技术获得解除或绕过了微生物正常代谢途径的突变株，从而人为地使用有用产物选择性地大量合成积累。代谢控制发酵的关键，取决于微生物代谢调控机制是否被解除，能否打破微生物正常的代谢调节，人为地控制微生物的代谢。代谢控制育种和发酵过程的代谢控制培养是实现这一目标的两的手段，而代谢控制育种则为主要支柱技术。微生物代谢控制育种是集生物化学、微生物学、遗传学、发酵工程、生理学、分子生物学、化学等学科交叉产生的一门工程技术，该技术的广泛应用，导致了氨基酸、核苷酸以及某些次级代谢产物的高产微生物菌株大批的推向生产，大大促进了发酵工业的发展。通过对特定微生物的诱变处理，选育出营养缺陷型及核苷类似物抗性突变株，以解除代谢调节中的反馈抑制和反馈阻遏，从而能够大规模地单一地根据市场需求生产胞苷或尿苷，降低此类药物的生产成本。其策略如下：首先减弱或切断支路代谢，并增加前体物的合成。从枯草芽孢杆菌嘧啶核苷酸生物合成途径上看，无论产生胞苷或尿苷，它们有共同的前体天冬氨酸和氨基甲酰磷酸盐，而这两种前体与某些氨基酸的代谢关系十分密切，为了阻塞分支代谢途径，选育高丝氨酸脱氢酶缺失突变株，即不产生蛋氨酸和苏氨酸，那么将有更多的天冬氨酸参与嘧啶核苷酸的生物合成。再者，解除菌体自身的反馈调节。根据嘧啶核苷生物合成的代谢调节机制，要通过代谢控制育种手段获得嘧啶核苷高产菌，必须实现 3 个解除：即解除尿苷酸对氨甲酰磷酸合成酶 P 反馈抑制作用；解除尿苷对氨甲酰磷酸合成酶 P，天冬氨酸氨甲酰转移酶，二氢乳清酸酶，二氢乳清酸脱氢酶，乳清酸磷酸核糖转移酶，乳清酸脱羧酶的阻遏作用；解除胞三磷酸合成酶受胞三磷反馈抑制和阻遏作用。通过选育抗尿嘧啶、胞嘧啶的结构类似物如 6-杂氮尿嘧啶（$6AU^r$）、5-氟胞苷（$5FCR^r$）、3-脱杂氮尿嘧啶（$3DU^r$）、2-巯基尿嘧啶（$2TU^r$）等的突变株，造就从遗传上解除正常代谢调控的理想菌株。最后，切断进一步代谢途径。从代谢途径中可知在发酵过程中，能大量积累尿苷的菌种还必须具备一个必不可少的条件是缺乏尿苷磷酸化酶活力。使在发酵过程中积累的尿苷不会转化成尿嘧啶，提高产物对糖的转化率。选育缺乏尿苷磷酸化酶突变株方法是：第 1 步，经诱变选育乳清酸核苷酸脱羧酶缺乏的突变株（$OMP\text{-}Dcase^-$），它需要尿嘧啶或尿苷维持生长；第 2 步再诱变尿苷磷酸化酶（Upase）缺乏突变株，它在提供尿苷时生长很差，但在提供尿嘧啶时生长很好；第 3 步经转化方法恢复乳清酸核苷酸脱羧酶活性。同理选育缺乏胞苷脱氨酶的变异株提高胞苷产率。

六、代谢工程育种

传统的菌种选育技术也是一把双刃剑，提高菌株的发酵性能的同时，也积累大量的负突变，增加细胞的损伤程度，属于非理性育种技术，有着极大的局限性。基因工程（重组 DNA 技术）的问世极大地推动了微生物发酵产业的发展，它使得微生物代谢途径中特定酶反应的遗传改造成为可能。在理解细胞代谢功能的基础上，有目的地设计和改造生物体中已有的代谢网络和表达调控网络，从而实现更高效的生物化学转化、能量转移及大分子装配过程的技术。Jay Bailey 和 Gregory Stephanopoulos 等针对这个问题，于 1991 年最先提出了代谢工程的概念："利用重组 DNA 技术，有目的地操纵细胞的酶、转运和调控功能，从而改善细胞的活性"。代谢工程和基因工程最重要的区别有两点：①代谢工程是基于细胞代谢网络的系统研究，更多地强调了多个酶反应的"整合"作用；②在完成代谢途径的遗传改造后，还要对细胞的生理变化、代谢通量进行详细分析，以此来决定下一步遗传改造的靶点。通过多个循环，不断地提高细胞的生理性能（发酵能力）。

在代谢工程发展初期，用于调控细胞代谢网络的策略通常分 3 步：①首先分析细胞代谢网络结构，找出代谢网络中的关键节点。早期的细胞代谢网络结构分析主要是依据已知的生化反应。②采取合适的遗传改造方法，在关键节点处进行遗传改造，从而改变细胞的代谢网络和代谢通量分布。常用的方法有基因敲除、基因过量表达、基因整合、解除调控、反义 RNA 技术等。③对遗传改造后细胞的生理特征、细胞代谢进行详细分析，从而决定是否进行新一轮代谢工程操作。早期的分析手段主要是研究细胞生理性能；代谢通量分析(metabolic flux analysis，MFA)用于定量分析胞内代谢网络中各分支的代谢通量；代谢控制分析(metabolic control analysis，MCA)、途径热力学分析(thermodynamic analysis)和动态模型(kinetic modeling)用于分析胞内代谢通量是如何被控制的。早期代谢工程用于改善工业微生物发酵最成功的范例之一是纤维素乙醇生产。Ingram 研究小组分析了生产乙醇的大肠埃希菌代谢网络，确定丙酮酸和 NADH 供给是乙醇合成的关键节点；通过扩增表达运动发酵单胞菌(*Zymomonas mobilis*)的丙酮酸脱羧酶和乙醇脱氢酶，将碳代谢通量几乎全部转入乙醇合成，从而使乙醇发酵产率达到 95%以上。改造后的大肠埃希菌代谢工程菌能将木质纤维素中的五碳糖和六碳糖高效快速地转化为乙醇。另一方面，Zhang 和 Ho 研究小组分别将外源五碳糖利用途径转入到运动发酵单胞菌和酿酒酵母中，拓展了这 2 类天然乙醇高产菌的底物利用范围。这些工作极大地推动了纤维素乙醇工业的发展。

早期代谢工程用于改善工业微生物发酵最成功的另一个范例是氨基酸发酵工业。Stephanopoulos 研究小组分析了生产苏氨酸的乳糖发酵棒杆菌(*Corynebacterium lactofermentum*)的代谢网络，确定天冬氨酸半醛是苏氨酸合成的关键节点；通过扩增表达反馈抑制不敏感的高丝氨酸脱氢酶和野生型高丝氨酸激酶，可以将大部分从天冬氨酸半醛流往赖氨酸合成的代谢通量转入高丝氨酸和苏氨酸合成；进一步提升高丝氨酸激酶对高丝氨酸脱氢酶的比例，可以减少高丝氨酸的积累，使更多的代谢通量转入苏氨酸合成，从而使苏氨酸的终浓度提高 120%。代谢工程的策略也大大提高了其他重要氨基酸的发酵生产能力，如谷氨酸、赖氨酸、异亮氨酸、苯丙氨酸、酪氨酸、色氨酸等。

七、系统代谢工程育种

大量微生物全基因组序列的测定和功能基因组学技术的涌现，能够从整体上认识微生物代谢网络；从基因、RNA、蛋白、代谢物、代谢通量等多个层次系统地分析微生物代谢，极大地推动了代谢工程和微生物发酵工业的发展。早期的细胞代谢网络结构分析主要是依据已知的生化反应、酶法测定和同位素标记法来获得相关信息；微生物全基因组序列的测定以及基因功能注释工具的开发极大地促进了基因组水平代谢网络模型的构建，进而提高了分析代谢网络结构的能力。从 Palsson 研究小组在 1999 年构建了第一个微生物基因组水平代谢网络模型(流感嗜血杆菌)开始，微生物的全基因代谢网络模型不断地出现。这些模型有助于从系统水平上认识复杂的微生物代谢网络、预测细胞生理属性、预测遗传改变或环境扰动后细胞的代谢应答、模拟筛选出遗传改造的靶点基因。

各种高通量组学分析技术的发展大大提高了系统分析微生物代谢功能的能力，尤其是提高了反向代谢工程中分析鉴定特殊表型遗传机制的能力。①比较基因组学：直接对比分析微生物基因组序列的技术。通过对具有特殊表型的突变菌进行全基因组测序并和野生型基因组进行比较分析，直接鉴定出突变基因(或调控因子)。Ikeda 研究小组比较分析了高产赖氨酸的谷氨酸棒杆菌突变菌和野生型的基因组序列，成功鉴定出一系列和赖氨酸生产相关的突变基因。将其中 3 个突变基因导入野生型，获得了迄今为止生产速率最高的赖氨酸生产菌。②转录组学：利用 DNA 芯片对比分析细胞 mRNA 的技术。高密度 DNA 芯片技术的发展大大提高了基因组水平基因转录的分析能力，使得同时分析多个样品的 mRNA 相对含量成为可能。对具有特殊表型的突变菌和野生型菌株或对同一菌株在不同时空、不同培养条件下的转录组对比分析，可以快速鉴定出转录水平显著变化的基因，从而指导下一步遗传改造的靶点。③蛋白质组学：利用 2-D 胶对比分析细胞蛋白质图谱的技术。蛋白质图谱的对比分析可以在 2-D 胶上快速鉴定出蛋白含量显著变化的位点；结合质谱分析可以鉴定出该位点所对应的相关蛋白。由于细胞的大部分代谢活性是直接由蛋白来控制的，因此蛋白质组学相比转录组学来说更进一步加深了对细胞代谢功能的理解。④代谢组学：高通量定量分析细胞内代谢物的技术。核磁共振（NMR）、气质联用（GC-MS）、液质联用（LC-MS）和气相色谱-飞行时间质谱仪（GC-TOF）的开发大大提高了分析胞内代谢物的能力。代谢组学分析提供的是一个整合的信息，因此很难将代谢物浓度的变化和特定的基因突变联系起来；由于代谢物浓度是直接和代谢途径相关联的，因此它可以指导应该对哪些途径进行改造。Microbia 公司结合转录组和代谢组分析，使土曲霉（*Aspergillus terreus*）生产洛伐他汀（lovastatin，降低胆固醇的药物）的能力提高了 50%。⑤通量组学：分析细胞内代谢通量的技术。通量分析可以获知细胞内哪些代谢途径是有活性，活性有多高，从而更好地了解某个特定时空点上细胞的代谢情况。由于胞内的代谢通量很难直接测定，一般都是采用同位素标记底物并分析细胞蛋白中氨基酸的标记状态、再结合数学模型计算的方法来进行测定。和代谢组学分析类似，通量组学得到的也是一个整合的信息。Nielsen 研究小组对比分析了高产和低产青霉素的青霉菌（*Penicillium chrysogenum*）的代谢通量，发现高产青霉素的能力和戊糖磷酸途径的高通量相关。

将这些系统生物学技术和传统代谢工程以及下游发酵工艺优化相互结合，形成系统代谢工程，其策略分为以下 3 阶段。①构建起始工程菌。这一阶段和前面提及的传统代谢工程策略类似：通过分析局部代谢网络结构对局部代谢途径进行改造（如通过敲除竞争途径减少副产物的生产）、优化细胞生理性能（如解除产物毒性和反馈抑制效应）等。②基因组水平系统分析和计算机模拟代谢分析。如前所述，各种高通量组学分析技术的联合使用能有效地鉴定出提高细胞发酵生产能力的新靶点基因和靶点途径。与此同时，通过使用基因组水平代谢网络模型也可以模拟分析出另外一些新的靶点基因。需要强调的是，这两种系统分析方法鉴定出的靶点基因很多都是和局部代谢途径不相关的，用传统的代谢分析是不可能鉴定出来的。③工业水平发酵过程的优化。第一轮和第二轮的微生物发酵都是在实验室条件下进行的，其发酵性能和大规模工业发酵相比有很大差异。规模扩大后经常会伴随高浓度的副产物产生，因此还需要再进行下一轮代谢工程改造来优化菌种发酵能力。另一方面，还需要通过进化代谢工程来进一步提高细胞发酵的产率、速率和终浓度，以达到工业发酵的要求。

Lee 研究小组运用系统代谢工程成功改造了大肠埃希菌用于缬氨酸（Valine）的发酵生产。他们首先分析了缬氨酸合成途径的局部代谢网络，使用位点特异突变解除了所有已知的缬氨酸合成途径中的反馈抑制和转录消减效应，使用基因敲除阻断了缬氨酸合成的竞争途径，并通过质粒过量表达扩增了缬氨酸合成第一步反应的操纵子。传统代谢工程策略得到的起始工程菌生产缬氨酸的产率提高到 0.066g/g 葡萄糖。在进行第二轮改造时，他们通过转录组分析成功鉴定出能有效提高缬氨酸合成的亮氨酸应答蛋白和缬氨酸转运蛋白基因，这些调控回路的扩增使缬氨酸合成产率提高了一倍。同时，他们通过基因组代谢网络模型模拟分析成功鉴定出另外 3 个基因敲除靶点，这些基因的敲除使缬氨酸的产率提高到 0.378g/g 葡萄糖。Lee 研究小组随后使用相同的策略又改造了大肠埃希菌用于苏氨酸（threonine）的生产。

代谢工程的发展虽然只有短短的 20 年，却极大地推动了微生物发酵工业的发展，既降低了微生物发酵的生产成本，又拓展了发酵产品的多样性，使其在和石油化工制造技术的竞争中在局部占据了上风。2006年全球的化学品市场销售中5%来自于工业生物技术。麦肯锡咨询公司预测在2010年工业生物技术的产值将达到560亿美元，占化学市场的20%。随着系统生物学和合成生物学等新技术的迅速发展，代谢工程和微生物发酵工业在不久的将来会取得新一轮的辉煌。

第二节　微生物资源发掘：从培养技术到非培养技术和宏基因组

一、选择性培养基分离培养法

对环境中微生物种群的类型和数量进行及时和准确的分析测定在微生物生态研究中十分重要。与传统的微生物分离培养法相似，根据目标微生物选择选择性培养基，用稀释平板法分离培养，然后通过各种微生物的生理生化特征及外观形态等进行鉴定。虽然这种方法人为限定了一些培养条件，使某些微生物“存活但不能繁殖”，但是，这种方法在分离具有一定功能的微生物时是非常有用的，利用这种方法可获得具有特定功能的微生物种类。如BIOLOG微平板分析方法。BIOLOG微平板分析方法是根据微生物对碳源的利用方式来鉴定微生物群落结构组成的。BIOLOG测试盘内有96个小孔，其中一个为对照不含碳源，其余每个小孔都含一种不同的碳源，微生物利用碳源引起指示剂变化，从而可以检测和判断微生物多样性。

二、基于16S rRNA/DNA为基础的分子生物学技术

微生物学长期以来是依靠纯培养技术研究微生物的，然而，纯培养方法也严重地限制了我们认识微生物的视野。许多未知细菌是以前从未培养过的，缺乏再现环境条件的方法和培养基，造成了大多数微生物难以被标准实验室方法复苏和培养，成为未培养微生物或称为不可培养微生物。使用标准微生物学培养技术对不同生境微生物可培养性的测定来看，海水中可培养性约为0.001%～0.100%，淡水约0.25%，土壤约0.3%，活性污泥为1%～15%左右。因此，许多重要的微生物我们还不能识别，包括引起疾病的病原菌，或是在调节全球矿物化过程中起重要作用的微生物。对复杂、多种类的微生物群落的认识最为缺乏，特别是种群常以特殊方式排列的区域（如生物膜），微生物群落只有以特殊方式排列起来才有活性，单独的微生物培养是不可能获得这样活性的。近年来，基于16S rRNA基因的现代分子生物学诊断技术的出现，提供了更快速、更准确地描述环境中微生物群落结构的有效方法，如荧光原位杂交（FISH）、克隆测序、变性梯度凝胶电泳（denaturing gradient gel electrophoresis，DGGE），温度梯度凝胶电泳（temperature gradient gel electrophoresis，TGGE），单链构象多态性分析（single strain conformation polymorphism，SSCP）限制性片段长度多态性分析（restriction fragment length polymorphism，RFLP），末端限制性片段长度多态性分析（terminal restriction fragment length polymorphism，T-RFLP）等，这些技术在微生物生态学中的应用揭示了环境中微生物群落结构的大量信息。

DGGE技术是由Fischer和Lerman于1979年最先提出的用于检测DNA突变的一种电泳技术。它的分辨精度比琼脂糖电泳和聚丙烯酰胺凝胶电泳更高，可以检测到一个核苷酸水平的差异。1985年Muzyers等首次在DGGE中使用“GC夹板”和异源双链技术，使该

技术日臻完善。1993年Muzyers等首次将DGGE技术应用于分子微生物学研究领域，并证实了这种技术在揭示自然界微生物区系的遗传多样性和种群差异方面具有独特的优越性。由于DGGE技术避免了分离纯化培养所造成的分析上的误差，通过指纹图谱直接再现群落结构，目前已经成为微生物群落遗传多样性和动态性分析的强有力工具。此外，基于相同原理，又相继出现了用温度梯度代替化学变性剂的温度梯度凝胶电泳(temperature gradient gel electrophoresis，TGGE)、瞬时温度梯度凝胶电泳(temporal temperature gradient gel，TTGE)等技术。

DNA分子双螺旋结构是由氢键和碱基的疏水作用共同作用的结果。温度、有机溶剂和pH等因素可以使氢键受到破坏，导致双链变性为单链。DGGE技术检测核酸序列是通过不同序列的DNA片段在各自相应的变性剂浓度下变性，发生空间构型的变化，导致电泳速度的急剧下降，最后在其相应的变性剂梯度位置停滞，经过染色后可以在凝胶上呈现为分散的条带。该技术可以分辨具有相同或相近分子量的目的片段序列差异，可以用于检测单一碱基的变化和遗传多样性以及PCR扩增DNA片段的多态性。TGGE技术的基本原理与DGGE技术相似，含有高浓度甲醛和尿素的凝胶温度梯度呈线性增加，这样的温度梯度凝胶可以有效分离PCR产物及目的片段。TGGE技术与化学变性剂形成梯度的DGGE技术相比，梯度形成更加便捷，重现性更强。该技术主要包括以下步骤：①样品的采集；②样品总DNA提取及纯化；③样品16S rDNA片段的PCR扩增；④预实验(主要是对扩增出的16S rDNA片段的解链性质及所需的化学变性剂浓度范围或温度梯度范围进行分析)；⑤制胶；⑥样品的DGGE/TGGE分析。

DGGE/TGGE技术由于可以再现未被培养的微生物信息，从而解决了传统方法的片面性，在分析环境微生物群落多样性和动态性方面迅速得到了应用。DGGE技术已经被广泛用于活性污泥、生物膜、土壤、底泥等环境样品中的微生物多样性检测、微生物鉴定、微生物变异以及种群演替等方面的研究。Donner等对动态变化的浮游化变层中的群落结构的演替过程进行了追踪。试验表明纤维素酶和脂酶的活性变化与不同取样点水样中细菌的16S rDNA片段PCR扩增产物的DGGE谱图具有高度的一致性。Santegoeds等利用微生物传感器和PCR-DGGE技术相结合，对生物膜形成过程中微生物种群的变化情况进行了分析。DGGE谱图中逐渐增加的条带表明，经过定向的生物演替作用，微生物种类在生物膜中渐渐丰富起来。Teske采用DGGE法分析了硫酸盐还原菌在时空分布的变化。通过利用寡核苷酸探针与DGGE产物的杂交表明，硫酸盐还原菌可在缺氧和微好氧条件下存活。Rowan采用生物滴滤反应器和生物滤池处理同种废水，运用DGGE考察了不同反应器中的氨氧化细菌菌群的组成。虽然不同形式反应器或是同一反应器的不同位置中的氨氧化细菌菌群组成不同，但是主要种群是不依赖反应器的形式或是在反应器中所处的位置不同而改变的，也正是这些主要种群在整个处理过程中发挥着重要的作用。此外，DGGEPTGGE技术还在监测功能基因的表达、rDNA编码基因微小异源性差异检测、克隆文库筛选等方面都有很好的应用。

理论上，只要选择的电泳条件如变性剂梯度、电泳时间、电压等足够精细，DGGE/TGGE技术对于DNA片段的分辨率可以达到一个碱基差异水平。但是，Vallaeys等发现DGGE法并不能对样品中所有的DNA片段进行分离。Muyzer等指出DGGE法只能对微生物群落中数量上大于1%的优势种群进行分析。此外，不同的DGGE/TGGE实验条件很可能导致不同的带型谱图。这无疑对序列信息的探针设计和系统发育分析都有一定的影响。

限制性酶切长度多态性 RFLP 是对特定的 PCR 扩增产物用限制性内切酶进行切割并电泳，根据酶切后 DNA 片段长度不同及标记片段种类和数量的不同，评价微生物的群落结构和多样性变化。主要是与 16S rRNA 文库构建结合使用，可减少测序数量，对感兴趣的克隆进行深入分析。T-RFLP 方法是 RFLP 方法的进一步发展。与 RFLP 相比更加高效、灵敏。在用细菌通用引物扩增基因时，在其中一条引物的 5′末端用荧光素进行标记。经特定限制性内切酶消化后，扩增产物基因产生不同长度的片段，用 DNA 自动测序仪分离，可以得到带荧光标记端的图谱。每种菌末端带荧光标记的片段长度是唯一的，所以峰值图中每一个峰至少代表一种菌。根据末端限制性片段的长度与现有数据库进行对比，有可能直接鉴定群落图谱中的单个菌种。每个峰的面积占总面积的百分比则代表这种菌的相对数量。

荧光原位杂交(FISH)是将基因探针用荧光染料标记，再使之与固定在载玻片上的微生物样品杂交，将未杂交的荧光探针洗去后用普通荧光显微镜或是共聚焦激光扫描显微镜进行观察和摄像。采用这一技术可以同时对不同类群的细菌在细胞水平上进行原位的定性定量分析和空间位置标示。尽管实验操作过程相对简单，但影响 FISH 分析结果的因素极其复杂。首先是样品的固定，理想的固定应是最大限度地保存细菌内的 RNA，使细菌细胞壁具有良好的通透性，同时保持细胞形态的完整。目前使用的化学固定剂有沉淀固定剂(如甲醇、乙醇和丙酮等)和交联固定剂(如甲醛和多聚甲醛等)，两类固定剂可以单独使用或混合使用。对大多数革兰阴性细菌来说，3%～4%的交联固定剂就足够了，但对革兰氏阳性细菌，需要使用 50%乙醇等其他处理手段。其他影响因素还包括细菌细胞壁渗透性的差异、细菌 16S rRNA 含量的多少，细菌自发荧光的干扰、杂交位点在 16S rRNA 的二级和三级空间结构上的位置等等。

核酸印迹杂交(blot hybridization)是从核酸混合液中检测特定核酸分子的传统方法。其原理是，双链的核酸分子在某些理化因素作用下解开双链，而在条件恢复后又可依碱基配对规律与探针形成双链结构。根据检测样品的不同又被分为 DNA 印迹杂交和 RNA 印迹杂交。在 16S rDNA/RNA 技术中最常用到的是 RNA 印迹杂交。RNA 印迹杂交可以用来定量测得特定微生物种群 16S rRNA 在总 rRNA 中的比例。首先将从环境样品中抽提纯化的 rRNA 固定在支持膜上，然后用带有荧光标记、酶或是放射性同位素标记的探针进行杂交。用放射性同位素标记的探针需要用放射自显影来检测其在膜上的信号；而如果是用生物素等非同位素方法标记的探针则需要用相应的免疫组织化学的方法进行检测。检测出的标记物的量可以用来表示与探针结合的靶 rRNA 的量，特定微生物 rRNA 的相对量可以用其探针信号与普适探针信号的比值表示，并由此得到目标微生物在样品中的丰度。尽管 rRNA 的相对量可以代表相应种群的相对生理活性，但并不能直接转换成为细胞数的相对量，因为不同细菌的细胞中 rRNA 的含量可以有很大差异，从每个细胞含 10^3～10^5 个 rRNA 分子不等。即使是同一菌株，细胞内 rRNA 含量也会随细胞所处的生长期的不同而变化，至少可以相差一个数量级。核酸印迹杂交技术的集成化正在使分子生物学技术发生着一场革命，这就是基因芯片技术。基因芯片，又称 DNA 芯片或 DNA 阵列(DNA array)，是成千上万的网格状密集排列的基因探针。这样就可以通过已知碱基顺序的 DNA 片段，来结合被标记的具有碱基互补序列的 DNA 或 RNA，从而确定其相应的类别，并由此推断环境样品中微生物的类群。尽管目前针对 16S rRNA 的基因芯片还处在基础研究阶段，但随着 16S rRNA/DNA 技术的广泛应用，这类产品的市场化是必然的趋势。

三、随机引物扩增多态性(random amplified polymorphic DNA,RAPD)

RAPD 分子遗传标记技术是以非限制性的随机寡核营酸链为引物,以基因组 DNA 为模板,通过 PCR 技术对多态性 DNA 片段随机合成。对整个基因组的 DNA 分子而言,某一引物可能会与单链 DNA 的许多地方结合,检验被扩增的 DNA 多态性,反映了基因组相应区域的多态性。扩增的条带越多则序列的丰富度越高,从而反映了微生物群落 DNA 序列多样性的一个侧面。RAPD 方法所需的模板量少,操作快,不需要知道 DNA 序列信息,并且获得基因图谱较迅速,标记密度较大,引物不需要专门设计,成本较低。但是,实验重复性较差,结果可靠性较低。可以通过对单链引物进行筛选,优化 PCR 条件来克服这一弊端。该方法适用于细菌种间、亚种间乃至菌株间的亲缘关系分析未知菌株的快速鉴定和流行病学调查等。

四、宏基因组技术

近年来,现代分子技术和基因组学研究的迅速发展,为微生物的研究提供了一种新方法即宏基因组学(metagenomics)。1998 年,Handelsman 等提出了绕过菌株分离培养直接在基因水平上研究和开发未培养微生物资源的技术,即环境生物宏基因组学(metagenome)。宏基因组指的是自然环境中某一特定环境中微生物群落的基因组总和,它包含了远比那些可培养的类群更海量的信息。宏基因组研究通过提取特定环境中所有微生物的基因组 DNA,并克隆到合适的载体,从而建立起一个庞大的含有多种微生物基因片段的基因组文库,可以从文库中筛选到所需要的功能基因不需要针对功能基因分离特定的微生物,使得研究工作更加方便。宏基因组技术即是一种以环境样品中的微生物群体基因组为研究对象,以功能基因筛选和测序分析为研究手段,以微生物多样性、种群结构、进化关系、功能活性、相互协作关系及与环境之间的关系为研究目的的新的微生物研究方法。宏基因组文库既包含了可培养的又包含了不能培养的微生物基因,避开了微生物分离培养的问题,极大地扩展了微生物资源的利用空间,增加了获得新的生物活性物质的机会,为新的医药产业和发现新的生物技术提供丰富的基因文库,并利于环境微生物有机群体的分布和功能的研究。采用构建宏基因组文库的策略筛选新的基因资源及其表达活性产物的一般流程可以归纳为:样品和基因(组)的富集;提取特定环境中的基因组 DNA 或 mRNA;构建宏基因组 DNA 或 cDNA 文库;筛选目的基因;目的基因活性产物表达。

(一) 环境样品及目的基因/基因组富集

在宏基因组文库筛选过程中,目的基因仅占总 DNA 的一小部分,对环境样品的预富集可以大大提高目的基因的检出几率。预富集技术包括细胞水平富集和基因/基因组水平富集。在细胞水平上对宏基因组进行富集已有诸多成功应用的实例。例如,在马尾藻海(*Sargasso sea*)宏基因组测序项目中,根据细胞大小不同的特性,采用过滤技术有效的去除了真核细胞。采用不同的离心操作技术对蚜虫巴克纳菌(*Buchnera aphidicola*)和海绵共生体(*Cenarcha eum symbiosum*)的共生有机体进行预富集,使其与宿主分开,并对它们的全基因组进行了测序分析。利用选择培养基对目的微生物进行富集培养,也是有效的富集手段之一,其中最常用的方法是底物选择,此外还包括营养选择以及物理化学指标选择。例如,通过在含有羧甲基纤维素的培养基上富集培养,使基因文库中的纤维素酶基因富集了数倍。但是,由于富集培养选择性地富集了具有快速生长特性的菌群,因此导致大部分物种多样性信息丢失。通过先在严格胁迫条件下短期处理,然后改为较温和的处理条件,可以从一定程度上克服这种方法的局限性。

(二) 环境样品中核酸的提取

获得高质量的环境样品总 DNA 是宏基因组文库构建的关键之一。既要尽可能地完全抽提出样品中的 DNA,又要保持其较大的片段以获得完整的目的基因或基因簇。提取方案大致上可以分为 2 类,一类是直接提取法,将环境样品直接悬浮在裂解缓冲液中处理,继而抽提纯化,此法操作容易、成本低、DNA 提取率高、重复性好,但由于强烈的机械剪切作用,所提取的 DNA 片段较小(1～50kb),且腐殖酸类物质也难以完全去除。另一类是间接提取法,先采用物理方法将微生物细胞从土壤中分离出来,然后采用较温和的方法抽提 DNA,如先采用密度梯度离心分离微生物细胞,然后包埋在低熔点琼脂糖中裂解,脉冲场凝胶电泳回收 DNA。此法可获得大片段 DNA(20～500kb),且纯度高,但操作繁琐,成本高,有些微生物在分离过程中可能丢失,温和条件下一些细胞壁较厚的微生物 DNA 也不容易抽提出来。直接提取法提取效率较高,不容易丢失物种信息,能够获得 25kb 左右的 DNA 片段。加入聚乙烯吡咯烷酮(PVPP)能够有效去处腐殖酸类物质的影响,但 DNA 提取效率略有降低。间接提取法 DNA 提取效率较低,容易丢失物种信息。因此,建议采用直接提取法获得环境样品的总 DNA,以便分析环境样品微生物群落多样性信息。

(三) 宏基因组 DNA 文库的构建

构建宏基因组文库的关键是要根据具体环境样品的特点和建库目的,选择合适的载体/宿主系统,并采取一些特殊的步骤和对策,如选用多宿主系统、构建穿梭载体等。

载体选择的原则是有利于目的基因的扩增、表达及在筛选细胞毒类物质时表达量的调控等等。细菌人工染色体(bacterial artificial chromosome,BAC)和柯斯质粒(Cosmid)是目前构建宏基因组文库常用的载体,前者插入的片段大(可达 350kb),但克隆效率低,后者插入的片段较小(约为 20～40kb),但克隆效率较高。很多微生物活性物质是其次生代谢产物,代谢途径由多基因簇调控,因此需要尽量插入大片段 DNA 以获得完整的代谢途径。Fosmid 载体的插入片段与 Cosmid 相当,但 Fosmid 插入片段在大肠埃希菌中的克隆效率和稳定性更高。BAC 和 Cosmid 载体在宿主细胞中的拷贝数低,基因大量表达存在一定困难,为了提高宏基因的表达,便于重组克隆子活性检测,可以直接利用表达载体构建宏基因组文库。表达载体可插入的宏基因片段一般小于 10kb,适合于筛选单基因或小操纵子产物。外源基因的表达受宿主细胞的遗传类型、细胞基质、细胞的生理状态及初级代谢产物等的影响,利用穿梭载体扩大宿主范围将有利于提高外源基因表达。为提高和调控外源基因的拷贝数与表达量,常需构建不同类型的载体,如 Handelsman 实验室构建的 superBAC2X 载体系列,以 pBeloBAC11 为骨架,添加各种复制起点,调控其拷贝数及宿主范围,利于外源基因的表达并调控其表达量。

宿主菌株的选择主要考虑转化效率、重组载体在宿主细胞中的稳定性、宏基因的表达、目标性状(如抗菌性)及缺陷型等因素。大肠埃希菌是最为常用的宿主,此外,链霉菌和假单胞菌也可以作为构建文库的宿主。研究经验表明，不同微生物种类所产生的活性物质有明显差异，不同的研究目标应选择不同的宿主菌株。如70%的抗生素来源于放线菌，如以寻找抗菌抗肿瘤活性物质为目标，选择链霉菌为宿主较理想，而筛选新的酶则选用大肠埃希菌为宜。但应用大肠埃希菌作为宿主具有一定的局限性，仅通过一轮筛选所获得的阳性克隆数极少(<0.01%)。最近的生物信息学研究表明，对于一个插入子<10kb 的文库，为寻找一个目的基因，需要筛选 10^5～10^6 个克隆，也就是说，如果不经过预富集，从复杂的宏基因组中筛选目的基因在技术上是十分困难的。因此，宿主系统的进一步探索是开发更有效的宏基因组资源的关键技术之一。

(四) 环境基因组文库的筛选

目前对环境宏基因组文库筛选有 3 种途径：功能的筛选(function-driven screening)、序列的筛选(sequence-driven screening)和底物诱导基因表达技术的筛选(substrate induced gene expression screening，SIGEX)。

(1) 以功能为基础的筛选是根据文库中的某些阳性克隆可以表达目的性状这一特性来进行筛选，利用其在选择培养基上的表型特征进行筛选。先获得具有生物活性的阳性克隆，再通过对插入序列片段的测序和生物学分析，从而得到相应的基因信息。其优点是具有较高的灵敏度，使得较少的克隆子也能被检测到；也能用于检测产生编码已知生物产物序列 DNA 序列。缺点在于阳性克隆的筛选依赖于功能基因在宿主细胞中的表达，而宏基因组文库中的很多异源基因在特定的宏基因组文库宿主中表达效率普遍不高，从而导致筛选的失败。

(2) 以序列为基础的筛选是先用已知功能基因的保守序列设计杂交探针或 PCR 引物，再通过杂交或 PCR 扩增筛选宏基因组文库而获得目标序列。该技术特别适合于具有保守序列的功能基因的筛选以及鉴定分类学标记的序列分析。其缺点在于必须对相关功能基因序列有一定的了解，并且目标基因有一定的保守区域；较难发现新颖的基因，筛选出来的基因相似性较高；只能获得基因中的保守序列，获得全基因序列的试验步骤较为繁琐。

(3) 底物诱导基因表达筛选，其基本原理是通过表达载体构建宏基因组文库，用添加底物的液体培养基培养克隆子，随后通过流式细胞仪分选荧光标记的阳性克隆。该技术的运用能增强宏基因组文库中外源基因的表达能力，有助于筛选全新的蛋白质序列。该技术的缺点是不能运用于大片段的外源 DNA 的环境宏基因组文库，某些外源基因不受底物诱导则无法筛选到。

(五) 瘤胃微生物研究中宏基因组学的应用

瘤胃是反刍动物的消化器官，瘤胃内微生物种类繁多，主要包括原虫、真菌、细菌、古细菌 4 类。据统计，瘤胃内有大量的细菌(超过 200 种，活菌数高达 10^{11} 个/ml)、原虫(超过 25 属，其数量为 10^4～10^6 个/ml)和厌氧真菌(6 个属，真菌孢子 10^3～10^5 个/ml)，噬菌体颗粒数可达 10^7～10^9 个/ml。反刍动物瘤胃中恒定的温度、水分、渗透压、酸碱度、养分等条件为微生物提供了良好的生长生存条件。经过长期的适应和选择，微生物与宿主、微生物与微生物处于一种相互依赖、相互制约的动态平衡系统中。

人们对瘤胃微生物的研究经历了 3 个阶段：对瘤胃微生物进行分离培养、分类鉴定和计数；对瘤胃微生物进行纯培养，研究其与瘤胃生态有关的生理学特性等；将瘤胃作为一个生态系统进行研究。近年来随着分子生物学技术的迅猛发展，对瘤胃微生物的研究也随之进入了一个新阶段，即生物技术阶段，此阶段的研究主要以瘤胃微生物的遗传物质基础(DNA)为研究对象。16S/18S rDNA 序列扩增技术、变性梯度凝胶电泳(DGGE)、限制性片段长度多态性(T-RFLP)、抑制性消减杂交(SSH)等技术已被应用于反刍动物瘤胃中微生物菌群的组成和基因的多样性的研究中。

通过构建宏基因组文库来研究反刍动物瘤胃微生物的多样性和丰富性的分析趋于更加完整客观，为微生物多样性和群落结构的分析提供了一个重要的手段。在瘤胃宏基因组文库的研究中，Ferrer 等构建了第 1 个以 K 噬菌体为载体，平均插入片段大小为 5.5kb 的表达文库，并从中筛选到多种木聚糖酶及纤维素酶基因。安登第以 pKC505 黏粒为载体构建了牦牛瘤胃微生物宏基因组文库及 16S rDNA 克隆测序文库，插入片段长度为 17～25kb，包含了 1.4405×10^{9} 个碱基的重组基因序列，这一覆盖面广、功能完善的基因组文库的构建为研究利用具有典型地方特色的牦牛瘤胃微生物资源提供了技术平台。赵广存等用 pWEB 载体建立了 1 个牛瘤胃未培养细菌的宏基因组文库，获得了 1.20×10^{4} 个克隆，筛选得到了 9 个表达 B2 葡萄糖苷酶活性的克隆，最终得到 1 个可能来自于牛瘤胃微生物噬纤维菌属未培养的 1 个种的 *umbgl3A* 基因。朱雅新采用未培养技术和 BAC 技术构建了 15360 个克隆，平均插入片段大小为 54.5kb 的荷斯坦奶牛瘤胃微生物宏基因组 BAC 文库，获得具有淀粉酶活性的克隆 16 个，具有纤维素酶活性的克隆 26 个，并且能降解纤维素的克隆中 25 个呈现多酶活性。谭婉新等以柯斯质粒为载体构建了 1 个含约 8000 个克隆的宏基因组文库，对文库进行活性筛选获得 1 个既表达 CMCase 活性又表达 42MU Case 酶活性的克隆。郭鸿等构建了水牛瘤胃未培养微生物宏基因组文库，获得 1.26×10^{5} 个克隆，文库含外源 DNA 的总长度约为 4.8×10^{6}kb。从文库中筛选到 118 个表达 B2 葡萄糖苷酶活性的独立克隆，并对其中 1 个克隆进行亚克隆及序列分析，表明该基因的编码产物可能是来自水牛瘤胃未培养微生物中的 1 个新的 B2 葡萄糖苷酶。

宏基因组技术是目前为止最有效的开发和利用未培养微生物资源的工具，而其本身也在不断的成熟丰富中，在环境微生物多样性研究和基因结构分析方面的应用已经取得重大进展，宏基因组文库中克隆的片段越大，其包含完整基因簇的可能性就越大，从而为构建高质量的微生物天然产物库提供有效的途径。改进和完善宏基因组方法，并结合更新换代的高通量测序技术，构建特定环境样品的微生物基因文库，开发和利用未培养微生物资源，可以极大地丰富我们对微生物的认识，促进微生物天然产物的开发。相关研究表明，海洋是一个巨大的新生物物种的重要来源，新的物种意味着新的基因、新的活性产物，世界各国和组织越来越重视海洋生物资源的开发利用。2010 年 10 月 4 日公布的“海洋生物普查”报告结果显示，海洋生物物种总计可能约 100 万种，其中 75 万种海洋物种是人类不甚了解、知之甚少的，这份报告让我们看到了开发海洋生物资源的无限潜力和希望。但由于实验室无法完全模拟海洋微生物的天然生长环境，企图通过培养的方法研究海洋微生物恐怕只能获取其皮毛而已。宏基因组学技术弥补了这一缺陷，随着宏基因组学技术的发展与完善，海洋这个浩瀚的有别于陆地的环境将能被广泛充分地开发利用，为人类创造出宝贵的财富。

执笔：朱林江

讨论与审核：周　成、朱泰承

资料提供：朱林江

参考文献

安娜,李吕木,程建波.2010.微生物宏基因组学及其在瘤胃微生物研究中的应用.安徽农业科学,38(7):3328～3330

毕明丽,宇万太.2009.农田生态系统微生物多样性研究方法及应用.土壤通报,40(6):1460～1466

宫曼丽,任南琪,邢德峰.2004.DGGE/TGGE技术及其在微生物分子生态学中的应用.微生物学报,24(6):845～848

怀丽华,陈宁.2005.嘧啶核苷高产菌的代谢控制育种策略.食品与发酵工业,31(10):107～110

黄循柳,黄仕杰,郭丽琼等.2009.宏基因组学研究进展,36(7):1058～1066

李慧,何晶晶,张颖等.2008.宏基因组技术在开发未培养环境微生物基因资源中的应用.生态学报,28(4):1762～1773

卢圣国,李霜,朱建国等.2010.基因组重排技术应用及进展,中国生物工程杂志,30(7):108～111

聂明,李怀波,万佳蓉,周传云.2005.工业微生物遗传育种的研究进展.现代食品科技,21:184～187

王晓慧,文湘华.2009.MAR-FISH技术及其在环境微生物群落与功能研究中的应用.微生物学通报,36(1):142～148

张树飞.2008.黑曲霉酸性β-甘露聚糖酶高产菌株的诱变育种及固态发酵.江南大学

张彤,方汉平.2003.微生物分子生态技术:16S rRNA/DNA方法.微生物学通报,30(2):97～101

张学礼.2009.代谢工程发展20年.生物工程学报,25(9):1285～1295

赵凯.2006.产紫杉醇菌株原生质体诱变育种及其生物合成调控的研究.中国农业科学院

周丹燕,戴世鲲,王广华,李翔.2011.宏基因组学技术的研究与挑战.微生物学通报,38(4):591～600

Askenazi M, Driggers EM, Holtzman DA, et al. 2003. Integrating transcriptional and metabolite profiles to direct the engineering of lovastatin-producing fungal strains. Nat Biotechnol, 21(2):150～156

Christensen B, Thykaer J, Nielsen J. 2000. Metabolic characterization of high- and low-yielding strains of Penicillium chrysogenum. Appl Microbiol Biotechnol, 54(2):212～217

Cowan D, Meyer Q, Stafford W, et al. 2005. Metagenomic gene discovery: past, present and future. Trends in Biotechnol, 23(6):321～329

Gong JX, Zheng HJ, Zhao XM, et al. 2009. Genome shuffling: progress and applications for phenotype improvement. Biotechnol Adv, 27(6):996～1005

Han MJ, Jeong KJ, Yoo JS, et al. 2003. Engineering Escherichia coli for increased productivity of serine-rich proteins based on proteome profiling. Appl Environ Microbiol, 69(10):5772～5781

Handelsman J, Rondonm R, Bradys F, et al. 1998. Molecular biological access to the chemistry of unknown soilmicrobes: a new frontier for naturalp roducts. Chem Biol, 5:245～249

Handelsman J. 2004. Metagenomics: application of genomics to uncultured microorganisms. Microbiol MolBiol Rev, 68:669～685

Qin JJ, Li RQ, Raes J, et al. 2010. A human gut microbial gene catalogue established by metagenomic sequencing. Nature, 464(7285):59～65

Schloss P D, Handelsman J. 2003. Biotechnological prospects from metagenomics. Curr. Opin. Biotechnol, 14:303～310

Shendure J, Ji H. 2008. Next-generation DNA sequencing. Nat Biotechnol, 26(10):1135～1145

Stephanopoulos G, Sinskey AJ. 1993. Metabolic engineering—methodologies and future prospects. Trends Biotechnol, 11(9):392～396

Stephanopoulos G. 2002. Metabolic engineering by genome shuffling. Nat Biotechnol, 20:666～668

Stephanopoulos G. Vallino JJ. 1991. Network rigidity and metabolic engineering in metabolite overproduction. Science, 252(5013):1675～1681

Torsvik V, Ovreas L. 2002. Microbial diversity and function in soil: from genes to ecosystems. Curr Opin Microbiol, 5:240～245

Venter J C, Rem ington K, Heidelberg J F, et al. 2004. Environmental genome shotgun sequencing of the Sargasso Sea. Science, 304:66～74

Zhang YX, Perry K, Vinci VA, et al. 2002. Genome shuffling leads to rapid phenotypic improvement in bacteria. Nature, 415:644～646

第六章

学科交叉对微生物学技术方法发展的作用

第一节　物理学在微生物学发展中的作用

微生物学研究是从对微生物的直接观察开始的。物理学的观测技术，尤其是显微技术，核磁共振技术，质谱技术，X射线技术在微生物学研究中的应用，使人们能够深入了解微生物细胞的基本结构和生理状态，了解功能大分子的精细结构和生物学功能，并推动人们对微生物的认识和改造。

一、显 微 技 术

显微镜是观察微生物的主要工具。可分为光学显微镜和电子显微镜两大类。前者以可见光(紫外线显微镜以紫外光)照射标本，后者以电子束照射标本。如上文所述，常见的显微镜包括光学显微镜和电子显微镜。

二、核磁共振技术

核磁共振技术(nuclear magnetic resonance，NMR)核磁共振技术可以直接研究溶液和活细胞中相对分子质量较小(20 000D以下)的蛋白质、核酸以及其他分子的结构，而不损伤细胞。

从70年代后期起，随着计算机和NMR在理论和技术上的完善，NMR无论在广度、深度上都获得了长足的发展，它已成为解析微生物生物大分子结构必不可少的实验手段。

三、质 谱 技 术

生物质谱在微生物领域里有着广泛的应用。首先用于特定小分子结构鉴定。应用离子阱质谱技术，主要用来进行定性分析，鉴定是否含有某种已知小分子；检测反应体系中的底物、中间产物及终产物，鉴定其结构；鉴定微生物表面多糖结构等等。其次，生物质谱主要用于微生物中蛋白质的鉴定，近年来发展的基于多维液相色谱-质谱联用技术的比较蛋白质组学可以定量比较不同时期，不同条件下多种微生物样品中蛋白表达量的差别。再次，生物质谱也是研究功能蛋白质组学的有效手段。功能蛋白质组学的主要研究方向是蛋白相互作用、亚细胞定位以及翻译后修饰等。最后，生物质谱在微生物鉴定方面也有广泛的应用。单个微生物菌落或其他微生物培养的材料可以直接加到一个MALDI样品靶上并使用MALDI-TOF质谱仪进行分析。谱图识别可以在几分钟内完成且数据评估直接在数据库查找比对，这大大提高了鉴定微生物的准确度和效率。

四、X射线技术

X射线相关技术在微生物领域里的应用有很多种，但主要集中在X射线衍射技术研究生物大分子的构象或形态。X射线衍射（X-ray diffraction）是基于X射线在穿过长程有序物质所发生的弹性散射。生物大分子单晶体的X射线衍射技术是50年代以后，首先从蛋白质的晶体结构研究中发展起来的，并于20世纪70年代形成一门晶体学的分支学科——蛋白质晶体学。生物大分子单晶体的中子衍射技术用于测定生物大分子中氢原子的位置，也属于蛋白质晶体学。纤维状生物大分子的X射线衍射技术用来测定这类大分子的一些周期性结构，如螺旋结构等。以电子衍射为原理的电子显微镜技术能够测定生物大分子的大小、形状及亚基排列的二维图象。它与光学衍射和滤波技术结合而成的三维重构技术能够直接显示生物大分子低分辨率的三维结构。

第二节 化学在微生物学发展中的作用

化学与生物学的关系密不可分。从源头来讲，化学是研究分子的科学，现代生物学，例如生物化学和分子生物学同样是针对生物大分子的研究，但是通常使用生物化学指导蛋白质结构和活性的研究，用分子生物学指导基因表达和调控的研究。现代生物学更侧重于生物大分子生物功能的探寻，而不仅仅是分子结构的揭示。

在微生物应用领域，化学方法和技术也有着广泛的应用。下面主要从微生物检测技术，微生物代谢产物监测分析技术和生物催化剂的改造技术这三个方面展开讨论。

一、微生物检测技术

近年来，微生物的快速检测和自动化研究进展迅速。依靠培养基进行培养、分离及生化鉴定的传统方法费时费力。快速检测及其自动化则通过引入化学试验技术对微生物进行检测、鉴定和计数。和传统方法比较，更快速、更方便、更灵敏。因此，在医学、食品、农业、工业和环境等方面得到了广泛应用，下面介绍几种微生物快速检测技术。

（一）色谱法

其原理是将微生物细胞经过水解、甲醇分解、提取以及硅烷化、甲基化等衍生化处理后，使之分离尽可能多的化学组分供气相色谱或高效液相色谱分析。不同的微生物所得到的色谱图中，通常大多数的峰是共性的，只有少数的峰具有特征性，可被用来进行微生物鉴定，分析检测各种常见细菌、酵母菌、真菌等。

（二）基于微生物专有酶快速反应系统的检测技术

微生物专有酶快速反应是根据细菌在其生长繁殖过程中可合成和释放某些特异性的酶，按酶的特性，选用相应的底物和指示剂，将他们配制在相关的培养基中。根据细菌反应后出现的明显的颜色变化，确定待分离的疑似菌株，反应的测定结果有助于细菌的快速诊断。这种技术将传统的细菌分离与生化反应有机地结合起来，并使得检测结果直观，正成为今后微生物检测发展的一个主要发展方向。

（三）基于免疫化学的微生物检测技术

免疫检测的基本原理是抗原抗体反应。抗原抗体反应是指抗原与相应抗体之间所发生的特异性结合反应。不同的微生物有其特异的抗原，并能激发机体产生相应的特异性抗体。在免疫检测中，可利用单克隆抗体检测微生物的特异抗原，也可利用微生物抗原检测体内产生的特异抗体，两种方法均能判断机体的感染状况。

免疫荧光技术是用荧光素标记的抗体检测抗原或抗体的免疫学标记技术，又称荧光抗体技术。所用的荧光素标记抗体通称为荧光抗体，免疫荧光技术在实际应用上主要有直接法和间接法。直接法是在检测样品上直接滴加已知特异性荧光标记的抗血清，经洗涤后在荧光显微镜下观察结果。间接法是在检样上滴加已知的细菌特异性抗体，待作用后经洗涤，再加入荧光标记的第二抗体。

酶免疫测定技术可以根据抗原抗体反应是否需要分离结合的和游离的酶标记物而分为均相和非均相两种类型。非均相法较常用，包括液相免疫测定法与固相免疫测定法。固相免疫测定法的代表技术是ELISA，ELISA技术是抗原或抗体吸附到固相载体上作为一种试剂来检测标本中抗体或抗原的一种方法。根据反应原理，加入某种酶标记的抗体或抗原，洗涤除去未结合物，加入该酶的底物，酶催化底物生成有色产物，产物的量与标本中受检物的量相关，根据反应颜色的深浅可定量测定。酶联免疫测定在微生物学领域中可用于病原的检测、抗原检测和细菌代谢产物的检测。ELISA具有高度的特异性和敏感性，几乎所有可溶性的抗体抗原反应系统均可检测。与放射免疫方法相比较，ELISA的标记试剂较稳定，且无放射性危害；与免疫荧光技术相比，ELISA敏感性高，不需特殊设备，结果观察简便。

（四）免疫印迹技术

免疫印迹法分三个步骤：第一，聚丙烯酰胺凝胶电泳。将蛋白质抗原按分子大小和所带电荷的不同分成不同的区带。第二，电转移。目的是将凝胶中已分离的条带转移至硝酸纤维素膜上。第三，酶免疫定位，该步的意义是将前两步中已分离，但肉眼不能见到的抗原带显示出来。将印有蛋白抗原条带的硝酸纤维素膜依次与特异性抗体和酶标记的第二抗体反应后，再与能形成不溶性显色物的酶反应底物作用，最终使区带染色。本法综合了SDS-PAGE的高分辨率和ELISA的高敏感性和高特异性，是一种有效的分析手段。

二、代谢物监测分析方法

代谢物是整个微生物细胞的最终产物，代谢物的定量水平可以反映生物体系对于基因和环境改变的最终响应，因此对微生物代谢物的测定尤为重要。代谢物检测分析方法已应用于微生物鉴定、突变体筛选和功能基因研究、代谢途径及代谢工程、发酵工艺的监控和优化及环境微生物研究等诸多方面。分析技术的不断进步，极大地推动了微生物学研究的进展。

代谢物的多样性决定了分析技术平台的多样性。多种技术平台中，尤其以核磁共振波谱技术及色谱-质谱联用技术的应用最为广泛。这两种技术在前面第一节中已有介绍。核磁共振光谱技术能快速准确地对样品进行高通量分析，且样品预处理比较简单，适合复杂基质的微生物样品的代谢产物研究。NMR 主要通过磁场和射频脉冲作用于原子核，^1H(质子)-核磁共振临床研究报告表明，大多数已知的代谢物含 H 原子，所以系统对于特殊的代谢物不存在任何歧视。^1H-核磁共振光谱能提供分子中氢原子所处的化学环境、各官能团或分子骨架上氢原子的相对数目，以及分子构型等相关信息；^{13}C-核磁共振光谱能提供有关分子骨架结构信息，二者相互补充，用于化合物分子结构测定。

气相色谱-质谱联用(gas chromatography-mass spectrometer，GC-MS)技术是目前代谢轮廓分析最频繁使用的分析手段之一。仪器技术已经足够成熟，适合分析大量样品，而且科技进步扩大了可供检测样品的范围，算法的改进、数据库的不断完善，也使得捕获更多的生物学相关信息成为可能。GC-MS 技术允许在一次分析过程中同时检测不同类型的代谢物。这是代谢组学研究的经典方法，很多代谢组学方面的文章均出于此。

液相色谱-质谱联用系统(liquid chromatography-mass spectrometer，LC-MS)采用液相色谱(LC)作为主要的分离手段，增强其分辨能力，与质谱(MS)或串联质谱(MS/MS)的联用可以得到代谢组分的结构信息。与 NMR 相比，LC-MS 具有高灵敏度和高分辨率的优势；与 GC-MS 相比，样品的前处理相对简单，因此在代谢组学领域得到了越来越广泛的应用。然而，由于代谢物本身所具有的复杂性，为了实现较好的分离效果，传统的液相色谱往往需要长达数十分钟的分离时间，分析通量较低。最近出现的超高效液相色谱(ultra performanceliquid chromatography，UPLC)具有分析速度快、高峰容量和高灵敏度等特点，符合代谢组学高通量的分析要求。Yu 等人使用 nano-HPLC-MS/MS 检测大肠埃希菌赖氨酸乙酰化蛋白的多样性。研究发现，稳定期的赖氨酸乙酰化蛋白的相关性要比对数生长期大，而且大多数糖酵解和三羧酸(tricarboxylic acid，TCA)循环都有赖氨酸乙酰化作用。Dalluge 等利用 LC-MS-MS 方法同时检测 20 种基本氨基酸，并研究它们与微生物发酵的相关性，研究表明此种方法可以用于微生物发酵过程中的氮源、碳源的筛选。该方法在代谢工程及生物过程优化方面具有很好的发展趋势。

毛细管电泳与质谱联用(CE-MS)技术是近年来发展起来的一种新型分离检测技术。它综合了毛细管电泳的高效、快速与质谱强大的检测功能等优点，广泛应用于生命科学研究各领域，尤其擅长样品中极性化合物的分析，因此在代谢组学领域也占有一席之地，如 Harada 等人利用 CE-MS 实现对未经衍生化处理的氨基酸进行测定。但与前面几种分析方法相比，CE-MS 的应用并不是很普及，还需要深入发掘它的优势。

三、生物催化剂的改造技术

生物催化剂是指游离或固定化的活细胞或酶，微生物是最常用的活细胞催化剂，酶催化剂则是从细胞中提取出来的，只在经济合理时才被应用。不同菌株和不同酶的催化专一性、活力及稳定性有很大差异，因此有关菌种分离、筛选、选育是不可缺少的。目前，人们已能用重组 DNA 技术及细胞融合技术来改造或组建新的生物催化剂。固定化酶或固定化细胞的出现，使生物催化剂能较长时期地反复使用。

(一) 重组 DNA 技术及细胞融合技术改造或组建新的生物催化剂

近十多年来，生物催化剂的立体选择性的基因工程改造取得了可喜的进展。不需要了解酶的结构和反应机制，就可以采取随机突变结合高通量筛选的策略来提高酶催化剂的立体选择性；如果对酶的结构和反应机制有所理解，则可以通过分子模拟等方法分析预测对立体选择性影响可能较大的位点。并对这些位点进行突变，建立较小的突变库，然后筛选得到所需要的突变酶。由于远离活性中心的氨基酸残基的数量比位于活性中心的氨基酸残基多得多，所以定向进化往往得到突变位点远离活性中心的突变酶；而对底物结合区域的氨基酸残基的突变，对改变酶的立体选择性的效果更为明显，有时一个位点的变异就可以显著提高酶的立体选择性，甚至反转酶的对映体选择性。生物催化剂的基因工程改造的关键是建立有效的筛选方法，对于水解酶类催化剂，可以采用光学纯的(S)和(R)构型的化合物作为底物建立快速的高通量筛选方法；而对羰基还原酶催化的还原反应等，建立快速的高通量筛选方法还是具有很大挑战性的。

（二）固定化酶或固定化细胞

固定化酶是指用物理或化学方法处理水溶性的酶使之变成不溶于水或固定于固相载体的但仍具有酶活性的酶衍生物。在催化反应中，它以固相状态作用于底物，反应完成后，容易与水溶性反应物分离，可反复使用。固定化酶不但仍具有酶的高度专一性和高催化效率的特点，且比水溶性酶稳定，可较长期使用，具有较高的经济效益。将酶制成固定化酶，作为生物体内的酶的模拟，可有助于了解微环境对酶功能的影响。而所谓固定化细胞技术，就是将具有一定生理功能的生物细胞，例如微生物细胞、植物细胞或动物细胞等，用一定的方法将其固定，作为固体生物催化剂而加以利用的一门技术。固定化细胞与固定化酶技术一起组成了现代的固定化生物催化剂技术。

早在 19 世纪初，人们就利用微生物细胞在固体表面吸附的倾向而采用滴滤法来生产醋酸，后来，又有人将类似方法来进行污水处理。现代的固定化细胞技术是在固定化酶技术的推动下而发展起来的。1973 年，日本首次在工业上成功地利用固定化微生物细胞连续生产 *L*-天冬氨酸，接着，固定化细胞技术受到广泛重视，并很快从固定化休止细胞发展到固定化增殖细胞。至今，在生产菌种方面已很少有未被涉足过的研究领域了。

固定化细胞的应用范围极广，目前已遍及工业、医学、制药、化学分析、环境保护、能源开发等多个领域。在工业方面，如利用产葡萄糖异构酶的固定化细胞生产果葡糖浆；将糖化酶与含 α 淀粉酶的细菌、真菌或酵母细胞一起共固定，可以直接将淀粉转化成葡萄糖；利用卡拉胶包埋酵母菌，通过批式或连续发酵方式生产啤酒；利用固定化酵母细胞生产酒精或葡萄酒；此外，还可利用固定化细胞大量生产氨基酸、有机酸、抗生素、生化药物和甾体激素等发酵产品。在医学方面，如将固定化的胰岛细胞制成微囊，能治疗糖尿病；用固定化细胞制成的生物传感器可用于医疗诊断。在化学分析方面，可制成各种固定化细胞传感器，除上述医疗诊断外，还可测定醋酸、乙醇、谷氨酸、氨和生化需氧量(BOD)等。此外，固定化细胞在环境保护、产能和生化研究等领域都有着重要的应用。

（三）拓展现有生物催化剂的底物

拓展现有生物催化剂的底物并不包括使用蛋白质工程手段改造生物催化剂，使其改变底物特异性或立体异构选择性。它是指检测某种已经获得的生物催化剂是否仍具有一些不为人所知的催化活性存在，也就是目前经常提到"一酶多用"的情况。通常，当所测试的化合物与该生物催化剂天然底物结构相似时，这种方法成功的概率最大。一个比较成功的例子是来源于细菌 *Lactobacillus sanfranciscensis* 的 NADH 氧化酶；经研究发现它具有接受 NADPH 并同时将 O_2 还原为水的能力。该酶的结构最近才被解析。它与哺乳动物中

NADH 氧化酶无任何序列或结构上的相似性，却和来源于 *Streptoccocus faecalis* 的 NADH 氧化酶相似，也能催化 O_2 生成水，却不具备接受 NADPH 的能力。在温度为 30℃，pH 为 7.0 条件下，该酶对 NADH 的最大活力为 221U/mg，而对 NADPH 的活力约为其对 NADH 活力的 1/3，但其对 NADH 和 NADPH 的 K_m 值均为 6μM，暗示它对这两种底物的亲和力几乎相同。该 NADH 氧化酶与来源于 *L. brevis* 的乙醇脱氢酶一起被用于生产(S)-苯基乙醇和苯乙酮。它也和谷氨酸脱氢酶一起被用于从谷氨酸单钠生产 α-酮戊二酸单钠。在上述过程中 NADH 氧化酶催化 NADPH 和 O_2 生成 NADP 和水。实现了辅酶的再生，从而保证了这两种脱氢酶持续的酶活性，因为 NADP 是它们的辅酶。

第三节　机械学在微生物发展中的作用

一、生物反应器

生物反应器的设计、放大是生化反应工程的中心内容。生物反应器，是指利用酶或生物体(如微生物、动植物细胞)所具有的特殊功能，在体外进行生物化学反应的装置系统。机械学的理论和方法在生物反应器的设计上有着广泛的应用。

生物反应器与化学反应器不同，化学反应器从原料进入到产物生成，常常需要加压和加热，是一个高能耗过程。而生物反应器则不同，在酶和微生物的参与下，在常温和常压下就可以进行化学合成。因此，生物反应器问世之后，受到化工部门的重视。化学工程专家认为，应该尽可能多地让化学合成过程由生物去完成。设计理想的生物反应器，就成了现代生物技术产业的一个重要任务。

设计生物反应器时要考虑两点：一是选择特异性高的酶或适宜的活细胞作为催化剂，尽可能减少副产物，提高产品产量；二是尽可能提高产物的浓度，降低成本。与一般化学过程的反应器相比，其基本原理和结构应是相近的，但有如下特点：①在常温常压下操作，但要求能耐受蒸汽灭菌，制作严密无隙以防染菌，且用对微生物或酶无毒害的材质制作；②当用微生物为催化剂时，催化剂本身是在发酵罐中产生的(开始时需接入菌种)，为防止杂菌污染和活性衰退，一般采用分批釜式反应器；③酶常因底物(即酶的作用物)的浓度过高发生抑制作用，微生物细胞因胞内外渗透压平衡问题，要求底物浓度也不能太高，因而反应器体积相当庞大；④在发酵过程中，生化反应机制和途径相当复杂，有的尚不清楚，很难进行化学计量学的计算及反应动力学的研究，加上反应时常是气、液、固三相并存，有的反应液黏度很大，流变学性质复杂，对反应器中物料的混合和传递带来不利，使采用化学反应工程的原理和方法解决生物反应器的设计放大问题存在较大困难。

二、生物过程放大技术

我国在工业生物技术的上游领域(细胞工程、基因工程等领域)和世界先进水平差距较小，在某些方面甚至处于领先水平，但在工业生物技术的过程科学基础研究方面与国外有较大的差距，尤其是过程放大原理和方法。我国生物技术新产品的转化能力差，缺少有自主知识产权的产品中试、放大技术平台，不能迅速把实验室成果转化为工业产品，致使我国许多工业生物过程与发达国家相比普遍存在能耗高、资源综合利用率低、环境污染严重、产品质量差、工业放大周期长等问题，例如：我国较国外先进水平工业原料利用率低 10%～

20%，产品回收率低5%～15%，而能量消耗高20%～30%，操作方式粗放，排污严重。至今我国的大型工业生物过程依然主要依赖国外技术。

要解决上述差距问题，必须加强工业生物技术的过程科学研究。过程科学是生物技术产业化取得成功的关键，是生物学、化学、工程科学等学科的高度交叉与集成。它探索如何从原料出发、经过最优的发酵和分离纯化工艺，用最少的原料、最低的能耗、清洁的生产工艺，高效稳定地获得高质量的产品。作为生化工程领域的重要问题，生物过程的放大(scale-up)早在20世纪40至50年代的青霉素工业化生产中就进行了研究，同时，由于工业化大规模生产需要解决纯种培养技术和液体深层培养时的供氧问题，因此在放大过程中，供氧问题很早就成为生物过程放大的研究重点，例如Jensen等研究了通过控制氧的利用率来进行抗生素发酵的放大。几十年来，随着生化工程学科的发展，研究人员对不同培养方式下的放大问题进行了研究，如搅拌釜式、气升式、固体发酵、固定化细胞发酵等，同时对各种细胞培养的放大问题进行了研究，包括抗生素生产、面包酵母、基因工程菌、动物细胞、植物细胞等。在生物过程放大的研究中，以下三个问题是关键：①细胞群体效应及过程放大原理；②多相复杂体系物质和能量传递与生物转化规律；③生物过程单元耦合与过程优化原理。而解决这些问题，显然离不开机械学的理论支持和技术指导。

第四节　信息学在微生物发展中的应用

近十年来测序技术蓬勃发展，截至2012年1月9日，在微生物基因组库中已测完的基因组有3038个，包括2720个细菌、150个古菌、168个真菌，另外还有7719个基因组测序正在进行(www.genomesonline.org)。在这样的背景下，信息技术，大规模计算技术的方法和思想逐渐被应用到微生物学研究中来，形成了针对于微生物的生物信息学和计算生物学。

一、生物信息学微生物学研究中的应用

(一) 微生物基因组注释

在基因组学中，对基因和其他生物特征的标注称为基因组注释。基因组注释的研究内容包括基因识别和基因功能注释两个方面。1995年第一个基因组——流感嗜血杆菌的基因基因组被测序后，Owen White写了第一套基因组注释软件。微生物基因组注释包括对基因及其结构的识别，和对基因功能的预测。首先要预测基因组的全部编码区即开放阅读框架(open reading frame，ORF)。ORF的识别手段可以分为两大类：一类是评估未知DNA片段的编码可能性，称为概率型方法，如应用隐马尔可夫模型的GENSCAN；另一类是通过同源性比较搜寻蛋白质库寻找编码区。与真核生物相比，原核基因组的基因识别正确率较高。非编码区包括各类重复序列、基因表达调控序列等，对它们的注释同样具有重要意义。相对编码区而言，这方面的工作较少。其次要注释所有ORF产物的功能，这是目前基因组注释的主要层次。目前主要有三大类方法可用于大通量的基因组功能注释工作：①用最大相似的同源基因的功能注释功能未知序列；②用模体(motif)搜索，因为模体往往是功能相关的保守序列；③用Tatusov等的直系同源簇方法(Clusters of Orthologous Groups，COG)，即用不同种族的基因成对相似聚类法把它们划分成各种直系同源簇，从而可以用同一簇中的已知基因注释未知基因的功能。

(二) 计算进化微生物学与微生物比较基因组学

进化微生物学研究微生物物种的起源和演化。通过引入信息学到进化微生物学的研究中，使研究者能够：①通过度量DNA序列的改变研究为微生物物种之间的进化关系，对微生物进行分类(超越了以前基于生理生化特征的研究方法)。1992年，Liesack和Stackebrandt首次利用核酸序列测定和探针的分子生物学方法研究土壤放线菌类群，这种对不同细菌的16S rDNA序列进行同源性比较分析现已成为推断细菌的系统发育及进化关系的一个重要方法。②通过整个基因组的比对，研究更为复杂的进化论课题，如基因复制，基因横向迁移等。③构建微生物物种进化树。微生物比较基因组学则在基因组规模上对不同微生物不同菌株进行比较。从而发现结构上的差异，例如点突变，片段移位，插入，删除，倒位，重排，重复等。进而解释这些结构差异造成了哪些表型上的差别。其中基于基因组重测序的比较基因组学研究是反向代谢工程中的重要内容。这类研究首先要求一个完全测序并注释的出发菌株，然后经过多轮诱变筛选或使用其他进化手段得到一系列生理性能提高的菌株，对这些菌株进行重测序，并与出发菌株比较，发现造成生理性能提高的突变，从而为进一步的代谢工程改造提供靶点。

二、计算生物学在微生物学研究中的应用与发展

计算生物学(computational biology)是一门典型的交叉学科，涉及的学科包括数学、统计学、化学、物理学、生物学和计算机科学等。就整个学科的内容而论，计算生物学最终是以生命科学中的现象和规律作为研究对象，以解决生物学问题为最终目标，数学和计算机仅仅是解决问题的工具和手段。计算生物学的研究范畴相当广泛，几乎渗透到现代生物学研究的每一个领域。一个更专业但是依然宽泛的定义是，任何关于生物学问题的交叉学科研究，只要其工作假设(working hypothesis)可以通过建立数学模型和计算机仿真来进行检验，都可纳入计算生物学的研究范畴。

计算生物学与许多其他学科有密切的联系，通常不容易区分，比如系统生物学、生物数学等，而最容易混淆的是生物信息学。随着1990年人类基因组计划(human genome project，HGP)正式启动，海量数据信息迅速积累，人们发现靠传统的方法存储处理这些爆炸式增长的数据已力不从心，因此开始借鉴信息学的工具方法，由此出现了生物信息学这一新兴的学科。如今，生物信息学作为一门学科已经深入人心，为大家所熟识。但实际上，人们很快意识到，对那些海量数据只进行一些传统处理，并不能给生命科学以及医学带来太大的促进，迫切需要一个有效的研究方法体系来帮助人们了解像人体这样一个极其复杂的生物体系，这就是最近几年逐渐受到越来越多关注的计算生物学。

具体来讲，计算生物学运用大规模高效的理论模型和数值计算来识别基因组序列中代表蛋白质的编码区，破译隐藏在核酸序列中的遗传语言规律；直接从蛋白质序列预测蛋白质三维结构以及动力学特征，研究生物大分子结构与功能的关系、生物大分子之间相互作用以及生物大分子与配体的相互作用，促进蛋白质工程、蛋白质设计和计算机辅助药物设计的发展；同时，归纳、整理与基因组遗传语言信息释放及其调控相关的转录谱和蛋白质谱的数据，模拟生命体内的信息流过程，从而认识代谢、发育、分化、进化的规律，从基因组科学新视角来探究人类健康和疾病的各个方面，使将人类基因组计划的成果转化为医学领域的进步成为可能。

计算生物学在微生物学研究中的发展主要集中在：①解析生物大分子如蛋白质的三维结构；②构建全基因组规模生物网络，包括基因调控网络，蛋白质相互作用网络和代谢网络等等，并由这些网络模拟微生物细胞的生理过程；③计算机辅助药物设计，这是计算生物学与生物医药产业结合最紧密的方向之一。

计算生物学代表未来生命科学和生物技术研究的发展方向，今后的计算生物学一定会具备以下四个特征。第一个是组学特征，这包括从一系列组学（omics），如表型组（phenome）、基因组（genome）、转录组（transcriptome）、蛋白质组（proteome）、相互作用组（interactome）、代谢组（metabolome）等组学数据的知识发现。第二个是广泛深入的数学建模及应用，计算生物学要将众多知识发现有机地整合起来，把来自各方面的因素联系在一起，以定量的形式刻画、从不同角度展现生命现象的本质，必然需要建立数学模型通过数学语言的抽象描述来实现。第三个是系统性研究，生命系统的复杂性和整体性必然要求人们对多种组学数据进行整合，系统地、整体地来考虑，通过综合分析阐明生命活动的机制。第四个是高性能计算，由于生命现象复杂，从生物学中提出的数学问题往往也十分复杂，需要进行大量计算工作，加之当前和今后计算生物学研究面临的都是大规模的组学数据，因此，高性能计算是今后研究和解决生物学问题的重要手段和工具。

计算生物学在解决生物学问题的同时，也促使其他学科向前发展。比如数学在生物学研究中得到广泛应用，同时从生物学研究中提出了许多数学问题，萌发出许多数学发展的生长点，正吸引着许多数学家从事研究。当然，更重要的是新一代专门的计算生物学研究人才的培养。正如克拉弗里厄指出，今后计算生物学的发展，最需要的可能不是将 DNA 看作图灵机磁带的计算机专家和数学家，而是新一代专业的计算生物学家，他们不但有较好的数学和计算机知识背景，而且在生物学一系列相关领域，如转录调控、分子酶学、结构生物学、发育生物学以及进化遗传学等等领域也具有坚实的知识基础。只有如此，我们才有可能在将来真正了解 DNA 序列在细胞水平的功能和进化，最终阐明生命活动的机制。

第五节　数学在微生物发展中的应用

一、生物统计学

在数据挖掘及知识发现阶段，常用的研究方法有统计学方法、信息论方法、集合论方法、仿生学（或人工智能）方法、语言学分析方法和其他一些广泛用于数据挖掘和知识发现的具体方法，包括频繁出现在该领域的一些关键词，如机器学习、支持向量机、隐马尔科夫模型、贝叶斯推断、模式识别等，大部分可归属到上述分类当中。此外，可视化技术作为数据挖掘和知识发现阶段的辅助技术受到越来越多的重视。

二、数学建模

传统的微生物动力学模拟主要集中于描述微生物在特定环境下的生长与死亡，以及多酶系在反应体系中的反应。所谓的环境条件包括了内部因素（pH，接种量等），以及外部因素（温度，底物浓度，氧浓度等）。在此基础上发展的 S-系统简化了以酶动力学公式为基础的方程形式，成为研究未知机制系统动力学的首选。对于建立好的动力学模型，可以利用有效地数学分析方法，研究体系的稳定性，鲁棒性和敏感度，从而产生新的定量认识，并在此基础上形成人为改造的策略。

随着微生物基因组测序如火如荼地展开，越来越多的基因组序列被公布。根据基因组注释信息，重构微生物菌株的代谢网络称为当前研究微生物生理代谢的热点之一。由注释信息得到的代谢网络实际上是一个反应的集合，同时也是一个未定的线性方程组。在这个方程组中，未知数是各个反应的通量，而在给定一定的环境条件，如底物利用的限制等，并在稳态假设的前提下，通过优化就能得出微生物细胞在这一条件的代谢通量的最优分布。这就是通量平衡分析的原理。这个基本的反应集模型又衍生出很多应用，例如利用二层规划求取最适敲除基因以使某一特定产物的产生速率最大，细胞内某代谢通量的变化范围等等。

执笔：朱　岩

讨论与审核：周　成、朱泰承

资料提供：朱　岩

第二篇 方 法 篇

微生物学领域主要创新方法汇编

第一章

微生物的分离与纯化

第一节 微生物的快速筛选技术

通常情况下，我们主要是使用稀释涂布平板法和平板划线法来筛选微生物。这两种方法虽然简便，但是对于多样性丰富的样本来说，使用这两种方法就会费时费力，最终往往达不到我们的预期。这就需要高效快速的微生物筛选方法来解决这一难题。目前关于高效快速的微生物筛选方法主要有流式细胞仪分选技术、高通量筛选技术等。

一、流式细胞仪分选技术

(一) 基本原理

流式细胞仪是借助于电子技术、计算机技术、激光技术、流体理论，能够对流式细胞进行快速测量和分选分的检测析仪器。流式细胞术(flower cytometer，FCM)是一种快速测量、存贮、显示悬浮在液体中的分散细胞的一系列重要的生物物理、生物化学方面的特征参量，并可以根据预选的参量范围把指定的细胞亚群从中分选出来。具有测量速度快，测量数据全，测量精度高等特点，成为当代最先进的细胞定量分析技术。

流式细胞仪主要分为以下五部分：①流动室及液流驱动系统；②激光光源及光束形成系统；③光学系统；④信号检测与存储、显示、分析系统；⑤细胞分选系统。流式细胞仪通常以激光作为发光源，经过聚焦整形后的光束，垂直照射在样品流上，被荧光染色的细胞在激光束的照射下，产生散射光和激光荧光。这些荧光信号的强度代表了所测细胞膜表面抗原的强度或其核内物质的浓度，经光电倍增管接受后可转换为电信号，再通过模/数转换器，将连续的电信号转换为可被计算机识别的数字信号。计算机把所测量到的各种信号进行计算机处理，将分析结果显示在计算机屏幕上。其工作流程可分为样品的液流技术、细胞的分选和计数技术，以及数据的采集和分析技术三部分。

（二）应用

近年来流式细胞术在微生物学研究中得到了广泛应用，范围涉及医学、发酵和环保等诸多领域。

1. 微生物筛选检测和鉴定 流式细胞术可以快速、准确地检测样品中细菌数目，并且已与荧光原位杂交技术相结合，是目前微生态系统中细菌群落结构测定和细菌计数分类鉴定的一个重要手段。与传统的平板菌落计数法相比，流式细胞术检测的结果更精确、更可靠，除可以极大地缩短了检测时间外，还可以同时进行多个样品处理，能够满足大量样品在线检测的要求，更为重要的是流式细胞术可以区分具有生命活力的细菌和已经死亡的细菌。

2. 药物抗菌效应检测 流式细胞术用于检测药物的抗菌效应的原理是通过使用荧光染料对细菌染色，通过比较抗生素处理前后所检测到的荧光强度的变化来推断最低抑菌浓度。目前通过此方法已经获得多种致病菌的最低抑菌浓度。

3. 微生物表面文库的筛选 将蛋白展示文库与标有荧光素的配基在溶液状态下进行孵育。染色后的样品经过流式细胞仪的流动室后排成单列细胞柱，一个接一个地从喷嘴喷出，仪器可根据是否携带特异性荧光对样品进行选择，从而实现高效快速的微生物表面文库的筛选。

（三）优点和不足

鉴于流式细胞仪分析技术有快速、准确、高通量、多参数同时分析等优点，流式细胞仪分析技术已经在实验操作中占有了不可或缺的地位，但是流式细胞仪昂贵，普通实验室难以单独购买，因此流式细胞仪仍然不具备普遍性。为使流式细胞术的应用领域更广泛，科学家和仪器制造商应将研究的重点转向新型荧光染料开发、单克隆抗体技术、细胞制备方法以及提高电子信号处理能力上来。

二、高通量筛选技术

（一）基本原理

高通量筛选（high-throughput screening，HTS），又称大规模集群式筛选，是在基因组学，蛋白组学等学科推动下出现的一项高效率大规模的筛选技术。它以分子水平和细胞水平的实验方法为基础，以微板形式作为实验工具载体，以自动化操作系统执行试验过程，以灵敏快速的检测仪器采集实验结果数据，以计算机对实验数据进行分析处理，同一时间对数以千万样品检测，并以相应的数据库支持整体系运转的技术体系。

（二）应用

1. 高通量筛选蛋白质突变体 表面展示技术是筛选蛋白质突变体的高通量的筛选方法，特别是在抗体的筛选中非常普遍，具有高效，高敏感性的特点。包括噬菌体展示技术，核糖体和 mRNA 展示技术以及细菌表面展示技术。

2. 高通量筛选微生物 目前,使用移液工作站和 Qpix2 自动克隆挑取系统可以实现对微生物进行大规模的筛选。移液工作站是一个拥有 6 个操作平台的自动液体处理装置,与 8 个可换的分液头配合,拥有 0.1～300μl 的范围可供选择。QPix2 是一款多功能的挑克隆系统,可全自动快速完成挑克隆、点膜、复制等工作。首先,我们通过移液工作站将培养基加入到 96 孔板或者 384 孔板中。然后,将我们的样片涂布到 24cm×24cm 的培养基平板中。最后通过 Qpix2 自动克隆挑取系统将培养基平板上长出来的克隆挑取到事先准备好的 96 孔板或者 384 孔板中。通过 QPix2 的复制功能我们在很多的时间内可以筛选不同特性的微生物,从而达到快速高效筛选微生物的目的。

第二节　微生物的新型鉴定技术

微生物鉴定的传统方法主要是根据形态学特征,生理生化特征以及 DNA 碱基组成和分子杂交,为了更加精确的鉴定所研究的微生物,近些年又发展了许多新型的鉴定技术,包括 PCR-DGGE、PCR-SSCP 等。

一、PCR-DGGE(聚合酶链式反应-变性梯度胶凝电泳)

(一) 基本原理

变性梯度凝胶电泳(DGGE)是一种根据 DNA 片段的熔解性质而使之分离的凝胶系统。50%核酸发生变性时的温度称为该核酸的熔解温度(T_m),T_m 值主要取决于 DNA 分子中 GC 含量。DGGE 将凝胶设置在双重变性条件下:温度 50～60℃,变性剂 0～100%。当一双链 DNA 片段通过一变性剂浓度呈梯度增加的凝胶时,此片段迁移至某一点变性剂浓度恰好相当于此段 DNA 的低熔点区的 T_m 值,此区便开始熔解,而高熔点区仍为双链。这种局部解链的 DNA 分子迁移率发生改变,达到分离的效果。T_m 的改变很大程度上依赖于 DNA 序列,即使很小的变化也会引起 DNA 片段 T_m 值的改变,如单碱基替代可引起 1.5℃的差异。因此,DGGE 可以检测 DNA 分子中的任何一种单碱基的替代、移码突变以及少于 10 个碱基的缺失突变。为了提高 DGGE 的突变检出率,可以人为地加入一个高熔点区——GC 夹。GC 夹(GC clamp)就是在一侧引物的 5′端加上一个 30～40bp 的 GC 结构,这样在 PCR 产物的一侧可产生一个高熔点区,使相应的感兴趣的序列处于低熔点区而便于分析。因此,DGGE 的突变检出率可提高到接近于 100%。

作为一种突变检测技术,DGGE 具有如下的优点:①突变检出率高。DGGE 的突变检出率为 99%以上。②检测片段长度可达 1kb,尤其适用于 100～500bp 的片段。③非同位素性。DGGE 不需同位素掺入,可避免同位素污染及对人体造成的伤害。④操作简便、快速。DGGE 一般在 24 小时内即可获得结果。⑤重复性好。但是,该方法需要特殊的仪器,而且合成带 GC 夹的引物也比较昂贵。

(二) 应用

1. 分析微生物多样性 PCR-DGGE 可用于鉴定环境样本中微生物群落的分布,微生物群落中优势类群以及独特种群的遗传多样性。为了更准确地分析微生物群落,可将 DGGE 指纹与分类单元特定的寡核苷酸探针杂交,或对切下的 DGGE 条带序列分析来进一步鉴定菌落成员。

2. 监测微生物群落动态性 由于PCR-DGGE技术可同时分析多份样品，因此能够监测某些生境中微生物群落结构及其在时间和空间上的动态变化，从而，成为研究微生物群落动态的一种重要手段。此外，PCR-DGGE技术还有助于发现新的微生物物种。

二、PCR-SSCP

(一) 基本原理

聚合酶链式反应-单链构象多态(polymerase chain reaction-single strand conformation polymorphism，PCR-SSCP)技术是一种简单、快速的测定PCR反应产物中单碱基突变(点突变)的方法。在SSCP测定中，双链DNA通过变性成为单链DNA，变性后的单链DNA会按照其内部序列而呈现出一种独有的折叠构象，即使同样长度的DNA单链由于碱基顺序不同、甚至单个碱基的不同都会造成其构象的不同。这些单链DNA在非变性条件下，用非变性聚丙烯酰胺凝胶电泳分离，单链DNA的迁移率和带型，都取决于其折叠构象和电泳时的温度。其过程为PCR扩增靶DNA，将PCR产物变性后迅速复性，使之成为具有一定空间结构的单链DNA分子，进行非变性聚丙烯酰胺凝胶电泳，最后通过放射性自显影、银染或溴化乙锭显色分析结果。

近些年来，将DNA-SSCP分析改为RNA-SSCP分析，提高了该方法的准确性。其基本原理是：RNA有着更多精细的二级和三级构象，这些构象对单个碱基的突变很敏感，从而提高了检出率，其突变检出率可达90%以上。另外，RNA不易结合成双链，因此可以较大量的进行电泳，有利于用溴化乙锭染色。但该方法增加了一个反转录过程；还需要一个较长的引物，内含有启动RNA聚合酶的启动序列，从而相对地增加了该方法的难度。

(二) 应用

微生物分子流行病学的研究 由于PCR-SSCP技术能够准确有效地检测出样本中的细菌密度，细菌密度的变化很大程度反映出微生物由动物向人类转移的动态过程，因此PCR-SSCP技术是一种非常理想的检测致病菌的手段。

微生物分类学中的应用 由于PCR-SSCP技术操作具有简便快速，准确率高的特点，因此国内外诸多学者将这项技术应用于各种微生物的分类和鉴定中。目前已经建立了梭状芽孢杆菌、李斯特菌、假单胞菌以及肠杆菌等菌属的种特异性电泳图谱，广泛应用于微生物的分类和鉴定的研究中。

三、其他鉴定方法

(一) 基因组DNA的脉冲凝胶电泳(pulsed-field gel electrophoresis，PFGE)

通过脉冲场凝胶电泳以及琼脂糖包埋技术将微生物染色体DNA片段在设定好的方向变化的电脉冲的作用下进行电泳。通过计算机扫描和软件分析可以构建微生物基因组的PFGE图谱数据库，这个图谱数据库可以用于菌种的鉴定。由于PFGE正对整个基因组的多态性，可以适用于各种微生物。但是该方法比较费时，一般需要2～3天的时间，而且指纹的稳定性相对较差。

(二) 特定位点的限制性扩增片断长度多态性(locus-specific RFLP)

特定位点的限制性扩增片断长度多态性是采用专一性引物扩增目的片断，然后用多种限制性内切酶消化，经过电泳分离，根据片断的长度分布鉴定不同的菌种。常用的目的片断如16S rDNA、23S rDNA 以及16S～23S 间区的片断。该技术的优点是重复性好，程序简单，但是其鉴定能力较差。

(三) 扩增片断长度多态性(amplified fragment length polymorphism，AFLP)

扩增片段长度多态性(AFLP)是在 RFLP 基础上发展起来的一种检测 DNA 多态性的新方法。基因组 DNA 经限制性内切酶消化后产生一系列含黏性末端的限制性片段，这些片段在 T4DNA 连接酶的作用下与双链寡核苷酸接头连接，接着用选择性引物对限制性片段进行 PCR 扩增。其优点是重复性好、分辨率高、可靠性强，并迅速发展成为一个揭示有机体细微遗传差异的有利工具。但是 AFLP 操作技术水平要求高，用于构建快速鉴定菌种指纹数据库并不多见。

(四) DNA 测序分析

DNA 序列包含生物体的全部信息，从理论上分析 DNA 测序鉴定是菌株甚至菌株鉴定的标准。但实际可行的 DNA 测序鉴定只能针对染色体 DNA 非常小的一个片断，而且用于鉴定菌种的标准序列必须同时含有高变区和保守区，而满足条件的只有 16S rDNA 或 16S 和 23S rRNA 基因间区序列，但这两者测序鉴定又会得出不同的结论。

(五) 微量多项试验鉴定系统

微量多项试验鉴定系统是根据微生物的生理生化特征的鉴定结果，借助于电子计算机编码的分类鉴定软件来快速高效的鉴定微生物的种类。微量多项试验鉴定系统不仅能快速准确的鉴定微生物，而且省时省力，大大提高工作效率。目前常用的有 API 鉴定系统和 Enterotube 系统。

其中 API 鉴定系统有 API 20E 应用最为广泛，该系统的鉴定卡条分为 20 个彼此分隔的小室，每个小室都含有不同的脱水培养基、反应试剂、酶或底物等，代表着一个生理生化反应，用于鉴定细菌。当菌液加入到每一个小室中，经过培养，记录下 20 个小室的反应变色情况，根据反应变色情况与一直数据库比较来鉴定细菌的类型。

另外一个常用的是 Enterotube 系统。也称为肠道管系统。它的鉴定卡由 12 个分隔小室组成的一根塑料管组成的，其中每个小室装有不同的培养基琼脂斜面，能检测 15 项微生物的生理生化特性。鉴定细菌时，将塑料管的两端帽子移去，用接种丝从一端插入到管中，通过全部小室，再从另一端将接种环拉出从而使各个培养基都被接种。培养之后观察反应变色来确定细菌的类型。

第三节 微生物分类的技术方法

微生物分类学是研究微生物分类理论和技术方法的学科。现代的微生物分类学(microbial taxonomy)已从经典的按微生物表型进行分类的分类学发展到按微生物的亲缘关系和进化规律进行分类的系统微生物学(microbial systematics)阶段。微生物分类学通过研究微生物的描述(description)、鉴定(identification)、命名(nomenclature)和分类(classification),将未知个体划分到特定的分类单元(taxon)。微生物分类学研究的目的在于建立各种生物的信息存取系统,以便人们查考、认识和利用各种生物,同时探讨生物的系统发育,建立反映生物进化关系的自然分类系统,以揭示生物的本质特征及它们的内在联系和区别。

一、微生物的分类单元及命名

分类单元又称分类单位或分类类群,种以上的分类系统单元自上而下可依次分成7级:界(kingdom)、门(phylum)、纲(class)、目(order)、科(family)、属(genus)和种(species)。在以上7个主要级别中,必要时,各级都可补充若干辅助单元,如亚门、亚科和亚种等。

微生物的种(species)是一个基本的分类单元,是表型特征高度相似、亲缘关系极其接近、与属(genus)内的其他物种有着明显差异的一大群菌株的总称。微生物的种的命名一般采用双名法,即物种的学名有属名(generic name)和种加名(specific epithet)两部分组成。两者都是拉丁文名词或拉丁化的名词,书写时均斜体,属名首字母大写,而种加名首字母则不然。菌株(strain)是同种不同来源的纯培养物。菌株的名称由菌株所属菌种的种名和具有特定意义的代号组成。代号一般可用字母加编号表示。(字母多表示实验室、产地或特征等的名称,编号则表示序号等数字)。例如丙酮丁醇梭菌 *Clostridium acetobutylicum* ATCC 824(ATCC为美国典型培养物保藏中心 American Type Culture Collection 的缩写)。在微生物中,一个种只能用该种内的一个典型菌株(type strain)作为它的具体代表,而此典型菌株即成为该种的模式种(type species)。如丙酮丁醇梭菌的模式种为 *Clostridium acetobutylicum* ATCC 824。

二、微生物的分类系统

微生物主要包括原核微生物和真核微生物。国际上对于原核微生物的分类学研究的经典著作是《伯杰氏鉴定细菌学手册》(*Bergey's Manual of Determinative Bacteriology*),主要编者为美国学者 D. Bergey 等人。它已前后修订出版了11个版本,现已成为原核微生物分类学研究的权威佳作。《伯杰氏鉴定细菌学手册》把原核微生物分为古菌界(Archaeota)和细菌界(Bacteria)两界。古菌界包括2门、5组、8纲、11目、17科和63属,共有208种。而细菌界则包括16门、26组、27纲、62目、163科和814属,共有4727种。目前对于真核微生物的分类学研究,学术界较广泛采用的是《安·贝氏菌物词典》(*Ainsworth and Bisby's Dictionary of Fungi*)的分类系统。《安·贝氏菌物词典》第八版中将真核微生物分为原生动物界(Kingdom Protozoa)、假菌界(Kingdom Chromista)和真菌界(Kingdom Fungi)这个三个界。原生动物界包括集胞黏菌门、网柱黏菌门、黏菌门和肿根菌门。假菌界包括丝壶菌门、网黏菌门和卵菌门。真菌界包括子囊菌门、担子菌门、壶菌门、接合菌门以及有丝孢真菌类。

三、微生物分类鉴定的方法

通常可把微生物的分类鉴定方法主要分成四个不同的水平,即微生物形态学及习性研究、细胞组分水平分析、蛋白质水平分析和核酸水平分析。

(一) 微生物形态学及习性研究

微生物形态学及习性的研究包括观察细胞个体的形态、大小、排列、运动性、排列构造和染色反应等,细胞群体在固体、半固体培养基或液体培养基中的生长状态;考察其生长温度,与氧气、pH、渗透压的关系,宿主种类以及与宿主关系等生态习性;测试其各种生理生化反应:对碳源、氮源、生长因子等的营养要求,菌株产酶的种类和反应性质,菌株代谢产物的种类、产量、颜色和显色反应等以及其对抗生素等药物的敏感性;菌株的生活史以及有性生殖情况等。

(二) 细胞组分水平分析

细胞组分水平分析主要包括细胞壁化学成分、全细胞水解液的糖型、磷酸类脂成分、枝菌酸(mycolic acid)结构以及醌类组分等成分的分析。原核微生物细胞壁成分的分析,对菌种的鉴定有一定的作用。根据不同细菌和放线菌的肽聚糖分子中肽尾第三位氨基酸的种类、肽桥的结构以及与邻近肽尾交联的位置,就可把他们分成 5 类:①第三位为内消旋二氨基庚二酸(meso-DAP),与邻近肽尾以 3-4 交联者,如 *Nocardia*(诺卡菌属)和 *Lactobacillus*(乳杆菌属)中的某些种;②第三位为赖氨酸(Lys),与邻近肽尾以 3-4 交联者,如 *Streptococcus*(链球菌属)、*Staphylococcus*(葡萄球菌属)和 *Bifidobacterium*(双歧杆菌属)中的某些种;③第三位为赖氨酸 *L*-DAP,与邻近肽尾以 3-4 交联者,如 *Streptomyces*(链霉菌属)中的某些种;④第三位为 *L*-鸟氨酸,与邻近肽尾以 3-4 交联者,如 *Lactobacillus* 和 *Bifidobacterium* 属中的某些种;⑤第三位氨基酸的种类不固定,肽桥由一个碱性氨基酸组成,它位于甲链第二位的 *D*-Glu 与乙链第四位的 *D*-Ala 的羧基间者,如 *Athrobacter*(节杆菌属)和 *Corynebacterium*(棒杆菌属)中的某些种。放线菌的全细胞水解液可分 4 类主要糖型:①阿拉伯糖、半乳糖,如 *Nocardia*;②马杜拉糖,如 *Actinomadura*(马杜拉放线菌属);③无糖,如 *Thermoactinomyces*(高温放线菌属);④木糖、阿拉伯糖,如 *Micromonospora*(小单孢菌属)。位于细菌、放线菌细胞膜上的磷酸类脂成分,在不同属中有所不同,可用于鉴别属的指标。*Nocardia*、*Mycobacterium*(分枝杆菌属)和 *Corynebacterium* 三属称"诺卡菌形放线菌",他们在形态、构造和细胞壁成分上难以区别,但三者所含枝菌酸的碳链长度差别明显,分别是 80、50 和 30 个碳原子,故可用于分属。原核微生物有的含有甲基萘醌(menaquinone,即维生素 K),有的含泛醌(ubiquinone,即辅酶 Q),它们在放线菌鉴定上有一定的价值。

(三) 蛋白质水平分析

蛋白质水平分析主要包括使用血清学反应和全细胞蛋白凝胶电泳获得的蛋白质"指纹"图谱分析等。细菌细胞和病毒等都含有蛋白质、脂蛋白、脂多糖等具有抗原性的物质,由于不同微生物抗原物质结构不同,赋予它们不同的抗原特征,一种细菌的抗原除了可与它自身的抗体其特异性反应外,若它与其他种类的细菌具有共同的抗原组分,它们的抗原和抗体之间就会发生交叉反应。因此,我们可以在生物体外进行不同微生物之间抗原与抗体反应试验—血清学试验来进行微生物的分类和鉴定。例如,根据鞭毛抗原(H 抗原)将苏云金芽孢杆菌分成 40 多个血清型,根据荚膜抗原将肺炎链球菌(*Streptococcus pneumoniae*)分成近百个血清型,根据菌体(O)抗原、H 抗原和表面(Vi)抗原将沙门菌属细菌分成约2000个血清型等。由于某些传染病与特定的血清型密切相关,其分布也有一定的区域性特征,所以血清型的划分在流行病的研究中有重要意义。

利用单向电泳、双向电泳或等电聚焦电泳等方法,可以对一个细菌、一个孢子或菌丝的全部可溶性蛋白进行电泳分离,染色后制成该微生物的蛋白质"指纹",通过比较不同种或株间的"指纹"图,再借助于数学方法,最后可以确定它们之间的相关程度。单向凝胶电泳分析全细胞可溶性蛋白是较常应用的方法,电泳染色后,根据可溶性蛋白带的数目和相同区带数,利用 $Sd=2m/(a+b)\times 100\%$ 求出菌株间的相似系数($Sd=$两菌株间的相似系数,$m=$两菌株间相同的蛋白带数,$a=a$ 菌株的蛋白带数,$b=b$ 菌株的蛋白带数)。以 Sd 为基础进行聚类分析,最后画出聚类分析树状图,从图中就可以看出各菌株间的亲缘关系。

(四)核酸水平分析

核酸水平分析主要包括微生物基因组 DNA 的 GC 含量的分析、核酸分子杂交分析、基于16S/18S rRNA 基因等序列构建的系统发育学(phylogenetics)分析和基于 PCR 技术的分类分析等。

1. 基于基因组 DNA 的 GC 含量的分析 DNA 分子含有四种碱基:腺嘌呤(A)、鸟嘌呤(G)、胞嘧啶(C)和胸腺嘧啶(T)。DNA 的碱基组成和排列顺序决定生物的遗传形状,所以 DNA 碱基组成是各种生物的一个稳定的特征。在分类学上,用 G+C 占全部碱基的物质的量的百分数(G+C)%来表示各类生物的 DNA 碱基组成特征。每一种生物都有一定的碱基组成,亲缘关系近的生物,它们应该具有相似的 G+C 含量,若不同生物之间 G+C 含量差别大表明它们关系远。目前虽然还没有统一的界定各级分类单元的 G+C 含量标准,但大量资料表明:同一种类的不同菌株 G+C 含量差别应在 4%~5%以下(测定方法本身的误差可能高达 2%);同属不同种的差别应低于 10%~15%,通常低于 10%。所以 G+C 含量已经作为建立新的微生物分类单元的一项基本特征,它对于种、属甚至科的分类鉴定有重要意义。测定 DNA 的 G+C 含量的方法有很多,常用的有热变行温度法、浮力密度法和高效液相色谱法。在细菌分类中,由于热变性温度法操作简单、重复性好而最为常用。这种方法的基本原理是:将 DNA 溶于一定离子强度的溶液中,然后加热,当温度升到一定的数值时,两条核苷酸链之间的氢键逐渐被打开(DNA 开始变性),从而使 DNA 溶液在260nm 处的紫外吸收显著增加(DNA 增色效应),当温度高达一定值时,DNA 完全分离成单链,从后继续升温,DNA 溶液的紫外吸收也不再增加。DNA 的热变性过程(即增色效应的出现)是在一个狭窄的温度范围内发生的,紫外吸收增加的中点值所对应的温度称为该 DNA 的热变性温度或熔解温度(T_m:melting temperature)。在 DNA 分子中,GC 碱基对之间有 3 个氢键,而 AT 碱基对之间只有 2 个氢键,因此,若细菌的 DNA 分子 G+C 含量高,其双链的结合就比较牢固,使其分离成单链就需较高的温度。在一定离子浓度和一定 pH 的盐溶液中,DNA 的 T_m 值与 DNA 的 G+C 含量成正比,因此,只要用紫外分光光度计测出一种 DNA 分子的 T_m 值,就可以计算出该 DNA 的 G+C 含量。

2. 基于核酸分子杂交分析 生物的遗传信息以碱基排列顺序形式线性地排列在 DNA 分子中,不同生物 DNA 碱基排列顺序的异同直接反映这些生物之间亲缘关系的远近。由于目前尚难以普遍地直接分析比较 DNA 的碱基排列顺序,所以分类学上目前主要采用较为间接的比较方法——核酸分子杂交(hybridization),来比较不同微生物 DNA 碱基排列顺序的相似性进行微生物的分类。核酸分子杂交在微生物分类鉴定中的应用包括:DNA-

DNA 杂交、DNA-rRNA 杂交以及根据核酸杂交特异性原理制备核酸探针，而目前应用的最为广泛的是 DNA-DNA 杂交。DNA-DNA 杂交的基本原理：对双链结构的 DNA 分子进行加热处理时，互补结合的双链可以离解成单链，即 DNA 变性；若将变性了的 DNA 分子进行冷却处理时，已离解的单链又可以重新结合成原来的双链 DNA 分子，这一过程叫 DNA 复性。不仅同一菌株的 DNA 单链可以复性结合成双链，来自不同菌株的 DNA 单链，只要二者具有同源互补的碱基序列，它们也会在同源序列之间互补结合形成双链，这就称之为 DNA-DNA 杂交。两个菌株之间的 DNA 杂交率就越高，它们之间的亲缘关系也就越近。大量的研究数据表明：不同种(genus)之间的 DNA 杂交率往往低于 70%。

3. 基于系统发育学(phylogenetics)**分析** 要按照生物的亲缘关系进行系统分类主要依赖于生物的形态结构、生理生化、行为习性等表型特征以及少量的化石资料。而对于微生物，由于其形态微小，结构简单，缺少有性繁殖过程，化石资料更是凤毛麟角，这使得仅仅依靠表型特征无法解决微生物的系统发育问题，必须寻找新的特征作为生物进化的指征。而大量的研究表明，蛋白质、RNA 和 DNA 序列进化变化的显著特点是进化速率相对恒定，也就是说，分子序列进化的改变量(氨基酸或核苷酸的替换数或替换百分率)与分子进化的时间成正比。因此，这些生物大分子被看做是进化钟(evolutionary clock)。而 16S/18S rRNA 基因普遍存在于真核和原核生物中，参与生物蛋白质合成而生理功能既重要又恒定，相对分子质量大小适中，而且其分子既含有高度保守的区域，又有中度保守和高度变化的序列区域，因此 16S/18S rRNA 基因非常适合于进化距离不同的各类生物亲缘关系的研究。目前微生物的系统分类往往通过基于 16S/18S rRNA 基因序列构建的系统发育树(phylogenetic tree)来进行分析，通过序列测序和核酸数据库(NCBI)获得具有一定相似度的 16S/18S rRNA 基因序列集群后，由计算软件(例如：MEGA)进行序列比对，使各分子的序列同源位点一一对应，然后按照一定的算法计算各分子序列的相似性或进化距离，并在此基础上构建系统发育树。通过构建的系统发育树，各个 16S/18S rRNA 基因序列对应的菌株之间的进化距离和亲缘关系即可清晰直观地显现出来，通过系统进化树上各菌株的亲缘关系，我们即可对目标菌株进行初步的分类分析。使用基于 16S/18S rRNA 基因序列构建的系统发育树进行微生物的分类学研究，只需要获得目标菌株的 16S/18S rRNA 基因序列，方法简单快速，分析获得的结果通常能够对使用其他分类方法进行菌株分类研究提供较为准确的指导，而且两者得出的结论往往可以互相印证。

16S rRNA 基因序列同源性的应用不仅发现了古菌，同时还揭示了细菌域各菌群间的系统发育关系。但是 16S rRNA 基因在原核生物中高度保守，对于相近种或同一种内的不同菌株之间的分辨率低。23S rRNA 基因分子比较大(约 3kb 左右)，只有少数菌种的序列被报道，尚未在细菌的分类和鉴定中得到广泛应用。16S～23S rRNA 基因间区(Intergenic Spacer region，ISR)由于没有特定功能核进化速率比 16S rRNA 基因大 10 倍，近年来在细菌鉴定核分类方面备受关注。一些细菌的 16S～23S rRNA ISR 的数目、大小核序列已经报道，它们之间的不同使其在细菌系统发育学，特别是相近种和菌株的区分和鉴定方面成为一个热点。

4. 基于 PCR 技术的分类分析 基于 PCR 技术的分类学分析主要包括：限制性片段长度多态性(restriction fragment length polymorphism，RFLP)、随机引物扩增多态性(random amplified polymorphic DNA，RAPD)和扩增片段长度多态性分析(amplified fragment length polymorphism，AFLP)等。限制性片段长度多态性(RFLP)即利用 PCR 技术

扩增普遍存在于细菌中的保守基因区域，再用特异的限制性内切酶对得到的特殊基因片段进行酶切、电泳和图谱分析。用于这一目的的特殊基因主要是核糖体 RNA 基因，即 16S rDNA、23S rDNA 和 16S～23S rDNA 基因的间隔区序列。随机引物扩增多态性（RAPD）的理论依据是不同的基因组中与随意引物匹配的碱基序列的位点和数目可能不同，因而用一组人为设计的核苷酸作为引物，通过 PCR 随机扩增可产生物种特异性的 DNA 带谱。因此，RAPD 技术可用于细菌种间、亚种间乃至株间的亲缘关系分析，未知菌株的快速鉴定和流行病学调查等。扩增片段长度多态性分析（AFLP）首先采用一对限制性内切酶（通常是一种寡位点酶与一种多位点酶结合）消化染色体 DNA，产生一系列 DNA 限制性内切酶片段，以此为模板，利用特殊设计的选择性引物扩增，对扩增产物进行聚丙烯酰胺凝胶分离和染色后得到的图谱即为 AFLP 指纹图谱。

5. 细菌系统分类 随着分子生物学理论和技术的发展，产生了很多新的细菌分类方法，其中根据序列同源性分析来进行分类的方法使人们对微生物的认识更加深入。

生物分类学家和进化论者根据各类生物间的亲缘关系的远近，把各类生物安置在进化树上，简明地表示生物的进化历程和亲缘关系。构建序列进化树的主要步骤是比对，建立取代模型，建立进化树以及进化树评估。其中建立比对模型是构建进化树的基础，而建立一个比对模型的首要工作是选择合适的比对序列，然后从比对结果中提取系统发育的数据集。

传统上根据细菌 16S rRNA 全序列结果来构建系统发育无根树，但是 16S rRNA 序列分析也有其局限性，从单一分子序列推测整个生物界的系统进化容易产生误差，并且 16S rRNA 序列同源性更适用于属以上分类单元，对于属以下分类单元分辨率明显低。同时由于在原核生物找存在广泛的水平基因转移和基因丢失现象，利用一套同源基因构建出的进化树不是非常可靠。随着更多的全基因组测序结果的获得，出现了很多基于基因组序列进行的系统进化树的构建方法。①基于同源基因家族存在或缺失的基因组系统发育分析。这种方法通过类似于生物形态学特征来决定其系统发育地位，但是与形态特征不同的是，同源基因是由共同的祖先基因进化而来，因此具有高度的相似性，可以避免协同进化造成的影响。②基于基因含量的基因组系统发育分析。这种方法将两个物种共同含有的基因数目与两个物种中较小基因组物种含有的全部基因组数的比值定义两个物种的相似性。③基于完整基因组同源基因相似度分布的系统发育分析。④基于核糖体蛋白组合比对的系统发育分析。⑤基于基因进化率分布的基因组系统发育分析。⑥基于序列特征的系统发育树分析。⑦多个蛋白质家族进化树的比较分析。

这些基于全基因组的系统发育分析方法可以降低有单个基因构建方法引起的不一致性，将更可能多的数据组合在一起，可以放大系统发育信号，降低噪声，增强系统分类的正确性。

6. 多相分类学 目前对于未知菌株的分类鉴定研究，仅仅从一个水平上进行分析是远远不够的，而需要进行多相分类学（polyphasic taxonomy）研究分析，即同时进行多个分类水平上的研究，系统性整合尽可能都的数据，进行综合比较分析和归纳，最终将未知菌株正确地划分到适合的分类单元中，并对其进行科学合理的命名。

执笔：周　成、董红军、翟　磊、高成华

讨论与审核：董红军、周　杰

资料提供：朱林江、董红军、翟　磊

参 考 文 献

胡巍 . 1995. 生物技术的发展与微生物分类 . 淄博师专学报,4:64～70

鲁辛辛,刘向祎,李大为 . 2003. 微生物分类鉴定的方法学进展 . 中国实验诊断学,7:201～207

沈萍 . 2003. 微生物学 . 北京:高等教育出版社

孙瑞,吴琳 . 2004. 微生物分子分类方法的简述 . 郑州铁路职业技术学院学报,16:58～60

周德庆 . 2002. 微生物学教程 . 北京:高等教育出版社

Aris P. 1998. High-throughput screening. Industry Trends. 16:p488

Brown,J. R,W. F. Doolettle. 1997. Microbiol. Mol. Bol. Rev,61:456～502

Danilo E. 2004. PCR-DGGE fingerprinting: novel strategies for detection of microbes in food. Journal of Microbiological Methods,56:297～314

Daugherty PS,Olsen MJ,Iverson BL. 1999. Development of an optimized expression system for the screening of antibody libraries displayed on the *Escherichia coli* surface. Protein Eng,7:613～621

Hayashi K. 1991. PCR-SSCP: a simple and sensitive method for detection of mutations in the genomic DNA. PCR Methods and Applications,1:34～38

Hayashi K. 1992. PCR-SSCP: A method for detection of mutations. Genetic Analysis: Biomolecular Engineering,9:73～79

James EM,Stephan B,Justin PC,et al. 2001. PCR-SSCP comparison of 16S rDNA sequence diversity in soil DNA obtained using different isolation and purification methods. FEMS Microbiology Ecology,36:139～151

Martinez OV,Gratzner HG,Malinin TI,*et al* . 1982. The effect of some beta-lactam antibiotics on *Escherichia coli* studied by flow cytometry. Cytometry,2:129～133

Nico B,Wim DW,Willy V,Eva M. 2002. Evaluation of nested PCR DGGE(denaturing gradient gel electrophoresis) with group-specific 16S rRNA primers for the analysis of bacterial communities from different wastewater treatment plants. FEMS Microbiology Ecology,39:101～112

Niemi RM,Ilse H,Kaisa W,et al. 2001. Extraction and purification of DNA in rhizosphere soil samples for PCR-DGGE analysis of bacterial consortia. Journal of Microbiological Methods,45:155～165

Ordonez JV, Wehman NM. 1993. Rapid flow cytometric antibiotic susceptibility assay for *Staphyloccus aureus*. Cytometry,7:811～818

第二章

微生物显微成像技术

绝大多数微生物的大小都远远低于肉眼的观察极限，一般必须借助显微镜放大系统才能看到它们的个体形态和内部构造，因此，显微镜在微生物学研究过程中起非常重要的作用。从整个微生物的形态到单个细胞，到细胞亚细结构，到大分子间的相互作用、大分子结构与功能、大分子构象及微生物生命过程的研究都离不开显微成像技术。可以说微生物学领域的发展历程是伴随显微成像技术的发展而发展的。显微技术的发展推动了微生物学的发展，而微生物学领域研究的深入，又向显微成像技术提出新的要求。没有某种成像技术可以满足所有要求，所以需要多领域科学家的共同努力。本章对微生物学领域常用及近年来新发展的显微成像经技术加以介绍。

第一节　不同显微成像技术的工作原理、优缺点及使用对象

近几十年来现代科学技术的飞速发展，使显微镜的研究和制造技术得以快速发展，不仅其精密度和分辨力大大提高，而且制造出了适用于各种用途的显微镜。如前文所述，显微成像主要分为光学显微镜(optical microscope)和电子显微镜(electron microscope)两大类。而光学显微镜和电子显微镜又根据不同需求，发展出一系列具有不同功能、适合观察不同细胞、细胞结构，甚至适合生物大分子的显微成像技术。

一、光学显微镜

通常所说的显微镜多指光学显微镜。光学显微镜利用透镜放大物象送到眼睛或成像仪，可以观察细胞大小的物品，分辨率可达 1μm。随着所用光源的发展，光学显微镜发展为可见光显微镜和不可见光显微镜两大类。

(一) 可见光显微镜

可见光显微镜是指利用光中的可见光部分(380～760nm 波长范围)形成像的显微镜。由于光学显微镜使用的照明技术不同，可见光显微镜又由普通光学显微镜发展出有特殊功能的特殊类型显微镜。

1. 明视野显微镜　即普通显微镜，它是显微镜中最基本最普遍的类型。其他各种类型的特种显微镜都是由它演变而来的。

2. 暗视野显微镜　其工作原理是利用特殊的集光器使照明光线不能直接进入物镜，只让标本表面的散射光进入物镜，而整个视野是暗的。暗视野显微镜能够观察到明视野显微镜所无法分辨的微小颗粒(0.1～0.01μm)，多用于观察微生物。因此，暗视野显微镜是应观察更小微生物、需要更高的分辨率的要求发展而来的。

暗视野显微镜不具备观察物体内部的细微结构的功能，但可以分辨 0.004μm 以上的微粒的存在和运动，因而常用于观察活细胞的结构和细胞内微粒的运动等。暗视野显微镜在普通的光学显微镜上换装暗视野聚光镜后，由于该聚光器内部抛物面结构的遮挡，照射在待检物体表面的光线不能直接进入物镜和目镜，仅散射光能通过，因而视野是黑暗的。操作者通过目镜观察到的，是待检物体的衍射光图像(图 2.2.1)。

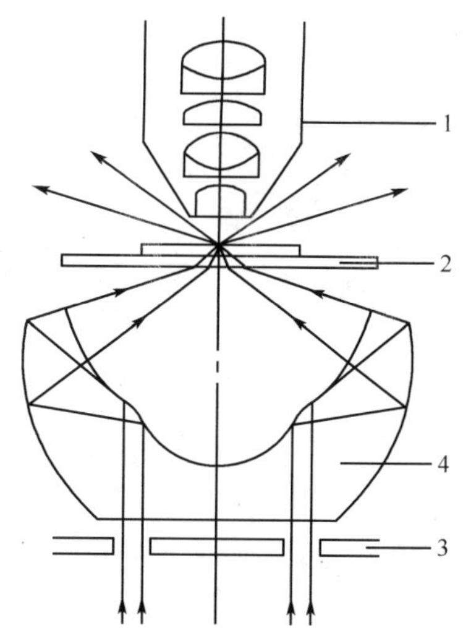

图 2.2.1 暗视野显微镜

1. 物镜；2. 样本；3. 环状缝隙；4. 暗视场聚光镜

3. 荧光显微镜 荧光显微镜是利用细胞内物质发射的荧光强度对其进行定性和定量研究的一种光学工具。细胞内的荧光物质有两类，一类直接经紫外线照射后即可发荧光，如叶绿素等；另有一些物质本身不具这一性质，但如果以特定的荧光染料或荧光抗体染色，经紫外线照射后亦可发荧光。

荧光显微镜的原理为利用一个高发光效率的点光源(如超高压汞灯)，经过滤色系统发出一定波长的光(如紫外光 3650λ 或紫蓝光 4200λ)作为激发光，激发标本内的荧光物质发射出各色的荧光后，再通过物镜后面的阻断(或压制)滤光片的过滤，最后经由目镜的放大作用加以观察。阻断滤光片的作用有二：一是吸收和阻挡激发光进入目镜以免干扰荧光和损伤眼睛；二是选择并让特定的荧光透过，表现出专一的荧光色彩。荧光显微镜按照光路原理可分为两种：

透射式荧光显微镜：较为旧式的荧光显微镜，其激发光源通过聚光镜穿过标本材料来激发荧光。其优点是低倍镜时荧光强，而缺点是随放大倍数增加其荧光减弱。所以它仅适用于观察较大的标本材料。

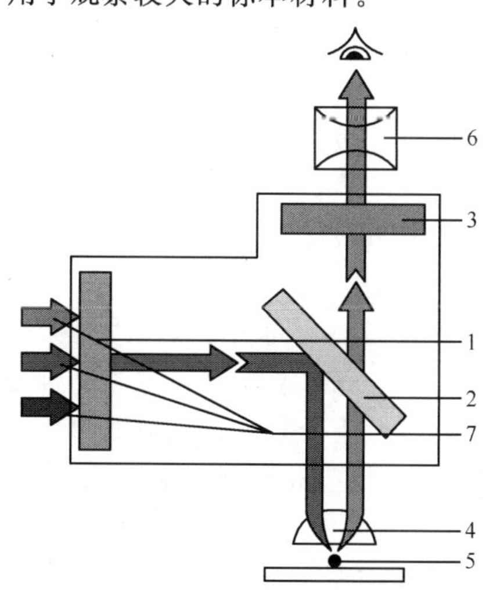

图 2.2.2 落射式荧光显微镜光源原理图

1. 激发滤光片；2. 双色束分离器；3. 阻断滤光片；4. 物镜；5. 镜检对象；6. 目镜；7. 光源

落射式荧光显微镜：激发光从物镜向下落射到标本表面，即用同一物镜作为照明聚光器和收集荧光的物镜(图 2.2.2)。

荧光显微镜通过荧光物质标记细胞中的特定成分或结构，不仅图像与对比度增强，而且由于许多荧光显微镜的光源时使用短波长的紫外光，从而大大提高了分辨率。但当所观察的荧光标本稍厚时，普通荧光显微镜不仅接收焦平面上的光量，而且来自焦平面上方或下方的散射荧光也被物镜接收，这些来自焦平面以外的荧光使观察到的图像反差和分辨率大大降低。

4. 相差显微镜 其成像原理是使光波通过样品时波长与振幅发生变化，以增大物体的明暗反差，这种显微镜具有特殊的相机集光器和相差物镜，主要用于观察活细胞、不染色的组织切片或缺少反差的染色标本。人眼只能鉴别可见光的波长(颜色)和振幅的变化，不能鉴别相位的变化。而大多数生物标本高度透明，光波通过后振幅基本不变，仅存在相位的变化。相差显微镜基本把透过标本的可见光的光程差变成振幅差，从而提高了各种

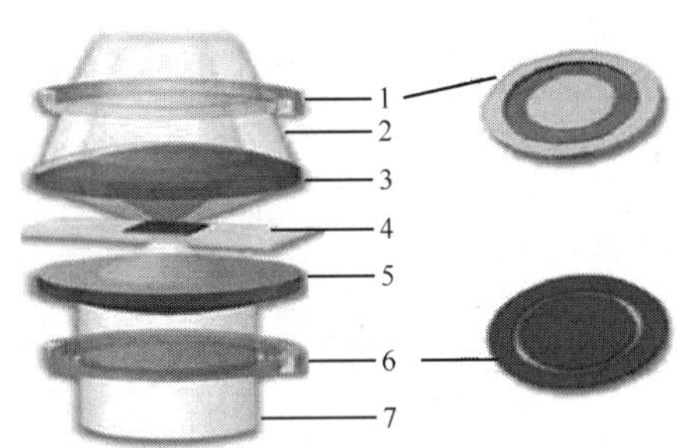

图 2.2.3 相差显微镜原理

1. 相位板；2. 发生偏离的光；3. 物镜；4. 样本；5. 聚光器；6. 环形光阑；7. 光源

结构间的对比度，使各种结构变得清晰可见。光线透过标本后发生折射，偏离了原来的光路，同时被延迟了 1/4λ(波长)，如果再增加或减少 1/4λ，则光程差变为 1/2λ，两束光合轴后干涉加强，振幅增大或减下，提高反差(见图 2.2.3)。

5. 干涉相差显微镜 其成像原理是通过标本的光线和通过标本之外的光线发生干涉并把光的相位变化变为振幅变化，从而可以观察染色或未染色物体的更细微结构并能测定标本中干物质的含量。

6. 偏光显微镜 利用偏振光原理来观察具有双折射特性物质的显微镜。这种显微镜在生物学中可用于观察和研究具双折射特性的纤维蛋白、淀粉粒等显微结构。

(二) 不可见光显微镜

它是近二十年内发展起来的特殊用途的显微镜。利用光谱中可见光部分以外的非可见光形成像的显微镜都属于不可见光显微镜。由于所用光源不同，发展出以下几种类型。

1. 红外光显微镜 红外显微成像诞生于 20 世纪 90 年代中期，是刚刚兴起的一种显微成像技术，由于其特有的功能而备受关注。红外光显微镜原理是使用波长在 760～1500nm 范围内的红外光成像，可以使可见光观察不透明的一些物质变得透明。

红外显微成像技术是将显微镜技术应用到红外光谱仪中，将显微镜的直观成像和红外光谱的官能团化学分析相结合，它不仅能对物体进行形貌成像，还能提供物体空间各个点的光谱信息。

红外显微成像技术是一种快速、无损、无污染的检测技术，具有图谱合一、微区化、可视化、高精度和高灵敏度等优点。该技术制样时无需溴化钾压片、也不需要添加、任何稀释剂，能反映样品的本质光谱，能够选择样品的不同部位的红外光谱图像进行分析，从而得到测量位置处物质的分子结构、功能团信息及微区中某化合物含量的空间分布信息。对于非均相固体混合物，不需要分离，可直接测试并鉴定各个组分。随着计算机技术和多媒体图视功能的运用，红外显微成像技术得以迅速发展，其应用的领域也越来越广泛。目前该技术已经运用到生物医学、微生物学、法庭科学、材料学。

红外显微镜按其光路系统的差异，分为非同轴光路红外显微镜和同轴光路红外显微镜两大类。非同轴光路红外显微镜是较早推出使用的一类红外显微镜，具有透射式和反射式两种操作功能。同轴光路红外显微镜是另一类红外显微镜，也具有透射式和反射式两种操作模式，也可以采用衰减全反射模式，即根据所测样品的形态、性质和测试要求，可以选择透射、反射、衰减全反射三种测试模式。透射模式是测定样品的主要方法，可提供最好的信噪比，适用于测试透光性较好的样品，如厚度小于 20μm 的薄膜、固体切片；反射模式是效率较高的一种测试方法，适用于测定背景比较光亮、光反射较强的样品，如微小颗粒样片；衰减全反射模式，在某些情况下是必不可少的一种测量方法，适用于测定需进行表面成分或表面污染物分析的样品。

红外显微成像技术在微生物学鉴定不同菌株方面有重要作用，对其早期识别和诊断是必不可少的。改变固体琼脂培养基中葡萄糖的浓度，可以观察到光谱的异质性与葡萄糖摄取的不同相关，在菌落中央衰老细胞的吸收谱峰低于在菌落周围、新陈代谢快的细胞的吸收谱。由此可见显微红外成像技术具有巨大识别和区分潜力，为微生物学领域最常见微生物鉴定开发了一种快速、便捷、节约时间和金钱的方法。

除上述优点外，和所有的显微成像技术一样，红外显微成像技术也有一定的局限性。首先，对操作的要求比较高。红外显微成像技术具有图谱合一的特点，而影响图谱质量的因素很多且具有不确定性，所以需要积累丰富的经验，消除影响图谱的不利因素，以获得更准确可靠的图谱信息。其次，红外显微成像技术能够获得大量的数据，增加了数据存储和分析的难度。面对不同的测试样品，其对应的特征波段和数学处理方法不完全相同。所以需要选取合适的特征波段和数据处理方法进行数据分析。再次，红外显微镜的放大倍数比较低，一般不超过35倍，使该技术不能用于更加微观的研究。最后，由于很难有方法对微小而微量的标准品进行定量分析，而限制了红外显微成像技术在定量分析上的应用。另外，目前红外显微成像系统比较昂贵，进行相关技术研究的单位还不多，限制了这项技术的广泛应用。

2. X 射线显微镜 为了便于研究较厚标本的空间结构，如含水多的生物样品、微生物细胞等，发展了 X 射线显微镜。其工作原理是利用波长极短(0.01～100Å)而具强大穿进力的 X 射线来成像。

3. 共聚焦显微镜 利用镭射光作为光源，以达到特殊观察要求的光学显微镜。共聚焦显微镜是近几年发展起来的，功能强大的显微成像技术，详见第二节。

二、电子显微镜

电子显微镜是利用高速运动的电子束来代替光波的一种显微镜。光学显微镜下只能清楚地观察大于0.2μm的结构。要想看清小于0.2μm的更细微的亚显微结构或超微结构，就必须选择波长更短的光源，以提高显微镜的分辨率。电子束的波长要比可见光和紫外光短得多，并且电子束的波长与发射电子束的电压平方根成反比，也就是说电压越高波长越短。因此电子显微镜的分辨率远高于光学显微镜，目前可达0.2nm，放大倍数可达80万倍。电子显微镜按结构和用途可分为透射式电子显微镜、扫描式电子显微镜、反射式电子显微镜、发射式电子显微镜和冷冻电镜等。其中生物学研究中使用最为广泛的是透射式、扫描式电子显微镜和冷冻电镜。透射式电子显微镜常用于观察那些用普通显微镜所不能分辨的细微物质结构；扫描式电子显微镜主要用于观察固体表面的形貌；而冷冻电镜是研究生物大分子三维结构的有力工具。在第三节中有关于三种电镜的详细论述。

第二节　光学显微成像技术的最新发展

自从早期生物学家借助光学显微技术研究细胞结构，当传统的光学显微镜不能满足人们的研究需要时，非线性光学显微镜以其独特的成像优势走上历史舞台。近年随着荧光标记技术的出现，fs(飞秒)激光器的发展，使共激光聚焦扫描显、双光子激发激光扫描和全内反射荧光等先进显微镜相继出现，实现从单细胞和单分子水平上了解物质之间的相互作用，以解释生命过程，为现代微生物学领域的深入研究提供了强有力的研究工具。

一、激光共聚焦扫描显微镜(confocal laser scanning microscope,CLSM)

20 世纪 50 年代,Minsky 发明了共聚焦显微成像方法,但直到 20 世纪 70 年代,激光光源和计算机技术的发展才使共聚焦技术真正得以实现。激光共聚焦扫描显微镜发展至今,已经不再是普通的光学显微镜,而是光学显微镜与激光、高灵敏度探测器、高性能计算机和数字图像处理软件相结合的新型高精度显微成像系统。

(一) 激光共聚焦扫描显微镜的基本特点

观察方式以荧光为主;光源为激光、紫外、可见光、近红外;照明方式为点照明和逐点扫描;成像方式为共聚焦和逐点成像;输出方式为实时观测和数字化图像,可以进行图像处理和定量分析多重染色样品的观察。

(二) 激光共聚焦扫描显微镜成像基本原理

采用点光源照射标本,在焦平面上形成一个轮廓分明的小的光点,该点被照射后发出的荧光被物镜收集,并沿原照射光路回送到由双向色镜构成的分光器。分光器将荧光直接送到探测器。光源和探测器前方都各有一个针孔,分别称为照明针孔和探测针孔。两者的几何尺寸一致,约 100～200nm;相对于焦平面上的光点,两者是共轭的,即光点通过一系列的透镜,最终可同时聚焦于照明针孔和探测针孔。这样来自焦平面的光,可以会聚在探测孔范围之内,而来自焦平面上方或下方的散射光都被挡在探测孔之外而不能成像。以激光逐点扫描样品,探测针孔后的光电倍增管也逐点获得对应光点的共聚焦图像,转为数字信号传输至计算机,最终在屏幕上聚合成清晰的整个焦平面的共聚焦图像。因为光源针孔和检测针孔位于共轭面上,所以由光源针孔发出激发光进而产生的荧光可以准确无误地被检测针孔接受到,物镜焦平面之外被激发光激发的样品处所发出的自发荧光和干扰光由于其焦点并不在检测针孔上,因而大多被检测光阑挡住。因此共聚焦技术可以极大地提高成像的轴向分辨率。在光源针孔处可以设置小的机械转动镜片,开启这些小镜片转动时,可以在样品上进行二维的图像扫描,再调节物镜或载物台的轴向位置就可以得到样品不同层面的二维扫描图像,经过相应的软件处理可以把上述这些不同层面的光学切片整合起来,得到三维重建图像(图 2.2.4)。共聚焦技术的局限性主要有两方面:第一,由于激发光需要一定的强度,以使之足以激发出荧光,但是长时间的照射会使荧光样品的能级结构改变,使荧光染料漂白;第二,光毒现象,强激光照射下很多荧光染料分子会产生单态氧或自由基细胞毒素。共聚焦针孔隔除了大部分焦平面之外的弥散荧光,但激发光仍可在这些区域造成严重的漂白和光毒性。

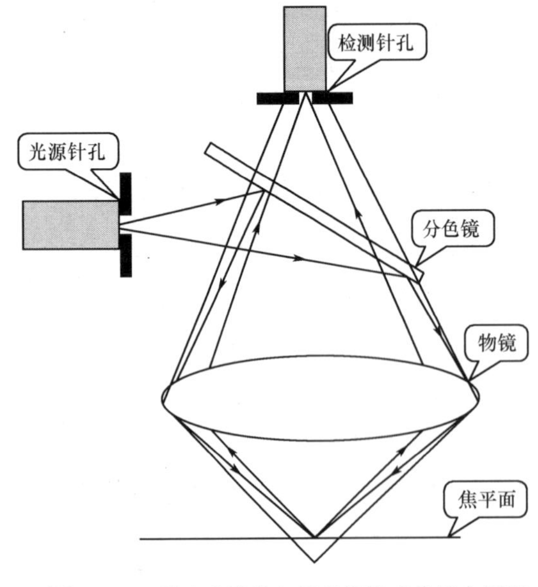

图 2.2.4　激光共聚焦扫描显微镜成像基本原理

（三）激光共聚焦扫描显微镜的优缺点

一般荧光显微镜对于薄样品可获得清晰的图像，但当样品较厚时，物平面之外的荧光分子也会被激发，而这些光在像平面上是弥散的，因而干扰成像质量。而共聚焦显微镜很好的解决了传统荧光显微镜中焦面模糊的问题，消除了图像的轴向和侧向的干扰。共聚焦显微镜同时还提供了光切能力，能对厚样品（例如花粉颗粒，果蝇大脑等）进行三维层切成像。在各种情况下，CLSM 都提供了无损伤的相当高的分辨率。从绝对分辨的意义上来说，虽然 CLSM 不能与扫描电子显微镜（SEM）或扫描探针显微镜相比，然而，CLSM 的巨大吸引力在于它允许人们在自然的环境中观测和检验样品。

虽然共聚焦显微镜能获取比普通显微镜更清晰的图片，但共聚焦显微镜的分辨率只比普通光学显微镜有少量的提高，普通光学显微镜的分辨率理论极限大约是 0.2μm，共聚焦显微镜的分辨率理论极限大约是 0.15μm。另外，共聚焦显微镜的成像速度较慢，这限制了该显微镜在观察快速变化细胞过程中的应用。

（四）激光共聚焦扫描显微镜在微生物学研究中的应用

只要目的结构是用荧光探针标记的，都可用共聚焦激光扫描荧光显微镜观察。因此，共聚焦扫描显微镜在微生物学研究领域有广泛的应用范围，尤其在研究和分析活细胞结构、分子、离子的实时动态变化过程，细胞的光学连续切片和三维重建等方面，是传统的光学显微镜所望尘莫及的。如：用于细胞形态学研究；用于分子生物学研究：原位杂交，DNA、RNA 定量，DNA 损伤修复、外源性基因在细胞中的表达、定位，以及通过荧光能量共振转移研究大分子构象的改变、受体与配体相互作用等等；根据活细胞动态荧光测量研究细胞内 Ca^{2+}、K^{+}、H^{+} 等离子的动态分布及动态定量、细胞膜流动性测定及细胞连接间的信息沟通等等。

二、双光子激光扫描显微镜（two-photon laser scanning microscope）

双光子显微成像技术是近年发展起来的一种新型非线性光学成像方法。1990 年 Denk 等将双光子激发用于荧光激发系统，制造出了世界上第一台双光子扫描显微镜，并应用于生物学观测。1997 年美国伯乐公司首次制造出商业化的双光子显微镜。双光子荧光成像技术，采用长波激发，能对组织深层次成像，且许多常用最佳激发波长位于 800～900nm，水、血液和固有组织发色团对这个波段的光吸收低，还有散射的激发光子不能激发样品，因此背景和光损伤小，所以适用于活细胞检测。近些年，随着光学技术、荧光探针技术以及生物技术的发展，双光子成像技术出现了新的特点和新的应用，大大推动了其在活体细胞及组织成像的应用。

（一）双光子成像技术的特点

双光子成像技术与传统的单光子成像相比有很多优点。

单光子显微镜（one-photon microscope），在短波长光波（紫外光或紫蓝色光，波长 250～400nm）照射下，某些物质吸收光能，一个荧光团吸收一个光子，受到激发并释放出一种能量降级的较长的光波（蓝、绿、黄或红光，波长 400～800nm），实现成像。单光子显微技术是最成熟的荧光显微技术，实现容易，结构简单，对成像硬件要求低。但由于此技术使用的激发光能量较大，会造成对荧光物质的漂白作用，光毒性严重，且由于激发波长较短，成像深度有限。

当采用激光共焦扫描显微镜时，由于共焦显微镜的孔径很小，实现样本三维成像要逐点扫描，成像速度慢，对样本损害大，很难用于长时间活细胞成像。当采用宽场微镜时，能够很好地实现实时动态成像，光漂白小，因而在活细胞内的实时检测中应用较早。但宽场显微镜由于离焦信号的干扰，难于实现多维成像。

（二）双光子激光扫描显微镜的优缺点

双光子显微镜是结合了共聚焦激光扫描显微镜和双光子激发技术的一种新技术（如图 2.2.5）。它用 fs（飞秒）激光器作为激发光源，利用极高的光子密度实现多光子非线性激发，即荧光分子同时吸收两个长波长的光子到激发态，在经过一个很短的所谓激发态寿命的时间后，发射出一个波长大于激发光波长 1 半的较短的光子，从而实现成像。双光子显微镜因易与共聚焦扫描显微镜组合在一起，因此广为研究。双光子显微镜在很大程度上克服了共聚焦显微镜的不足，使得光漂白和光致毒大大减少且仅仅局限于焦点处。多光子激发为非线性过程，其吸收截面（跃迁几率）较小，并与激发光光强的 n 次方成正比（n 为荧光分子一次吸收的激发光光子数），因此多光子激发只有在焦点附近的极小区域内才能发生，无需共聚焦针孔便可实现三维高分辨成像。同时，激发光光子的能量减为单光子激发时的 $1/n$，因此波长约为单光子激发波长的 n 倍，可采用近红外超快激光作为激发光源。长波长的近红外光比短波长的光对细胞毒性小，只有在焦平面上才有光漂白和光毒性。样本更深穿透（双光子＞500mm；单光子 100mm），双光子显微镜比单光子显微镜更适合用来观察厚标本，更适合用来观察活细胞甚至活组织的三维、四维实时观测（如图 2.2.6）。但是，双光子显微镜不能用于可吸收红外样品，如色素等，分辨率低于标准共聚焦（低一半），短脉冲比长脉冲有更大细胞损害，在对焦面荧光漂白比标准单光子大，并且激光系统贵而复杂，只可应用于荧光成像。

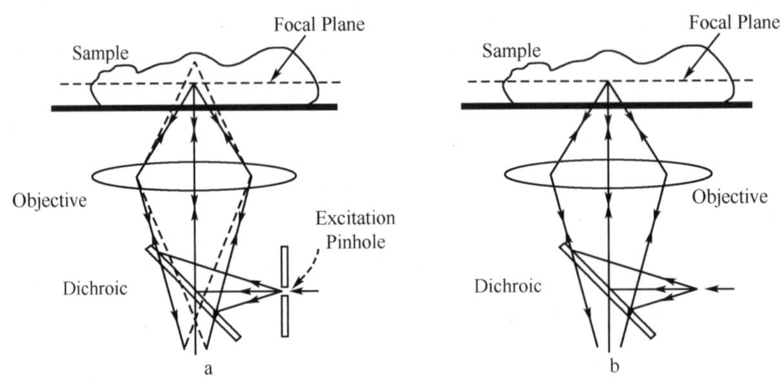

图 2.2.5　共聚焦激光扫描显微镜（LSCM）与双光子激发激光扫描显微镜（TPELSM）
a. LSCM 原理示意图；b. TPELSM 原理示意图

（三）双光子显微镜在微生物学研究中的应用及发展方向

由于其优异特性，双光子显微镜已广泛用于细胞生物活细胞的长时间动态三维成像。双光子激光扫描显微镜一经问世，由于其低细胞损伤，大成像深度和可用于活细胞长时间三维成像，很快被用于信号转到导、生物代谢过程以及药物研究。从此，荧光标记技术和光学显微镜技术的结合，使观察和研究活体细胞的动态生命过程成为很普通的事情。近年来，细胞信号转导逐渐成为细胞生物学的研究重点，而细胞中 Ca^{2+} 是重要的第二信使，对于调节细胞的生理反应具有重要的作用。利用双光子荧光显微成像技术，可以无损地观察细胞内用荧光探针标记的 Ca^{2+} 图像随时间和空间的变化，还可以观察细胞某一层面或局部的 Ca^{2+} 荧光图像和变化。此有助于研究者更深入地研究和了解钙离子在细胞内的动态变化过程和生物调控机制，弄清各信号系统之间的相互关系，找出细胞内不同类型 Ca^{2+} 是否能引起不同基因变化。

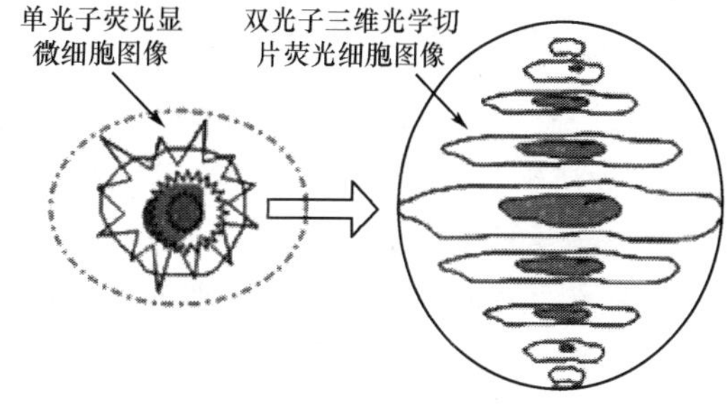

图 2.2.6　单光子和双光子成像特点

由于激光照射会导致细胞漂白和伤害细胞，所以使用光学显微镜观察活体细胞是获得高信噪比图像和观测中对细胞致损的平衡。没有哪个单独的显微系统能够满足一切要求，必须找到最佳折中点。给出了在设计成像系统之前，首先需要考虑检测灵敏度、捕获速度和样本的生存能力三个因素，以及在具体处理时的一些基本原则。另外，还强调在整个观测装置的设计中，保持细胞环境不变也是非常重要的，如在时间变化的实验中，一旦正在对样本进行成像，则焦平面必须保持稳定。选择合适的技术手段，对于整个观测装置的设计实现，具有很重要的指导意义。减小细胞损害、提高成像灵敏度和提高数据获取速度是双光子成像技术的未来发展方向。

三、原子力显微镜(atomic force microscope，AFM)

原子力显微镜是 20 世纪 80 年代初问世的扫描探针显微镜(scanning probe microscope，SPM)的一种。原子力显微镜是利用细小的探针对样品表面进行扫描来对样品进行观察，它通过一个激光装置来监测探针随样品表面的升降变化，从而获取样品表面形貌的信息。原子力显微镜的探针针尖只有原子那样大小，因而其分辨率能达到原子级，能对从原子到分子尺度的结构进行三维成像和测量；另一方面，由于探针针尖与样品接触时是通过对原子相互作用力的测量来成像，因而取名为原子力显微镜。

(一) 原子力显微镜的优点

原子力显微镜是揭示微生物表面结构及其与功能相关性的一种新的有力的工具，具有比传统电子显微镜更高的放大倍数和极高的分辨率，能对从原子到分子尺度的结构进行三维成像和测量。生理状态的生物样品即可用于原子力显微镜，因而对样品处理简单甚至不需要处理。这使原子力显微镜能观察任何活的生命样品及动态过程。原子力显微镜的放大倍数高达 10 亿倍，远远超过以往的任何显微镜放大倍数，且分辨率极高，可以直接观察物质的分子和原子。原子力显微镜的作用模式有接触模式和轻敲模式两种。其中接触模式适于微生物的形态观察，而轻敲模式则用于液体环境中微生物的观察以及生物大分子的研究方面。观察活细胞可以用光学显微镜，但其放大率和分辨率都受到限制；而放大率和分辨率高的电子显微镜除对样品制备和观察条件要求严格外，还不能用于观察生理状态的样品，如活细胞。因此，原子力显微镜一出现就成为微生物学研究的有力的工具。

(二) 原子力显微镜的应用

由于原子力显微镜观察到图像的分辨率可达原子级，而且可以用于生理状态下样品的观察，如活细胞，因此，原子力显微镜越来越多地应用到微生物学的各个方面，并且取得许多令人鼓舞的结果。

原子力显微镜用于微生物细胞的各种生理状态下的形态观察。如观察各种类型的革兰阳性菌、革兰阴性菌和病毒形态，并取得了用其他显微镜观察不到的结果。Bolshakova等人还观察到大肠埃希菌在液体培养条件下的活体三维图像。此外，还可以用由于原子力显微镜观察微生物的不同生长状态，如观测乳酸乳球菌(*Lactococcus lactis*)的分裂、奇异变形杆菌(*Proteus mirabilis*)的迁徙生长现象等。由于在生理条件下原子力显微镜观察到的图像能更加逼真地反映出微生物的形态特征，所以原子力显微镜在微生物的形态观察方面优越于其他显微镜。

原子力显微镜用于观察细胞表层亚分子结构。AFM 不仅可以高分辨率地观察活体微生物的形态特征，还可以观察孢子等细胞表层亚分子结构。如用原子力显微镜观察到在液体环境中的米曲霉孢子，看到米曲霉孢子在休眠状态下其表面的棒状结构成规则排列；观察到酿酒酵母的细胞表面非常光滑，而乳酸乳杆菌表面是海绵样的网状结构，还有一些小孔分布。

原子力显微镜观察细胞表层蛋白质的二维结构。以前是通过 X 射线晶体学和电子晶体学方法结合起来研究蛋白质结构才接近原子级的分辨率，而原子力显微镜是将上述两种方法合为一体，利用分子重构可以直接在细胞生理条件下观察蛋白样品的二维结构。从嗜盐古生菌中分离到的紫膜是用原子力显微镜观察到的蛋白质二维结构最成功的范例，其分辨率可达原子级。

原子力显微镜研究表层蛋白结构与功能关系。原子力显微镜可以用来观察细胞表层蛋白质的二维结构，因此，通过在不同条件下单个蛋白质构象的改变来阐明结构与功能间的关系。

最后，原子力显微镜还可用于生物大分子物理特性的分析。细胞的许多物理特性，如微生物黏性和微生物的凝聚以及分子识别在微生物发酵、医药和生物产品加工行业有重要意义。近年来利用原子力显微镜研究分子间相互作用，如疏水性和电子相互作用等，来描绘分子表面的物理图谱，检测细胞壁的刚性及表面大分子的伸缩性等已有不少报道。

由此看见，原子力显微镜对未来微生物学在理解细胞表面结构和阐明结构与功能之间关系方面将产生重要影响。

四、全内反射荧光显微镜(total internal reflection fluorescence microscope，TIRF)

激光诱导荧光(LIF)是可用于液相中、也就是细胞中单分子研究比较灵敏的检测方法，但该方法无法消除来自液体分子的拉曼散射和非焦平面的荧光发射的干扰。而全内反射荧光显微镜正是针对激光诱导荧光这一弊端发展而来的。20 世纪 80 年代早期，Axelrod 等生物物理学家对全内反射荧光显微成像技术及基本原理进行描述，并探索了其生物应用。但直到 20 世纪 90 年代，随着新型物镜透镜、聚光镜和超灵敏探测器的出现，全内反射荧光显微成像技术才得到充分发展。目前，全内反射荧光显微成像技术已广泛用于生命科学研究，特别在单分子检测中更显示其强大的生命力，成为当今世界上最具前途的生物光学显微技术之一。

(一) 全内反射荧光显微镜基本原理

全内反射荧光显微成像技术利用全内反射产生的隐失波照明样品，使照明区域限定在样品表面百纳米级厚的薄层范围内，有效控制了激发体积，因此具有其他光学成像技术无法比拟的高信噪比和对比度。全内反射荧光显微成像技术分为棱镜型和物镜型(图2.2.7)。在棱镜型全内反射荧光显微镜系统中，入射光通过棱镜进入玻璃/水溶液界面，在另一侧的显微镜物镜收集荧光团发射的荧光。根据使用者的需要，可以选择配备正置或倒置显微镜。建立该系统价格便宜，而且在设计满足照明和聚焦要求的光学系统时，几乎没有限制，因此在实现上更为容易。在探测上，该系统背景噪声极低，能够得到高质量成像，但是，放置样品的空间受到棱镜的限制，不利于研究活细胞、组织等较厚的样品。物镜型全内反射荧光显微镜使用高数值孔径($NA=1.4$)的物镜作为荧光信号的接受器，同时又作为发生全内反射的光学器件，样品的放置非常方便，并且可与多种技术联用，例如纳米操纵、光镊技术、原子力显微镜等。该系统的关键是高数值孔径物镜的使用。由于细胞的典型折射率为1.33～1.38，因此要实现全内反射，物镜的 NA 必须大于1.38。物镜的数值孔径越高，则有更多的孔径范围可被利用，且容易校准光束。图2.2.8所示为物镜型全内反射荧光显微成像实验装置。激光通常作为激发光源。TIRF实验需要根据不同的染料体系和实验设计选择不同的激发波长(激光器)。两片滤光片分别除去激发光和荧光中的杂散光。衰减后的激发光经双色镜反射到倒置显微镜的物镜，产生的荧光经同一物镜收集后穿过双色镜和发射滤光片，最后经透镜聚焦进入CCD。到目前止，TIRF实验技术也取得较大进展，包括拥有紧凑照明装置的可变焦TIRF、双色TIRF和双光子TIRF。

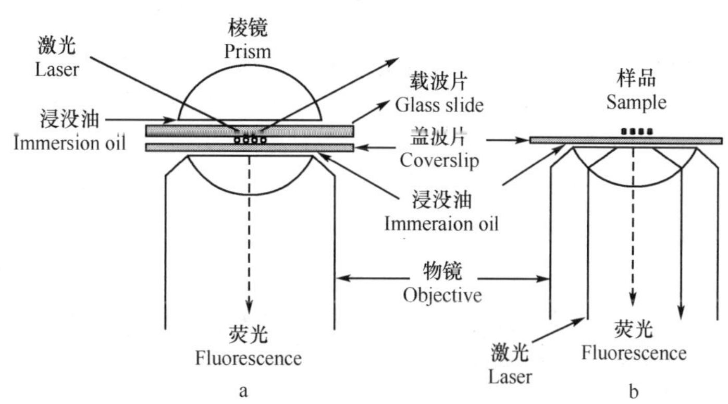

图2.2.7　棱镜型(a)和物镜型(b)全内反射光学显微成像系统示意图

(二) 全内反射荧光显微镜的优点及应用

全内反射荧光显微成像技术是当今最灵敏的生物成像和检测方法之一，可以直接探测单个荧光分子。这种方法已成功地用于生命科学，可以获得常规方法无法得到的重要信息。

全内反射荧光单分子成像技术是最早用于分子马达研究的单分子检测技术。分子马达是指能沿着微管、RNA和DNA等丝状轨道分子运动的蛋白，如驱动蛋白、核苷酸聚合酶

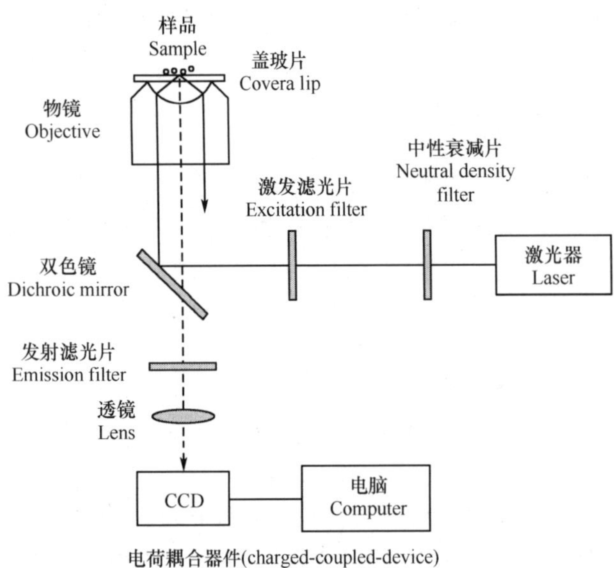

图 2.2.8　物镜型全内反射荧光显微镜示意图

和 ATP 酶等。全内反射荧光显微成像技术具有精确检测单个分子位置和变化的能力，因此可以用于观察分子马达运动。

全内反射荧光单分子成像技术因其独特的照明方式、背景荧光极低，使之比其他生物成像技术在活细胞中单分子成像方面具有独特优势。它能检测活细胞内信号分子的定位、运动、翻转以及复合物的形成，是阐述细胞中信号发放机制的强有力手段。

全内反射荧光单分子成像技术是研究生物大分子相互作用的有效方法。该技术已成功用于分子伴侣辅助蛋白质进行折叠的机制研究、用于监测酶与底物的相互作用，如 RNA 聚合酶与 DNA、葡萄糖与糖基转移酶的相互作用，以及其他蛋白质的相互作用。全内反射荧光单分子成像技术还可用于实时监测 DNA 探针杂交反应的动力学过程。

细胞是由生物大分子组成的，而生物大分子构象变化决定了细胞的生命活动。对于生物大分子构象研究在生命科学研究领域具有重要地位。但生物大分子构象变化是比生物大分子相互作用更细微、更难得研究工作。而全内反射荧光单分子成像技术的出现为研究生物大分子构象变化提供了新方法。科研人员已经利用全内反射荧光单分子成像技术成功研究了绿色荧光蛋白(GFP)在光诱导时的构象变化、研究了参与细胞重要代谢的氧化还原辅酶 FAD 在氧化和还原状态下的动态构象变化，并发现 FAD 在不结合蛋白质的情况下不仅能经历构象变化还可形成二聚体。

此外，通过荧光标记 ATP 分子，可以通过全内反射荧光单分子成像技术观测到 ATP 酶反应，实现 ATP 酶反应的单分子可视化。

总之，随着生命科学的发展、全内反射荧光显微镜技术的日趋完善以及商品化的专用仪器的问世，全内反射荧光显微镜在单分子检测中的应用也会越来越广泛。与此同时，全内反射荧光显微成像技术同荧光共振能量、原子力显微镜、扫描电化学显微镜、纳米技术等联用将更进一步推动该技术的发展和广泛的应用。

第三节　电子显微成像技术的最新发展

电子显微镜是根据电子光学原理，用电子束和电子透镜代替光束和光学透镜，使物质的细微结构在非常高的放大倍数下成像的仪器。电子显微镜的分辨能力以它所能分辨的相邻两点的最小间距来表示。20 世纪 70 年代，透射式电子显微镜的分辨率约为 0.3nm(人眼的分辨本领约为 0.1mm)。现在电子显微镜最大放大倍率可达 80 万倍，而光学显微镜的最大放大倍率约为 2000 倍，所以通过电子显微镜就能直接观察到晶体中排列整齐的原子点阵。近年来电子光源、视频、计算机等技术的迅速发展，推到电子显微镜成像技术的发展，使透射电镜、扫描电镜和冷冻电镜等分辨率高、功能更加强大的显微成像技术在现代微生物学研究领域发挥极其重要的作用。

一、透射式电子显微镜

光学显微镜下无法看清小于0.2μm的亚显微结构或超微结构。要想看清这些结构，就必须选择波长更短的光源，以提高显微镜的分辨率。1932年Ruska发明了以电子束为光源的透射式电子显微镜(transmission electron microscope，TEM，简称透射电镜)，电子束的波长要比可见光和紫外光短得多，并且电子束的波长与发射电子束的电压平方根成反比，也就是说电压越高波长越短。目前TEM的分辨力可达0.2 nm。

(一) 透射电镜的工作原理

由电子枪发射出来的电子束，在真空通道中沿着镜体光轴穿越聚光镜，通过聚光镜将之会聚成一束尖细、明亮而又均匀的光斑，照射在样品室内的样品上；透过样品后的电子束携带有样品内部的结构信息，样品内致密处透过的电子量少，稀疏处透过的电子量多；经过物镜的会聚调焦和初级放大后，电子束进入下级的中间透镜和第1、第2投影镜进行综合放大成像，最终被放大了的电子影像投射在观察室内的荧光屏板上；荧光屏将电子影像转化为可见光影像以供使用者观察。

(二) 透射电镜的优缺点

透射电镜是出现最早的电镜，到目前为止也是应用最广泛的一种电子显微镜，占使用电镜的80%，其分辨率、放大倍率及各项性能比其他类型电镜高。透射电镜是用电子束照射标本，用电磁透镜收集穿透标本的电子，并放大成像，用以显示物体内部超微结构的装置。透射电镜所产生的图像是平面的，它的分辨率可达0.2nm，放大倍数可达40万～100万倍。透射电镜的不足在于，由于电子易散射或被物体吸收，故穿透力低，样品的密度、厚度等都会影响到最后的成像质量，必须制备成50～100nm的超薄切片。所以用透射电子显微镜观察时的样品需要处理得很薄，通常用薄切片法或冷冻蚀刻法制备。另外，有的生物样品不能耐受高强度的电子照射。

(三) 透射电镜的应用及未来发展方向

透射电镜的高分辨率使现代微生物学的重大进展几乎都离不开透射电镜的应用。如用电镜观察到了生物膜的三层结构以及细胞内的各种细胞器的形态学结构等；透射电镜在发现和识别病毒方面起到了重要作用；以及细胞表面受体蛋白的研究等等。

透射电镜的不足决定了透射电镜的未来发展方向。在透射电镜应用中，有的样品特别是生物样品不能耐受高强度、长时间的电子照射，于是人们追求更低电子辐射强度下的透射电镜成像即低剂量成像；同时，人们还进一步追求在同样电子辐射条件下获得更多的样品信息，即大面积高分辨率成像。在硬件性能上，透射电镜成像技术的发展就是对上述目标的不断追求。

二、扫描式电子显微镜

扫描式电子显微镜(scanning electron microscope,SEM,简称扫描电镜)是1965年发明的较现代的细胞生物学研究工具,随着电子技术的发展,特别是计算机科学的发展,透射电镜的性能和自动化程度有了很大提高。扫描电子显微镜于20世纪60年代问世,目前分辨力可达6～10nm。

(一) 扫描电镜的工作原理

扫描电镜是利用细电子束在样品上逐点逐行进行扫描,收集样品产生的某种信号,对样品表面的形态进行观察。扫描电镜主要是利用二次电子信号成像来观察样品的表面形态,即用极狭窄的电子束去扫描样品,通过电子束与样品的相互作用产生各种效应,其中主要是样品的二次电子发射。二次电子能够产生样品表面放大的形貌像,这个像是在样品被扫描时按时序建立起来的,即使用逐点成像的方法获得放大像。

(二) 扫描电镜的优点

由光镜或透射电镜所产生的图像是平面的,而扫描电镜能观察样品表面凸凹不平的结构,得到的是立体的、富有真实感的图像。如细胞表面的微绒毛、纤毛和伪足等。扫描电子显微镜的分辨率可达0.3 nm,放大倍数可达20万倍。扫描电子显微镜和光学显微镜及透射电镜相比,具有以下特点:

(1) 扫描电镜能直接观察较大体积样品表面的三维立体结构,具有明显的真实感,这弥补了透射电镜只能观察物体的二维平面结构的不足。扫描电镜能够直接观察样品表面的结构,样品的尺寸可大至120mm×80mm×50mm。

(2) 样品制备过程简单,不用切成薄片。

(3) 样品可以在样品室中作三度空间的平移和旋转,因此,可以从各种角度对样品进行观察。

(4) 景深大,图像富有立体感。扫描电镜的景深较光学显微镜大几百倍,比透射电镜大几十倍。

(5) 图像的放大范围广,分辨率也比较高。可放大十几倍到几十万倍,它基本上包括了从放大镜、光学显微镜直到透射电镜的放大范围。分辨率介于光学显微镜与透射电镜之间,可达3nm。

(6) 电子束对样品的损伤与污染程度较小。

(7) 由于扫描电镜的图像不是透镜形成的几何光学图像,而是按照信号顺序依次记录的,因此,扫描电镜不仅可以避免透镜成像的缺陷,而且有利于图像分析与处理,把图像信号记录在磁带或磁盘上,便于以后需要时再现或用计算机进行图像处理,进一步提高图像质量。在观察形貌的同时,还可利用从样品发出的其他信号作微区成分分析。

三、冷冻电子显微镜

早期电镜三维重构工作主要是通过负染技术处理样品,其缺点是无法得到高分辨率的三维结构。此外,蛋白质等大分子必须在天然含水状态下才能保持其天然结构,但电镜需要在高真空下工作，无法维持样品含水环境。1974 年 Taylor 等人利用低温电镜技术完美解决了维持天然含水条件的难题。经过几十年的发展，今天冷冻电子显微镜(cryoelectron microscope)已经成为研究生物大分子的强大工具和常规技术。

(一) 冷冻电镜的基本特点

冷冻电镜主要涉及低温冷冻制样、低温冷冻台、低剂量曝光及图像采集技术。其中低温冷冻制样技术是生物冷冻电镜的核心技术。对于蛋白质二维晶体和单颗粒样品，主要通过快速冷冻技术制备。而对于较厚的样品，如细胞，则利用高压冷冻和低温切片技术制备。

(二) 冷冻电镜的优点

经过近四十年的发展，冷冻电镜技术把完善的样本制备方法、先进的仪器设备和更好的数据处理和运算方法结合起来，使结构测定的分辨率不断得到提高发展在研究大分子结构上的分辨率已达到 3.8 埃。目前，冷冻电镜技术已经成为研究生物大分子结构与功能的常规方法。冷冻电镜具有许多独特的优势：可以对均一的(如膜蛋白的二维晶体，二对称结构)、不均一的(如核糖体等)样本用不同的方法进行三维分子及其复合物或亚细胞结构进行测定，小到蛋白质大到真核细胞，分子量大小跨越了 12 个数量级；通过快速冷冻可以将样本结构更接近功能活性状态；由于快速冷冻可以捕捉到反应过程的瞬时分辨层面上的研究，从而可以对一些反应瞬时过程和反应中间体进白质的动力学特性和功能的探索。

冷冻电子显微镜技术所研究的生物样品既可以是具有二维晶体结构的，也可以是非晶体的；而且对于样品的分子量没有限制。因此，大大突破了 X 射线晶体学只能研究三维晶体样品和核磁共振波谱学只能研究小分子量(小于 100kD)样品的限制。另一方面，生物样品是通过快速冷冻的方法进行固定的，克服了因化学固定、染色、金属镀膜等过程对样品构象的影响，更加接近样品的生活状态。现在，冷冻电子显微镜都具备自动图像采集系统。CCD(charged couple device)照相机能快速、动态的记录电子衍射图，但由于像素的限制，其分辨率不如照相胶片。CCD 和照相机片所记录的是生物样品空间结构的二维投影，利用各种计算机软件程序包，可以从电镜的二维图像重构样品的三维结构，即三维重构。现已开发出许多软件程序包可供计算机处理使用，大大方便了生物样品的结构重构。

第四节　重要应用举例

随着显微成像技术的发展和完善，及各种高分辨率、高精密、多功能的高级显微镜的出现，显微成像技术在微生物学领域的重大发现中起极其重要的作用。如 ATP 酶等马达分子的研究、ATP 酶马达泵的研制及重要大分子构象研究等都离不开现代先进的显微成像技术。

一、现代显微成像技术与 ATP 酶分子马达泵

分子马达是广泛分布于内部或细胞表面的一类蛋白，即纳米机器，它可以像马达一样通过能量转化做功。所有的分子马达有一个共同的特点，即将 ATP(三磷酸腺苷)水解释放的化学能量通过分子马达的构象变化可高效地转换为机械能。因此，分子马达就起到了能量转换器的作用。分子马达分为线性分子马达和旋转式分子马达。驱动蛋白、DNA 和

RNA 聚合酶等能够沿着丝状轨道滑动的大分子为线性分子马达，而 ATP 合酶（图 2.2.9）是旋转式分子马达的代表。

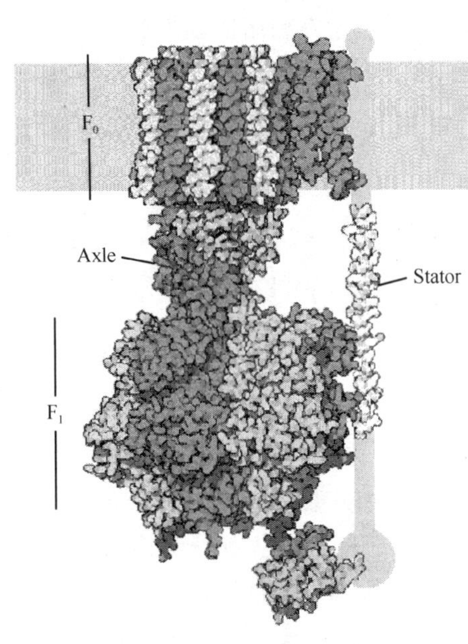

图 2.2.9　ATP 合酶分子结构示意图

在分子世界里，ATP 合酶是一种奇妙的酶。可以说它是一个离子泵、一种令人惊异的纳米级分子马达。它在细胞里扮演着一个不可或缺的角色。生物所需的 ATP 是有 ATP 合酶产生的，其合成 ATP 的机制很奇特。ATP 合酶是由两种依靠不同动力驱动的旋转“马达”构成的，一个是由质子流穿过膜时所驱动的电动马达 F_0，另一个是由 ATP 驱动的化学马达 F_1。F_0 镶嵌在线粒体内膜上，当质子流通过马达时，它们驱动环形转子（蓝色显示部分）转动。这个转子连接到 F_1 分子马达上。这两个分子马达由一个柄（如图右端所示）连在一起，使 F_0 旋转时 F_1 也跟着旋转起来。

马达 F_0 能驱动马达 F_1 旋转，通过这种方式把“马达”变成一个“发电机”。这就是我们细胞里的产能机制：F_0 马达利用质子梯度动势驱动 F_1 马达产生 ATP。在细胞线粒体中，氢离子跨线粒体被泵出膜。在氢离子穿过 F_0 质子通道回流至膜内以平衡膜内外质子梯度的过程中，驱动转子旋转。当转子旋转时，带动轴和 F_1 马达一起旋转，使转子和 F_1 马达成为一个发电机。

近年来，借助分子马达的生物活性和特殊功能开发生物纳米器件用于信息存储和能量转化，已经成为当前纳米生物技术研究领域的热点。借助共价键作用利用层层组装技术制备了中空血红蛋白微胶囊，然后在蛋白微胶囊上组装了含 ATP 合酶的脂质体，从而将分子马达组装到血红蛋白微胶囊表面。利用葡萄糖氧化酶对葡萄糖氧化水解产生的质子 H^+，形成了跨膜质子流，为 ATP 合酶合成 ATP 提供质子动力势（质子泵）。研究发现组装在胶囊表面的 ATP 合酶仍然保留其催化合成功能，能够将 ADP 和无机磷酸盐合成 ATP，并且合成的 ATP 能存储在中空蛋白胶囊内部，使胶囊成为 ATP 的载体。这种生物兼容性的仿生体系研究有助于开发与构建新型的纳米生物机器。

美国康纳尔大学的科学家利用 ATP 酶作为分子马达，研制出了一种可以进入人体细胞的纳米机电设备——“纳米直升机”。该设备共包括三个组件，两个金属推进器和一个附属于与金属推进器相连的金属杆的生物分子组件。其中的生物分子组件将人体的生物“燃料”ATP 转化为机械能量，使得金属推进器的运转速率达到每秒 8 圈。这种技术仍处于研制初期，它的控制和如何应用仍是未知数。

在这一系列的 ATP 马达系统的研究过程中现代显微成像技术起到了不可替代的作用。首先，原子力显微镜技术（AFM）作为单分子研究的新技术，其超常的信噪比、空间分辨率和灵活的探测环境使得蛋白分子能在生理条件下成像，其侧向分辨率约 0.1nm，竖直分辨率可达 0.01nm，是研究 ATP 酶分子马达泵的强有力手段。

对生物分子表面的各种相互作用力进行测量，是原子力显微镜的十分重要的功能。这对于了解生物分子的结构和物理特性是非常有意义的。与传统成像工具不同，原子力显微镜利用拥有 pN 级灵敏度的纳米尺寸的探针在样品表面进行逐级光栅扫描得到样品表面的高度信息。因此，原子力显微镜被用来表征 ATP 合成酶表面超精细结构。结合其他生化技术，原子力显微镜还被用于研究 ATP 合成酶结构细节。

其次，全内反射荧光显微镜技术（TIRF）也极大的推到了马达分子的研究。因全内反射荧光显微镜技术具有精确检测单个分子位置和变化的能力，而被用于观察分子马达的运动；通过单分子荧光标记，可以使马达分子 ATP 酶的反应可视化。另外，荧光偏振的单分子成像还用于探测马达蛋白质的构象变化。

以上两种显微成像技术在 ATP 酶分子马达泵的研究过程中所起的作用，是现代生物物理技术所无法比拟的。

二、现代显微成像技术与生物大分子结构分析

生物大分子的结构测定，可以使人们在分子水平上了解生物大分子的生理功能及生物活性的作用机制。最早用于研究生物大分子高分辨结构的是 X 射线晶体技术，可用于研究三维晶体的原子结构。但 X 射线晶体技术要求被研究的生物大分子能够生长成具有一定尺寸大小的三维晶体。因此，X 射线衍射技术无法研究不能结晶的生物大分子。核磁共振波谱学也可很好地研究溶液中生物大分子结构及动态的分子间相互作用。但由于大分子量的生物大分子复合体的共振谱异常复杂，难以解释，所以，利用核磁共振技术分析的生物大分子，其分子量一般不能超过 100kD。

而冷冻电子显微术（cryoelectron microscopy）是近年来迅速发展的一门新兴学科，在生物大分子三维重构研究方面具有其他物理研究方法无法比拟的优点。冷冻电子显微镜技术所研究的生物样品既可以是具有二维晶体结构的，也可以是非晶体的；而且对于样品的分子量没有限制。因此，大大突破了 X 射线晶体学只能研究三维晶体样品和核磁共振波谱学只能研究小分子量（小于 100kD）样品的限制；低温电子显微术是对含水生物大分子进行快速冷冻到液氮或液氦温度，并在低温条件下采用低电子剂量成像，从而可在高分辨水平上研究生物大分子的三维结构。而在传统电镜中，一般采用负染、化学固定、脱水等方法处理生物样品，使生物样品的高分辨结构信息失真，所以这种结构研究只局限于很低分辨率水平。而在低温电子显微术中，由于含水样品被冷冻的速率太快，样品内部的水来不及结晶而形成玻璃态的冰，这样整个生物大分子样品就被包埋在一薄层冰中。这层非晶态的薄冰一方面可作为支撑膜支撑样品，另一方面也可很好地在电镜的镜筒高真空中保存含水冷冻样品中的水，从而更好地保护含水生物大分子样品，使样品处于或接近于其生理活性状态，保持样品的高分辨结构信息。使生物大分子样品的高分辨三维结构研究成为现实。现在，冷冻电子显微镜都具备自动图像采集系统。CCD（charged-couple device）照相机能快速、动态的记录电子衍射图，但由于像素的限制，其分辨率不如照相胶片。CCD 和照相胶片所记录的是生物样品空间结构的二维投影，利用各种计算机软件程序包，可以从电镜的二维图像重构样品的三维结构，即三维重构。现已开发出许多软件程序包可供计算机处理使用，大大方便了生物样品的结构重构。

显微成像技术的发展，大大拓宽了生物大分子构象研究对象，使对病毒、膜蛋白、蛋白质核苷酸复合体、亚细胞器等等的生物大分子研究成为可能。利用冷冻电子显微镜技术科研人员已经成功解析了一些膜蛋白如：细菌视紫红质（bacteriorhodopsin）、光和复合体-Ⅱ（light-havesting complex Ⅱ）、嗜盐菌紫质（halorhodopsin）、视紫红质（rhodopsin）等的三维结构，并且接近原子级的分辨率。由于冷冻电子显微镜技术不需要样品具备晶体结构，这

大大拓宽了其研究领域,使生物大分子及其复合体的构象研究成为可能。运用冷冻电子显微镜技术单粒子法,已得到一些生物样品如病毒:抗生素 F29;无或低对称的粒子:大肠埃希菌 70S 核糖体等的三维重构图,虽然目前的分辨率还不是很高。

执笔:周　杰

讨论与审核:董红军、周　杰、李春立

资料提供:张海峰、周　杰

参考文献

韩英荣,柳辉,展永等. 2010. 纳米机器-分子马达. 生物学通报,45:6~9

韩英荣,展永,关荣华等. 2001. 旋转分子马达的代表-ATP 合成酶. 现代物理知识,15:7~10

何化,任吉存. 2007. 全内反射荧光成像技术及其在单分子检测中的研究进展. 分析测试学报. 26:445~449

黄晓星,宋晓伟,朱平. 2010. 冷冻电子断层成像技术及其在生物研究领域的应用. 生物物理学报,26:570~578

李晓婷,朱大洲,潘立刚等. 2011. 红外显微成像技术及其应用进展. 光谱学与光谱分析. 31:2313~2318

刘冰川,曲利娟,刘庆宏. 2007. 透射电子显微镜成像方式综述. 医疗设备信息,22:43~46

石万良,谢志雄,沈萍. 2004. 原子力显微镜在微生物学领域的应用. 微生物学通报,31:110~113

隋森芳. 2007. 生物三维电子显微镜进入全新高速发展时期. 生物物理学报,23:228~238

孙飞,王雪. 2011. 低温电子显微技术在膜蛋白结构研究中的应用和展望,23:1130~1139

汪国良. 2010. 冷冻电子显微镜技术在生物大分子的三维结构研究中的应用. http://www.microimage.com.cn. 02,24

夏伟强,周源,石明. 2011. 双光子显微成像技术的新进展. 中国医疗器械杂志. 35:204~208

郑明杰. 2010. 双光子显微镜在生物医学中的应用及其进展. 激光生物学报,19:423~426

朱杰,王国栋. 2007. 原子力显微镜在 ATP 合成酶超分子结构及功能表征中的应用. 高分子材料科学与工程,23:16~19

朱珊珊,黄志江. 2005. 激光扫描共聚焦显微镜在生命科学中的应用. 国外医学,2

最全的显微镜种类. 中国化工仪器网. http://www.chem17.com/tech_news/Detail/331313.html。2011. 8. 30

第三章

微生物发酵培养技术

微生物发酵培养是一门历史悠久的、和我们的生活息息相关的技术，日常生活中的酵母、啤酒、味精以及各种抗生素药物、氨基酸等都离不开发酵。微生物发酵培养的历史，可以大致划分为五个阶段：19 世纪以前是第一阶段，当时只限于含酒精的饮料和醋的生产；1900～1940 年间是第二个阶段，出现了分批补料培养技术，主要产品是酵母、甘油、柠檬酸、乳酸、丁醇和丙酮；第三个阶段的进展，源于第二次世界大战期间对于青霉素的大量需求。由此带动了发酵技术的快速发展，并建立了许多新的过程，包括其他抗生素、红霉素、氨基酸、酶制剂等的生产；第四个阶段出现在 20 世纪 60 年代初期，许多跨国公司决定研究生产微生物细胞作为饲养蛋白质，从而推动了技术的进展。在这个阶段中，采用分批培养技术和分批补料培养法在工业上普遍被采用；第五个阶段，是伴随着基因工程技术发展形成的新型发酵过程，如胰岛素和干扰素的生产，使工业微生物产生的化合物超出了原有微生物的范围。

微生物发酵培养技术根据培养状态的不同，可分为固体培养和液体培养；根据投料方式不同，可分为分批培养、连续培养和补料分批培养；根据好氧情况，可分为好氧培养和厌氧培养；根据菌株种类，可分为纯培养和混合培养。时至今日，微生物发酵培养技术已经发展到比较成熟的阶段，完全可根据微生物种类、培养目的、规模和资金投入的不同选择不同种类的发酵技术。总体而言，微生物培养技术的发展呈现如下趋势：①从小规模培养发展到大规模培养；②从浅盘培养发展到厚层固体或深层（液体）培养；③从以固体培养为主发展到以液体培养为主；④从分批培养发展到补料分批培养或连续培养；⑤从单一微生物培养发展到混合微生物培养。在微生物发酵培养技术的发展过程中，生产过程的参数测量、操作监视、自动控制、起到越来越重要的作用。同时，各种检测传感器技术、计算机技术的飞速发展，为测量、分析、控制生化工程提供了先进的自动化工具。

第一节　发酵过程在线监测与控制技术

微生物发酵过程是非常复杂的过程，多个水平的因素相互交织在一起，因而对于发酵过程中存在的问题，往往很难入手去分析和判断。因此，对于发酵过程的监测是极其重要的，对于发酵过程的监测参数越多，数据越翔实，越有助于我们理解发酵过程，越有助于判断出发酵过程中的主要问题。传统发酵过程的监测参数通常包括温度、pH、转速、空气流量、罐压力、泡沫、装液量、尾气中的氧气和二氧化碳含量等。近些年，发酵过程在线传感技术研究的重点放在活细胞量、培养液成分和代谢物的测量上。由此产生的新型传感或检测技术包括：流动注射分析技术、在线气相或液相色谱技术、近红外或中红外光谱技术、尾气质谱技术等。这些参数的获得，对于我们理解发酵过程中微生物的生理特性，分析各种物理和生理参数之间的相互作用和关联，识别发酵调控的关键因素，起着至关重要的作用。

在微生物发酵培养过程中，为了获得理想的发酵结果(提高发酵产品生产水平、提高底物得率等)，常需要进行必要的人工介入。实际上，对于微生物发酵过程的监测最终也是为了更好地对发酵过程进行调控，以保证在整个操作进程中有一个适宜的微生物生长代谢环境，因此对发酵环境的控制是发酵工业中极为重要的环节。发酵过程中经常进行控制的参数包括：温度控制、pH 控制、溶氧控制、消泡控制、自动补料控制等。

对于发酵过程的参数控制，很早就采用了自动化控制手段。为了满足发酵工艺发展的要求，发酵控制系统也在不断升级。从控制系统的硬件角度来看，生物发酵控制器主要有三种形式：①传统的单片机；②可编程控制器 PLC；③PC 计算机，德国贝朗公司于 1982 年最早商业化基于 PC 计算机的生物发酵控制系统。对于多台生物发酵设备组成的工厂级控制系统，从整个系统架构上看，目前，主要有两种形式：①集散控制系 DCS；②现场总线系统。生物发酵过程的控制算法研究，一直是发酵过程控制的热点之一。经典的 PID 控制器是在工业过程控制中最常见的一种控制调节器，结构简单，在实际中容易被理解和实现，因此，95％以上的控制回路具有 PID 结构。PID 控制器在生物发酵控制系统依然起着主导作用目前。同时也发展出许多其他先进控制策略主要包括：推断控制，自适应控制、预测控制、非线性控制、模糊控制、专家控制、神经网络控制。

相对于发酵控制来说，近些年的发酵技术的进展主要在发酵检测上，本节简要介绍目前在发酵过程中应用的重要监测手段和及其未来发展方向。

一、尾 气 分 析

在发酵过程的常用检测参数中，多数参数反映的是发酵介质中的环境参数，如温度、pH、溶氧、罐压等，这些参数的无法直接反映发酵过程的主体——微生物的生长和代谢状态。发酵尾气分析，正是通过监测发酵罐排出气体中氧气和二氧化碳的含量，来计算出氧气的消耗速率(OUR)和二氧化碳的生成来速率(CER)。这二者都是反映微生物生理状态的参数。特别是后者与前者的比值称为呼吸商(respiratory quotient，RQ)，它与发酵微生物的生物量无关，而是反映了菌体体内的代谢状况。发酵过程中呼吸商的改变和偏移，直接反映了菌体代谢途径之间的迁移，这将为发酵工艺的优化提供重要的数据。同时，尾气分析非常便于通过计算机实施在线原位监控，OUR、CER 和 RQ 也都可以通过计算机即时反映出来，因此，尾气分析已成为微生物大规模培养的重要监测手段。

发酵尾气中氧气的检测多采用热磁氧分析仪测定。其原理是，氧具有高顺磁性。在磁场中，氧气的磁化率比其他气体高几百倍，故混合气体的磁化率几乎完全取决于含氧气的多少。将尾气通入热磁氧分析仪，就可测出排出气中氧的含量。

常用的尾气二氧化碳测定仪是不分光红外线二氧化碳测定仪(简称 IR)，其精度高，可达±0.5％，量程的线性范围大。不分光红外线二氧化碳气体分析原理是：除了单原子气体(如氖、氩等)和无极性的双原子气体(如氧、氢、氮等)外，几乎所有气体都在红外波段(即微米级)具有不同的红外吸收光谱，二氧化碳的红外吸收峰在 2.6～2.9μm 和 4.1～4.5μm 之间有两个吸收峰，根据吸收峰值可以求出二氧化碳的所含浓度。另一种检测方法是通过在线尾气质谱仪检测，如 Ametek 公司的 ProLine 尾气质谱仪，以其测量精度高、漂移小、同时可以测量多种气体成分(可同时测定 O_2、CO_2、N_2 和 Ar)也得到较为广泛的应用。

二、活菌浓度监测

对于发酵过程，细胞量的监测一直是一项重要的指标。目前国内发酵过程中对细胞量的监测常用的测定方法有细胞计数法、比浊法、湿重法、干重法、测定细胞中蛋白质或DNA含量法。这些方法有各自的优缺点，但总体来说，主要的缺点是受到培养基成分的影响比较大，无法区分开培养基中的气泡、颗粒等与细胞，而且这些方法都无法即时监测活细胞的数量，这些都最终会导致发酵调控的偏差。另外，传统细胞量的测定方法都是离线操作的，离线操作的不利之处在于：首先，离线操作需要取样，增加了污染的几率，特别是对一些较为容易染菌的过程来说，取样是要尽可能避免的；其次，离线操作滞后时间长，不利于自动化操作，无法实现计算机的在线调控。

针对传统方法存在的问题，近些年来，一种基于双电极法测量细胞浓度的方法开始获得越来越多的关注，并在一些大的生物和医药公司中取得日益广泛的应用。该方法的原理是，向发酵罐施加电场，引起培养基中不同电荷离子向相反的电池方向移动。活细胞的原生质膜对于离子不渗透，从而起到阻碍离子移动的绝缘作用。结果细胞膜在电场中发生极化，使得每一个培养基中的活细胞相当于一个小的电容，而且总电容值大小还与细胞量呈正相关，因此可以通过仪器记录电容值的变化来监测细胞量的变化。死细胞，固体颗粒以及气泡没有完整的生物膜，也就没有极化电容，因此测量的值完全为发酵过程中活细胞的量。同时，由于发生的极化效应与细胞的类型和形态无关，故理论上，该方法可广泛应用于各种微生物和动植物细胞的测量。

基于以上原理已开发出各种在生物反应器中测量细胞量的在线传感器，其中比较有名的是英国Aber公司。该公司已以开发出一系列的在线活细胞检测仪，可实时在线监测发酵罐中活细胞的密度、发酵液的电容、电导。同时检测结果不受细胞碎片、细胞团块、死细胞、发酵液泡沫、微载体颗粒等影响，已在细菌、酵母、藻类和动植物细胞培养的研究和生产中取得较好的应用。由于在线活细胞检测仪价格仍旧比较昂贵，目前在国内尚未取得广泛的应用，但由于其上述优点，其应用前景仍然看好。

三、流动注射分析

流动注射分析(flow injection analysis)是一种自动化的方法，其原理是将微量样品注射到流动相中，然后由多通道检测器检测，即可同时实现对多个代谢产物的监测，通过取样自动化可大大提高检测的准确性。流动注射分析从1975年由Ruzicka和Hansen提出后，很快在化学检测上得到广泛应用，后拓展到生命科学领域。流动注射分析在发酵控制上的受到欢迎的主要原因是其多参数的检测和非常短的响应时间。如Nova公司的BioProfile系列产品，可同时对细胞培养和发酵液中的营养成分、代谢产物、气体进行快速分析检测。可检测数包括：谷氨酸、谷氨酰胺、葡萄糖、乳酸、pH、PO_2、PCO_2、NH_4^+、Ca^{2+}、Na^+、K^+、乙酸、磷酸盐、甘油、总蛋白、渗透压、细胞密度和细胞活力。整个检测，样品量只需0.5毫升，3分钟内能够获得所有测试结果。由于BioProfile系列产品主机和检测用的酶包价格比较昂贵，所以目前在动物细胞培养上研究和应用较多。

第二节　微培养技术

发酵工程中有两个常用的基本概念，过程放大(scale up)和过程缩小(scale down)。过程放大是指为了获得产能上的优势，按照一定的原则将过程放大，以达到产业化的规模。过程缩小正好相反，将生产规模的过程缩小，以评估菌种的发酵特性或新的培养工艺，这无疑可以加大筛选的通量，节省生产成本。

摇瓶培养是最为常用的微培养方式，因此在发酵培养的前期应用最为广泛。摇瓶规模培养非常适合来评估：培养的最适温度范围；培养的最适 pH 范围；培养基成分（如确定碳源与氮源的种类、用量与比例，各种无机盐浓度等）；菌种的筛选和比较。但是应当看到，很多情况下，摇瓶试验和搅拌发酵结果之间还是存在一定差距。原因包括：首先，摇瓶无法进行 pH 控制和补料控制。目前虽也有商品化的可控 pH 和补料的摇瓶，但应用并不广泛。其次，对于某些筛选，如突变文库的筛选，摇瓶培养的通量还是无法满足需求。最后，在培养微生物耗氧量比较大的情况下，摇瓶由于供氧能力与发酵罐相差较大，因此在摇瓶条件下得出的结论可能无法复制到发酵罐上。

近些年用于微生物菌种高通量筛选（high-throughput screening）的装置及相关技术不断发展和成熟。国外发明了多种全自动高通量筛选系统，可以进行培养基灭菌、倒平板、挑取单菌落、分装发酵培养基、接种、抽提、HPLC（高效液相色谱）分析和数据自动收集处理等过程。即组合成一套连续的自动化系统。可实现高效自动化筛选，从而大大提高筛选效率。国际上菌种筛选技术正朝着高通量、微型化自动化和仪器化方向发展，其中生物反应器微型化是当前发展的重要趋势。

本节将着重介绍近些年发展出的一些有代表性的新技术。

一、孔板培养

在过去十年中，关于 96 孔板培养的相关技术已经得到迅速发展。孔板已经被标准化和充分商品化。更重要的是，孔板培养的辅助设备也已发展的十分成熟，种类十分齐全，如排孔加样器，移液器，酶标仪自动进样器等。工业菌株的选育过程常常需要大量繁琐的菌株筛选工作，成千上万的菌株常常需要培养和评价，摇瓶培养显然无法满足这样的需求。因此在接下来的几十年，96 孔板技术有望在微生物学中起到越来越重要的作用。

在应用孔板培养时，应当注意以下问题：①对于厌氧培养或微好氧培养，孔板需静置，由于体积的所限，培养基质比表面积增大，这会使得孔板的氧传递速率（OTR）要比摇瓶静置时 OTR 高。②对于好氧培养，孔板需至于要床上震荡，小型化使得液体的表面张力增大，这会影响到在震荡过程中气液界面的形成，此时与同等条件下摇瓶 OTR 相比，孔板的 OTR 又偏低。另外，表面张力还受到培养微生物种类和培养基的影响，以上这些因素会使得孔板最大 OTR 的测定变得困难。实验已表明选用方孔的孔板代替圆孔孔板可显著增加 OTR。③使用聚丙烯 96 孔深孔板时，有报道表明，材料渗漏出来的某些有害物质可能在培养过程中对细胞生理有较为显著的影响，而在使用前用热碱和热酸浸泡可以有效去除这些有害物质。④近几年来，在工业中突变体的筛选中，孔板应用已经比较普遍。在所有突变体筛选过程中，为了使得测得数据（如生长曲线）的重复性更好，控制好接种量是一个至关重要的因素。如果终点测量的滞后时间和增长率的微小差异能被纠正，就可以有效减少误差。

二、微型反应器

经典的菌种初筛和复筛都是在没有任何检测参数的摇瓶或孔板中进行的，筛选过程微生物的外在培养环境与工业发酵生产存在巨大反差，很多真正符合实际生产环境、性状优良的菌种往往在筛选初期就被漏筛掉了；菌种筛选和筛选后发酵工艺设计与优化工作是分开、顺序进行的，两者之间缺少技术参数的联系，导致摇瓶筛选到的优良菌株与实际工艺条件产生不对应性，因而许多优良菌株的高产性能很难在工业生产中体现出来。这种筛选模式在我国沿用了半个多世纪而没有明显改进。由此可见，在菌种选育领域，亟需开展多参数的、与发酵工艺过程相结合的高通量菌种筛选技术和方法的研究。

目前已报道的微型反应器有很多种，虽然这些反应器形式各异，但都具有以下功能和特点：①多参数在线检测功能。可同时测量 pH、溶解氧、OD(optical density，光密度)等重要参数；②高通量分析功能。在一台微反应器上集成的微发酵罐数可达 6、12、24、48、96 个不等；③体积小。一般小于 100ml，有的可达 5μl，微流控芯片则为 nl 级规模。

对于微型反应器的开发的关键技术难题，除了控制液体蒸发量外，主要是发酵参数的检测。由于培养基质总量太小，很多发酵参数无法用传统方法检测。近些年，光化学传感技术发展和在发酵中的成功应用，为生物反应器的微型化铺平了道路。光化学传感器的测定原理是：特定波长的激发光照射到事先加入培养基内的某种荧光染料指示剂或固定于生物反应器内壁上含有荧光染料指示剂的膜片(patch，即化学传感器)上。指示剂产生发射光或光吸收，并被检测器检测到。根据培养基内氧气或二氧化碳含量的不同(或 pH 变化)，检测到的荧光强度也不同。据此而定量溶液中的溶氧或 pH。与过去基于电化学原理设计的传感器不同，光化学传感器是一种非接触式传感器(non-invasive sensor)，因此最大程度地减少了在线检测对发酵状态的干扰，也解决了染菌问题，且便于缩小反应器。而且光化学传感器成本低廉，其费用为传统电化学电极的 1/20 ～ 1/10。

目前微型反应器造价昂贵，因此很长一段时期无法推广，但反应器的微型化已经成为一个重要的发展趋势，在不久的将来在菌株培养和工艺优化上将起着重要的作用。

第三节 计算流体力学技术

生物过程的放大一直是微生物发酵培养迈向产业化最为重要、也最具有挑战性的环节之一。过程的放大经常会遇到的问题是小规模罐的发酵结果(如产品产量、底物得率等参数)无法在工业规模的发酵罐上复制，有的过程还会相差很大。造成这种现象的一个主要原因是大型发酵罐存在较大的混合问题使之无法像小型罐那样达到很好的均一性，这导致了发酵参数(温度、pH、DO、剪切等)在发酵罐空间上存在着梯度分布。在这样的条件下，细胞在培养过程中将不断经受着环境的变化，当这些非均一性的外界环境对菌体生理代谢产生足够的影响时，建立在均一环境的实验室规模反应器中的生物过程优化工艺在应用于工业规模时便会产生很大的问题。

计算流体力学(computational fluid dynamics，CFD)是用电子计算机和离散化的数值方法对流体力学问题进行数值模拟和分析的一个分支。计算流体力学是目前国际上一个强有力的研究领域，是进行传热、传质、动量传递及燃烧、多相流和化学反应研究的核心和重要技术，广泛应用于航天设计、汽车设计、生物医学工业、化工处理工业、涡轮机设计、半导体设计等诸多工程领域，在生物过程放大中的应用是 CFD 技术应用的重要领域之一。特别是对于搅拌生物反应器，通过计算流体力学研究搅拌生物反应器中流场(温度场、浓度场、剪切力场)结构的特性以及搅拌生物反应器内流场特性对菌体的各种生理特性的影响，并在此基础上研究两者的相互作用规律，从而为生物反应器的优化与工艺放大开辟一条崭新的科学思路。

计算流体力学对搅拌生物反应器内流场计算的基本原理是将整个反应体积划分成尽可能多的网格空间，在给出的几何和流变数据基础上和质量、动量和能量三大守恒定律限定下，通过求解 Navier - Stokes 方程而得到网格空间的物理状态。例如，通过对于气泡的轨迹和分布以及传质情况的模拟能够确定 PO_2 值和氧的传递速率。上述模型，如果能够整合底物浓度和梯度参数、在特定区域的停留时间、代谢通量(结构性代谢模型)等数据，便可以形成更加综合的模拟，可以帮助预测菌体的生理反应。在求解 Navier-Stokes 方程时，理论数学的分析已经证明该方程具有非线性性质，应用当前的数学理论无法求解，只能通过数值计算的方法得到近似解。近些年不断出现新的高精度的算法，推动着计算流体力学的发展及其工程应用。目前对于计算流体力学，有多个商业化的 CFD 软件可以应用，如 Fluent、CFX、StarCD、Phoenics 等。

尽管 CFD 模型和结构生物动力学的整合仍需要对由微环境波动所引发的代谢动力学，调控网络和信号级联转导更深层次的理解和大量的工作，但这种整合对于实现对物理和生理因素相互作用的模拟，进而确定影响产品产量和质量的关键因素和寻找过程放大中合适的参数和策略，将具有长期而重要的意义。

执笔：朱泰承

讨论与审核：董红军、周　杰

资料提供：朱泰承、巩伏雨

参 考 文 献

储炬，李友荣．2002．现代工业发酵调控学．北京：化学工业出版社

夏建业．2008．搅拌生物反应器流场模拟研究及其在发酵过程优化与放大中的应用．华东理工大学

于颖，张小惠．2011．发酵类生物反应器参数在线监控技术．医药工程设计．32(2)：41～47

俞俊棠，唐孝宣主编．1992．生物工艺学(下册)．上海：华东化工学院出版社

张嗣良，储炬．2003．多尺度微生物过程优化．北京：化学工业出版社

张嗣良．2001．发酵过程多水平问题及其生物反应器装置技术研究——基于过程参数相关的发酵过程优化与放大技术．中国工程科学，3(8)：37～44

Duetz W. 2007. Microtiter plates as mini-bioreactors: miniaturization of fermentation methods. Trends Microbiol, 15(10): 469～475

Schapper D, Alam M, Szita N, et al. 2009. Application of microbioreactors in fermentation process development: a review. Anal Bioanal Chem, 395(3): 679～695

Schmidt F. 2005. Optimization and scale up of industrial fermentation processes. Appl Microbiol Biotechnol, 68(4): 425～435

Schugerl K. 2001. Progress in monitoring, modeling and control of bioprocesses during the last 20 years. J Biotechnol, 85(2): 149～173

第四章

微生物菌种选育

第一节 传统诱变的优点与局限

菌种是工业发酵及生物制造的核心，从 20 世纪 30 年代起，微生物就开始被大量用于工业化发酵生产，发酵产品遍布化工、食品、医药等多个领域。早期的微生物发酵产品开发主要是筛选天然的高产菌株，但是自然界中的天然微生物不一定适合工业生产。从自然进化的角度看，自然环境下的微生物菌种存在的最大目的是为了自身生存，因此绝大部分微生物都进化出非常丰富的代谢途径以维持其细胞生长代谢和适应环境条件。然而从微生物发酵制造的角度看，丰富多样的代谢途径却是细胞高效生产目标产物的负担，这些途径额外消耗细胞代谢的能量，和产物竞争各种代谢物前体和辅助因子。另外，分离得到的天然微生物代谢产物种类非常有限，并不能生产人们需要的所有产品。因此，需要对微生物进行人工改造/选育，以期获得目标性状。

微生物菌种选育在发酵工业历史有着重要的地位，是决定发酵产品能否具有工业化价值及发酵过程成败与否的关键。随着生物技术的快速进步，微生物菌种选育技术也得到不断的发展和改进，传统诱变技术在给我们提供了很多优良菌种的同时，也渐渐暴露出其不足之处。

微生物的诱变育种，是以人工诱变手段诱发微生物基因突变，改变遗传结构和功能，通过筛选，从多种多样的变异体中筛选出产量高、性状优良的突变株，并且找出发挥这个突变株最佳培养基和培养条件，使其在最合适的环境下合成目标产物。诱变育种和其他育种方法相比，具有速度快、收益大、方法简单等优点，是当前工业菌种选育的一种主要方法，在生产中广泛使用。目前，人们用于诱变育种的诱变因素有物理因素和化学因素，前者包括紫外线、激光、X 射线、γ 射线和中子等；后者主要是烷化剂（包括 EMS，EI，NEU，NMU，DES，MNNG，NTG 等）、天然碱基类似物、亚硝酸盐和氯化锂等。在物理诱变因素中，紫外线比较有效、适用、安全，其他几种射线都是电离性质的，具有穿透力，使用时有一定的危险性；化学诱变剂的突变率通常要比电离辐射的高，并且十分经济，但这些物质大多是致癌剂，使用时必须十分谨慎。

诱变选育技术的广泛应用为我们提供了各种类型的突变菌株，使得在食品工业、医药、农业、环境保护、化工能源、矿产开发等领域产生众多新的产品，促使传统产业的技术改造和新型产业的产生，同时使诸如抗生素、有机酸、维生素、色素、生物碱、激素以及其他生物活性物质等产品的产量成倍甚至成千万倍地增长，并且产品的质量也不断的提高。比如，青霉素最初在 1929 年被英国 Flemirlg 发现时，利用表面培养活性单位只能达到 1～2U/ml，经过数十载的诱变育种，目前其产量已高达 90000 U/ml，纯度和得率也由最初 20%和 35%分别提高到纯度 99.9%和得率 90%。

但是诱变育种缺乏定向性，因此诱变突变必须与大规模的筛选工作相配合才能收到良好的效果。另外,诱变育种具有随机性,诱变剂导致的突变位点大致随机分布在基因组上,由于多数目标性状(如产量)都是多个基因相关的,最终筛选获得的突变菌株往往含有多个突变位点,其中可能既有有益的突变,也会夹杂无关甚至负突变。这些负突变的引入会影响菌种性状的发挥。随着诱变次数的增加,负突变会在菌株中累积,最终影响诱变育种的效率。受制于天然微生物发酵产物种类,诱变育种获得的突变株产品非常有限,主要集中在乙醇、丙酮、丁醇、甘油、有机酸、氨基酸和抗生素等化合物;另外,由于大部分微生物的发酵产物都是多种化合物的混合物,因此目标产物的产率通常比较低而下游的分离成本则非常高,这使得微生物发酵的生产成本一直居高不下。

第二节　微生物代谢网络改造主要创新技术

随着对微生物生理代谢认识的深入和分子生物学技术的发展,开发出越来越多的在分子水平上改造微生物的技术。按照靶标性状的不同,可以分为两大类:一类是改造微生物代谢网络,主要是一些理性或半理性改造技术,包括传统的基因工程和代谢工程、在此基础上发展起来的系统代谢工程以及合成生物技术、基因组工程如 MAGE 等;一类是在更全局的水平上改造微生物整体性能,如胁迫抗性、高生产强度等,主要是一些全局扰动技术,包括进化工程、基因组改组 genome shuffling、全局转录机器工程 gTME 等。本小节首先介绍在改造微生物代谢能力方面的理性和半理性技术。

一、基因工程和代谢工程

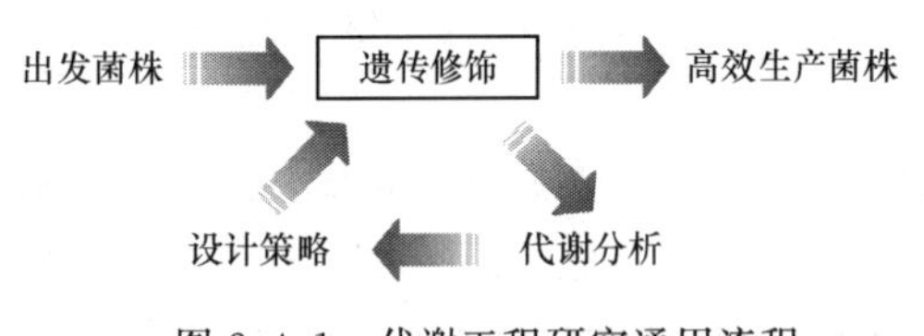

图 2.4.1　代谢工程研究通用流程

代谢工程也称途径工程或代谢设计,是多基因的基因工程,近年来被生物工程领域的广大研究人员普遍使用。20 世纪 70 年代以来,随着基因工程技术的迅猛发展,对微生物的分子水平研究和基因重组技术日趋成熟。1991 年在 Science 上正式提出代谢工程的策略,其基本思想是根据已有的遗传和生化知识,找出限速步骤,进行遗传修饰,最终获得高效生产菌株。其工作流程如图 2.4.1 所示。

代谢工程的基础是根据代谢分析设计策略,核心是利用基因工程技术在菌株中定向改造基因,有目的、理性的改进或者构建新的微生物代谢网络,对细胞的代谢网络进行修饰与改造,改变代谢流,扩展和构建新的代谢途径,从而尽可能提高目标代谢产物的得率和产率等。代谢工程应用于微生物中不仅可以使目标产物高产,还可以合成一些新型的目标产物。微生物代谢工程在生物工程研究的所有领域内都有潜在的应用,包括:异源蛋白的生产、扩展底物利用范围、提高目标代谢物的生产速率和生产能力、合成新的物质、提高生产菌株的工业适应性、阻断或降低副产物的合成、对环境有害物质降解等。

代谢工程研究的一个重要分支是胞内辅因子工程(cofactor engineering)。随着代谢工程的广泛应用,代谢流改造过程中目标产物得率不高,副产物比例高的问题逐渐凸现出来,成为制约生物合成成本的一个重要因素。辅因子工程应运而生,并且越来越受重视。它通过改变辅酶(或辅因子)的再生(包括供给)及消耗途径,调节细胞内代谢流分布,从而改变胞内代谢物的构成,提高目标产物的得率。

提高生物氧化还原系统的效率是辅因子工程的主要应用领域之一。近年来已有很多针对此的研究：

（一）辅因子体内再生

研究发现，在酿酒酵母中，糖分解及代谢产物生产过程产生大量 NADH。为了维持细胞正常生长和代谢流顺利进行，NADH 氧化还原必须保持平衡。在好氧生长条件下，酵母中 NADH 的氧化可以通过线粒体膜上的电子传递链实现；而在氧缺乏条件下，NADH 不能通过线粒体电子传递链被氧化，NAD 再生受阻，细胞需通过糖酵解过程中的产物如磷酸二羟丙酮作为内源电子受体再生细胞质中的 NAD，从而造成甘油等代谢产物的积累。NADPH 则是酿酒酵母胞内还原力的主要来源，在酿酒酵母中，NADPH 产生主要来源于磷酸戊糖途径，而消耗主要用于合成代谢，包括脂类的合成，氨基酸、核酸的合成等。但在酿酒酵母中由于缺乏转氢酶，NADH 和 NADPH 的代谢不是偶联的，这就造成酿酒酵母代谢过程中副产物大量积累，而乙醇得率较低的问题。对酿酒酵母辅酶代谢工程的研究包括引入转氢酶系统，使两类辅酶进行可逆转化；增加代谢中可利用的 NADPH，实现 NADH 的厌氧氧化等。但是在目前的探索中，发现引入外源转氢酶后，辅酶转化方向与预期方向相关，不能提高乙醇合成能力；而通过敲除 NADPH 依赖型的铵吸收代谢途径、构建替代途径，副产物积累大大减少，乙醇产量增加 8%以上；超量表达外源 NADPH 再生途径的举措明显促进了乙醇合成，产量提高了 50%；引入 NADH 氧化途径也可以减少了副产物积累，乙醇产量提高 20%以上。

（二）缺失竞争途径的调控辅因子分配

清华大学的研究人员在 1，3-丙二醇的生物合成研究中发现，乙醇、乳酸等副代谢途径的存在会竞争性的消耗 1，3-丙二醇合成过程中需要的还原型辅酶 NADH，从而降低目标产物的得率。通过选择性的敲除 *Klebsiella pneumoniae* 合成 1，3-丙二醇过程中最主要的竞争途径——乙醇合成途径的关键基因，有效地将底物代谢流转移到了合成 1，3-丙二醇上，从而大大促进了目标产物的合成，甘油到 1，3-丙二醇的摩尔转化率达到 70%左右，接近理论最大得率。

葡萄糖发酵生产甘油的过程由于受到代谢网络刚性节点、ATP 及胞内氧化还原状态的制约，一般认为其理论转化率为 1 mol 甘油/mol 葡萄糖。但是 Geertman 等通过削弱 *Saccharomyces cerevisiae* 菌中与甘油合成竞争性消耗 NADH 的途径以及向发酵液中补加甲酸促进 NADH 再生的措施，使得甘油得率达到 1.08 mol/mol 葡萄糖。

（三）调节辅因子水平调控代谢流

辅因子工程也在其他生物系统中有更广泛的应用。江南大学的研究人员通过调节辅因子（维生素 B_1、生物素、Ca^{2+} 等）水平，改变了 *Torulopsis glabrata* 的代谢流。通过优化发酵体系维生素浓度，可以大量积累丙酮酸，使之发酵浓度达到 69 g/L。而且发现提高维生素 B_1 和生物素的浓度可以选择性的激活丙酮酸脱氢酶和丙酮酸羧化酶途径，高产 α-酮戊二酸。他们的研究表明通过辅因子调控可以方便、快捷的调节生物合成过程，甚至改变代谢流向，更好地适应工业生物合成体系的市场需求。

美国 Dupont 与 Tate & Lyle 公司科研人员联合完成的在大肠埃希菌中构建利用葡萄

糖高产 1,3-丙二醇的工作可以说是代谢工程研究最成功的案例之一。如图 2.4.2 所示，自然界中尚未发现拥有完整的葡萄糖到 1,3-丙二醇途径的菌株，不同的菌株部分拥有该途径。研究人员将酵母的甘油途径和克氏肺炎杆菌的 1,3-丙二醇途径一起导入大肠埃希菌，与其自身的葡萄糖酵解途径一起，构建了完整的葡萄糖到 1,3-丙二醇途径。为了获得高效的生产菌株，他们进行了大量的途径改造工作，共对超过 70 个基因进行了改造，最后获得的工程菌中有 18 个基因被敲除或过量表达。

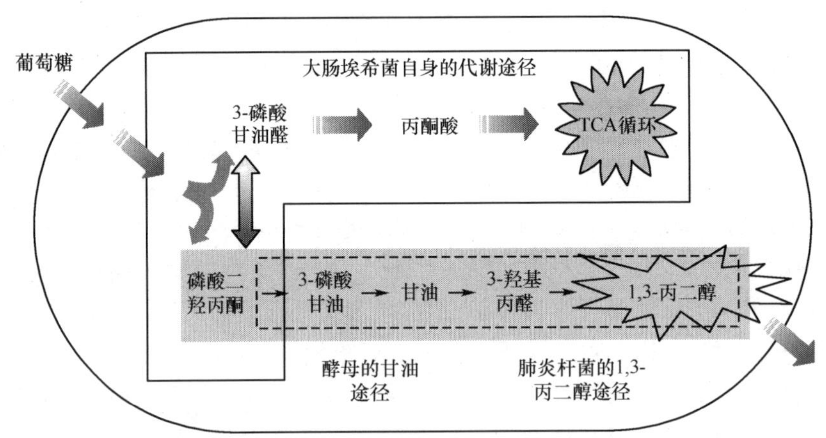

图 2.4.2　葡萄糖产 1,3-丙二醇重组大肠埃希菌构建示意图

代谢工程的问世极大地推动了微生物发酵产业的发展，其能够有目的地操纵细胞的酶、转运和调控功能，从而改善细胞性能，如提高细胞发酵生产能力、扩大底物利用范围、优化生理性能、合成新化合物等。虽然代谢工程在改造某些微生物提高其发酵性能中取得了很大的成功，但是早期的相当一部分改造并没能取得预期的效果。2006 年的 *Journal of Biotechnology* 杂志上总结了目前研究人员对细菌、酵母及真菌的初级代谢途径如糖酵解、戊糖磷酸化、三羧酸循环、氨基酸合成等进行代谢工程研究的方法，发现尽管这些研究已经取得了很多成绩，但对这些初级代谢途径进行调控有时并不尽如人意，也可能带来一些新的问题，如菌体生长减弱，目标产物生产强度降低等。最主要的原因是人们对大部分微生物的生理遗传背景、酶反应特性、代谢网络结构的了解还不是很完善。如何分析微生物的代谢网络结构，高效快速地鉴定各种条件下的微生物代谢功能进而指导对微生物细胞的改造，需要在对菌体生长代谢进行更全面的理解的基础上才能进行，尤其是进行基于“组学”（基因组学、转录组学、蛋白质组学、代谢物组学、代谢通量组学等）等更全局的观点进行代谢工程研究的新的探索。

二、系统生物技术和系统代谢工程

从 1995 年第一个细菌流感嗜血杆菌全基因组序列测定开始，短短十几年内，各种微生物全基因组测序以及重要微生物群落元基因组测序发展迅速。到目前为止，已经启动了 3500 多个微生物的全基因组测序计划，其中近 1000 个已经完成(http://www.genomesonline.org)。目前，代表性的重要工业微生物菌种基因组测序均已完成(图 2.4.3)。大量微生物全基因组序列的测定和功能基因组学技术的涌现，使我们能够从整体上认识微生物代谢网络；能够从基因、RNA、蛋白、代谢物、代谢通量等多个层次系统分析微生物代谢，微生物育种随之进入基因组时代。

用途	菌种，基因组大小	年份，期刊
• 酿酒	*Saccharomyces cerevisiae*, 12.1 Mb	1997, *Nature*
• 酶	*Bacillus subtilis*, 4.2 Mb	1997, *Nature*
• 丙酮丁醇	*Clostridium acetobutylicum*, 3.9 Mb	2001, *J. Bacteriol.*
• 益生菌	*Bifidobacterium longum*, 2.3 Mb	2002, *PNAS*
• 益生菌	*Lactobacillus plantarum*, 3.3 Mb	2003, *PNAS*
• 生物转化	*Pseudomonas putida*, 6.2 Mb	2002, *Environ. Microbiol.*
• 氨基酸	*Corynebacterium glutamicum*, 3.3 Mb	2003, *J. Biotechnol.*
• 琥珀酸	*Mannheimia succiniciproducens*, 2.3 Mb	2004, *Nature Biotechnol.*
• 发酵食品	*Debaryomyces hansenii*, 12.2 Mb	2004, *Nature*
• 酸奶制品	*Streptococcus thermophilus*, 1.8 Mb	2004, *Nature Biotechnol.*
• 嗜热酶	*Thermus thermophilus*, 2.1 Mb	2004, *Nature Biotechnol.*
• 酒精	*Zymomonas mobilis*, 2.1 Mb	2004, *Nature Biotechnol.*
• 乙酸	*Gluconobacter oxydans*, 2.7 Mb	2005, *Nature Biotechnol.*
• 发酵食品	*Aspergillus oryzae*, 37 Mb	2005, *Nature*
• 发酵肉品	*Lactobacillus sakei*, 1.9 Mb	2006, *Nature Biotechnol.*
• 发酵乳品	*Lactococcus lactis*, 2.5 Mb	2006, *PNAS*
• 生物塑料	*Ralstonia eutropha*, 7.1 Mb	2006, *Nature Biotechnol.*
• 有机酸	*Aspergillus niger*, 33.9 Mb	2007, *Nature Biotechnol.*
• 五碳糖	*Pichia stipitis*, 15.4 Mb	2007, *Nature Biotechnol.*

图 2.4.3　重要工业微生物菌种基因组测序时间表

基因组序列提供给我们全部基因信息，方便目的基因克隆；为 DNA 芯片的设计提供了依据，为蛋白质组分析提供了对照数据库，为重构代谢网络模型提供了基本数据，使模拟细胞生命活动成为可能，代谢工程迎来了前所未有的发展机遇。在代谢工程的基础上，系统生物技术和系统代谢工程应运而生。传统代谢工程只是对局部的代谢网络进行分析以及对局部的代谢途径进行改造。由于其还没有真正意义上从全局的角度去分析改造细胞，所以具有很大的局限性。高通量组学分析技术和基因组水平代谢网络模型构建等一系列系统生物学技术的开发使我们能够从系统水平上分析细胞的代谢功能。将这些系统生物学技术和传统代谢工程以及下游发酵工艺优化相互结合，从而形成系统代谢工程的研究思路。

2005 年 Trends in Biotechnology 杂志上 Sang Yup Lee 等详细描述了系统代谢工程研究的思路。如图 2.4.4 所示，系统代谢工程是对湿实验和干实验的有机整合：对系统生物学湿实验获得的大量组学数据（基因组、转录组、蛋白质组、代谢组、通量组等），通过基因组规模的建模和计算模拟，形成对微生物生长代谢的生物学认识，进而通过模型预测改造靶点，指导菌种改造；并对改造过的菌种进行下一轮次的系统生物学研究，利用新的组学数据校正模型后再次模拟计算，发现新的改造靶点，进一步指导菌种改造；如此反复，最终获得产量、产率和得率提高的工程菌，并开发相应的过程工艺。

韩国学者 Sang Yup Lee 等在这方面有大量研究。如图 2.4.5 所示，为了获得高产缬氨酸的大肠埃希菌，他们首先阻断分支代谢途径关键酶基因 *ilvA*、*ilvBN*、*leuA* 和 *panB*，对反馈抑制基因 *ilvIH* 进行定点突破接触反馈抑制，获得的工程菌缬氨酸产量达到 1.31 g/L；进一步地，通过比较转录组分析，确定新的改造靶点，过量表达 *lrp*、*ygaZH*、*ilvCDE* 等基因，使缬氨酸产量提高到 7.61 g/L；为了进一步提高产物得率，他们构建了基因组规模的网络模型，通过计算模拟，确定了影响缬氨酸得率的代谢途径，通过敲除多个基因，最终使缬氨酸得率达到 0.378 g/g。

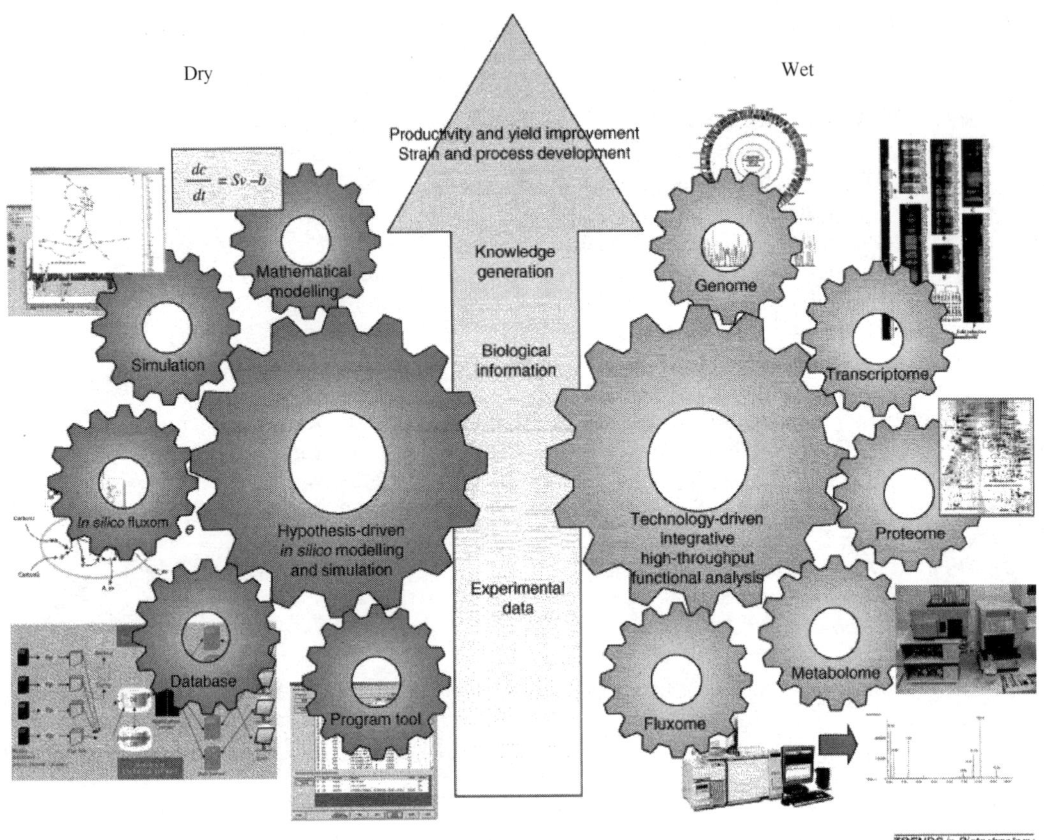

图 2.4.4　系统代谢工程通过系统整合湿实验和干实验提高微生物改造效率

另外，他们也将这种研究应用到利用 *E. coli* 生产琥珀酸的研究中，通过对琥珀酸生产菌 *Mannheimia succiniciproducens* 和混合酸发酵菌 *E. coli* 进行基因组比较分析，以确定*E. coli* 中与琥珀酸高产有关的基因。通过他们的研究，发现了 5 个可能导致 *E. coli* 不能合成琥珀酸的基因或操纵子（*ptsG*，*pykF*，*sdhA*，*mqo*，*aceBA*）；进一步通过建立网络模型模拟计算，比较了不同基因敲除菌的生长和产物合成情况，推测出敲除三种与丙酮酸合成相关的基因（*ptsG*，*pykF*，*pykA*）有助于促进琥珀酸合成。通过这些代谢工程手段获得的突变株琥珀酸合成能力提高了 7 倍以上，琥珀酸在代谢产物中的比例也提高了 9 倍以上。

目前，系统代谢工程研究策略正被越来越多的研究人员应用到菌株改造中。

三、多重自动基因工程技术

如上文所述，系统生物学分析往往预测出多个改造靶点，单基因改造一般很难达到预期效果，但同时对多个基因进行修饰（插入序列、删除序列、在序列上引入点突变）非常困难。2009 年一种新的多基因改造技术——多重自动基因工程技术（Multiplex automated genome engineering，MAGE）产生，解决了这一难题。

多重自动基因工程技术，通过平行编辑多重基因，可快速进行细胞定制，仅用 3 天时间就将大肠埃希菌细胞转变成一个生产化合物的高效工厂。利用大肠埃希菌 λ 噬菌体 DNA 编码的 β 蛋白，其具有单链 DNA 结合和促进单链 DNA 与同源序列退火的功能，在大肠埃

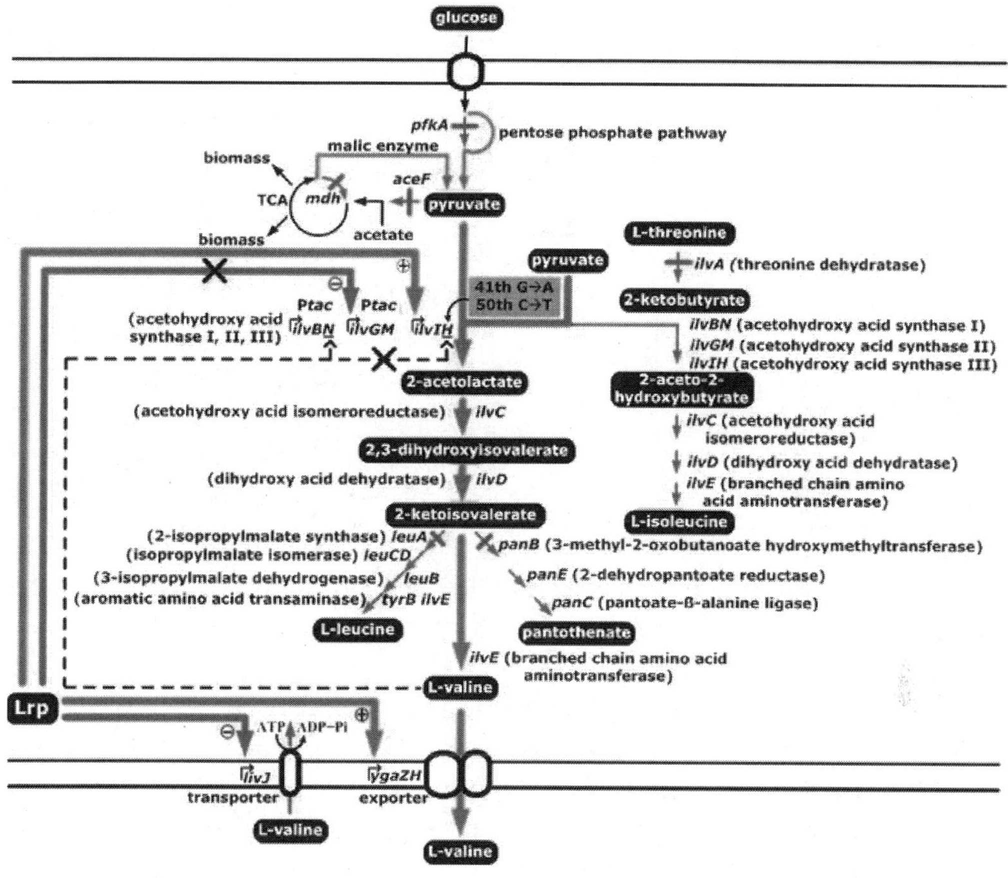

图 2.4.5 利用系统代谢工程构建高产缬氨酸大肠埃希菌工程菌

希菌中过量表达β蛋白后，导入与基因组基因同源的含有随机碱基的寡核苷酸，β蛋白结合寡核苷酸，当基因组DNA复制时，退火到后滞链，作为引物，整合到基因组中，实现胞内基因组序列的编辑，如图2.4.6所示。经过多次循环，产生多样性非常丰富的细胞群体，如图2.4.6b所示。产生的微生物细胞个体的多样性，由三个因素的决定，寡核苷酸序列的多样性、基因组的同源靶位点的个数和MAGE的循环次数。这三个因素的累积影响，可实现高度的多样性。

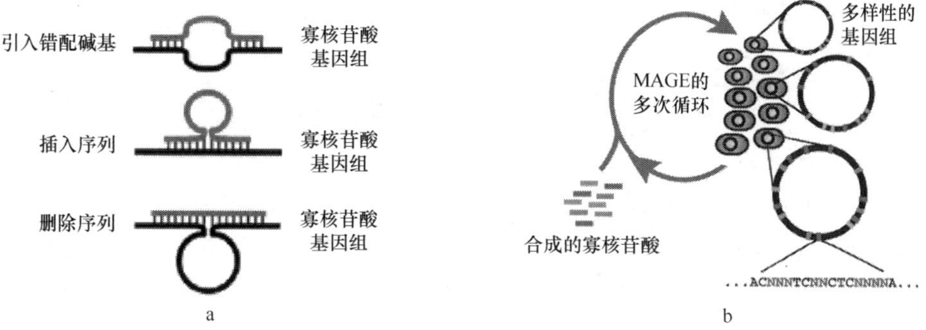

图 2.4.6 单链寡核苷酸编辑基因组的三种方式

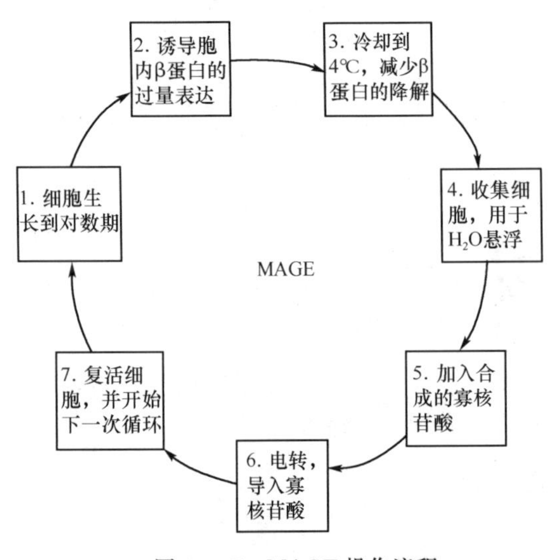

图 2.4.7　MAGE 操作流程

MAGE 的操作如图 2.4.7 所示，共包括 7 步，可由细胞培养箱、细胞收集器和电转设备三部分组成，可实现自动化控制。

MAGE 技术是由美国哈佛医学院遗传学教授乔治·丘奇领导的研究小组开发的。研究人员选定大肠埃希菌作为实验对象，将几个基因引入到大肠埃希菌的环状染色体中，诱使其产生番茄红素——胡萝卜素的一种，具有极强的抗氧化活性。他们从大肠埃希菌 4500 个基因中选取了 24 个与番茄红素合成相关的基因，并设计 90 个碱基长度的寡核苷酸，内含有 11 个连续随机碱基的 RBS 序列，用于修饰其中 20 个基因的翻译效率(D=G,A,T and R=G,A，产生了 4.7×10^5 的多样性)，以及 4 个基因的敲除，组合优化 24 个基因的表达效果。仅用 3 天时间就将大肠埃希菌细胞转变成一个生产化合物的高效工厂，而大多数生物科技公司要完成这一任务需要几个月或几年的时间。

MAGE 技术的优点可概括为：①快速和高效：仅用 3 天时间就将大肠埃希菌细胞转变成一个生产化合物的高效工厂；②操作简单：传统上，DNA 重组技术，也称为基因克隆技术，其程序相当复杂，包括分、切、连、转等多个环节。而 MAGE 的各种步骤可以实现自动化控制，连续循环操作；③筛选随机组合多个基因的表达效果：基因功能不是孤立的，而是相互依存的。克隆经常会使研究人员忽略了基因的相互依存性，以至于过于简单地看待细胞系统。MAGE 可产生非常多样性的目的基因的编辑方式，综合考虑多重基因间的相互影响，更有效地优化细胞代谢网络。

但是，由于 MAGE 需要存在功能 β 蛋白和高效的转化效率，如大肠埃希菌的模式菌株，一次循环可实现 30%细胞被编辑，而其他菌种难以达到如此高的效率。同时，菌株要求低错配修复(mmR)功能，增加单链寡核苷酸的编辑效率，因此具有一定的菌种局限性。另外，富含 β 蛋白的大肠埃希菌中，MAGE 使用的寡核苷酸的最佳长度为 90 个碱基，同时异源碱基数量不能过多，因此在编辑片段长度方面也有一定的局限性。随着 MAGE 技术的不断完善和专用仪器的开发，其有望在菌种改造领域发挥更大的功效。

四、合成生物技术

微生物是在自然界适宜条件下进化而来的，其目的是为了自身存活，而不会大量积累人们需要的化学品。自然进化而来的微生物在生产化学品或降解有毒物质方面具有一定的局限性，如果能够人工合成微生物，使它们仅仅执行细胞生长和生产单一目标产物的目的，必然会大大提高微生物的发酵生产能力。20 世纪 70 年代初重组 DNA 技术和基因工程的发展，成为生物技术革命的第一次浪潮，90 年代中期代谢工程的出现，为生物技术在工业领域的应用起到了巨大作用。本世纪以来，系统生物学与系统生物技术、系统代谢工程和工业系统生物学，以及最新的合成生物学，已经成为生命科学与生物技术领域的热点与焦点，其中 2004 年美国的《技术评论》杂志将合成生物学列为将改变世界的新出现的十大技术之一。各种微生物基因组序列的大量发掘以及系统生物学技术的大量开发使得人工合成微生物的思想非常有可能实现。微生物合成的思路和大部分工程学合成类似(如电子器件的合成),由各种零件(基因、蛋白、单一代谢途径、局部代谢网络、全细胞)一步步组装而成。通过对这些零件的标准化程序制定、设计、组合、重建、调试、优化,完全有可能人工构建出高效执行特定任务的超级微生物菌种。

合成生物技术的一个关键是基于微量、高并行和高保真的大片段 DNA 设计和合成技术。自 2003 年以来美国 J. Craig Venter 实验室不断研究发展合成基因组工作,包括从 FX-174 噬菌体基因组的合成,到含有 582970 碱基对的生殖道支原体全基因组合成,2010 年,Venter 带领的研究小组成功创造了一个新的细菌物种——"Synthia"。他们将 *Mycoplasma capricolum*(细菌 A)的细胞核消除;将 *M. mycoides*(细菌 B)的 DNA 序列解码并拷贝到电脑中。然后通过人工合成的方法(形象地说,就是用基因打印机把这个 DNA 序列打印出来),将细菌 B 的 DNA 重新制作出来并添加到细菌 A 的细胞中并激活它,获得了具有生存能力的新菌株。基因组全合成工作的快速进展使人工合成生命这一合成生物学终极目标取得了历史性突破,为创造可用于生产药物、生物燃料、生物基化学品、处理毒性废物等方面的人工细胞奠定了基础。

合成生物学的进展不断改善设计、构建和合成人工细胞的技术方法和能力,从而使人工细胞的设计和合成从单基因向多基因发展,从代谢途径向代谢网络和调控网络发展,从改造局部基因组向化学合成人全基因组发展。人工细胞利用生物质粗原料的能力不断增强,与工业环境适应相关的工业属性不断改善,因此人工细胞制造新型生物基化学品逐渐取得不同凡响的成效。

加州大学洛杉矶分校的 James Liao 实验室对大肠埃希菌的氨基酸代谢途径进行了人工改造,制备的高级支链醇可以作为性能优良的新型生物基化学品。该研究通过依次设计合成了氨基酸合成代谢中间物 2-酮基酸的合成途径、2-酮基酸脱羧还原途径,并将它们在大肠埃希菌中组装成一条高效合成异丁醇的代谢途径,使最终的异丁醇产量达到 22g/L 的水平。他们研究提出的生物设计思路也可用来合成其他的长链醇一系列生物基化学品,如异戊醇,丙醇,丁醇,活性戊醇和苯乙醇,以及非天然的碳原子含量更多的长链醇(六碳至八碳)。不仅大肠埃希菌可以生产这些长链醇,对谷氨酸棒杆菌以及蓝细菌进行类似的合成设计和改造也获得了成功。加州大学伯克利分校 Keasling 实验室在酵母细胞内设计并整合入优化过的青蒿酸生化合成通路,成功利用酵母细胞来生产治疗疟疾的药物青蒿素,成本显著降低。该研究依次设计合成了甲羟戊酸途径、amorphadiene 合成酶、细胞色素 P450 单加氧酶,并将它们在酿酒酵母中组装成一条高效合成青蒿酸的代谢途径并进行调控,使最终的青蒿酸产量达到 300mg/L 的水平。麻省理工学院 Stephanopoulos 教授领导的研究小组通过模拟植物中的自然代谢途径,优化、重构合成途径,合成人工细胞高效地生产紫杉醇的重要前提物紫杉烯。人工合成细胞每小时可以合成 8mg/L 的紫杉烯,最终的产物浓度可以达到 1g/L。麻省理工学院 Prather 教授的研究小组合成了制造萜烯化学品 levopimaradiene 的人工细胞,结合代谢工程和蛋白质工程的精细调控关键酶蛋白元件,人工细胞的目标化学品的合成效率可以提高 2600 倍,最终产物浓度可达到 700mg/L。

合成生物学和人工合成细胞的研究发展,产生了不同功能和性能的生物元件和模块。2003 年美国麻省理工学院成立标准生物部件登记处,收集功能各异的标准生物部件,供全世界科学家索取,用于组装人造生命和细胞。目前已经有超过三千 BioBrick 标准化生物元件被登记保存，功能初步确定的生物元件库建立为化学品生物合成路线的模拟计算和设计提供了物质基础。

总结制造生物基产品的人工合成细胞的研究主要有两类合成思路：①是拼接、重组合成代谢途径并进行调控优化，实现目标化学品的生产和制造，如上文所述的异丁醇、紫杉烯和青蒿素生物合成；②是基于自然代谢途径，模拟计算、功能设计和创建新型合成途径，实现非天然代谢物的化学品制造，近年来备受关注的1,4-丁二醇生物合成是典型。

近几年国外研究进展表明，大肠埃希菌为代表人工合成细胞虽然已经被开发成能够生产多种不同生物基化学品，包括长链醇、生物烃、微生物油脂等等，不过很多研究还只是证明生产某些生物基化学品的可行性，真正要实现低成本的工业化生物基化学品生产还有很长的路要走。人工合成细胞的开发归根是利用生物学、化学、物理、计算科学、工程科学等交叉学科手段，解决用于生产大宗化工产品的人工细胞其生物合成路线的是否是可能模拟设计出来？基于模拟设计合成的反应途径是否可行？含有可行生物合成路线的合成细胞其工业应用性能的可实现性有时如何？只有能够完全解决上述问题后得到的人工合成细胞才有可能实现基础有机化工原料的全生物合成，为逐步摆脱石油经济体系提供技术可行性。

第三节　微生物改造全局扰动技术

基因工程及代谢工程主导的菌种改造策略大多是基于对代谢途径的了解，通过表达、敲除目标代谢途径或转运系统的基因，使发酵产物得率或微生物底物利用能力得到提高。与传统诱变方法相比，这种代谢途径定向改造的菌种改造策略具有一定的优势，但也有不少问题。例如，外源基因的过量表达或有毒代谢中间产物的积累都会对微生物细胞产生毒害作用，使其活力降低。对目标代谢途径上的单个或多个基因的操作，有时会导致胞内微环境(如氧化还原电势)改变，从而使胞内酶活性大幅变化，产生不可预知的表型。另外，由于微生物细胞代谢往往受到外部环境，如pH、温度、渗透压、氧化还原电势的影响，仅改造细胞的代谢途径通常不能获得稳定的生理功能，也有很多实验室菌株因操作条件要求苛刻不能在实际生产中应用。因此工业菌株改良不能仅限于代谢途径改造，而应从更全局的观点，考虑菌株的整体生理性状，以增强其鲁棒性和适应性。近年来，诸如基因组改组genome shuffling、全局转录机器工程gTME等全局扰动技术开发得越来越多，为复杂生理性状的改造提供了可能。

一、基因组改组(genome shuffling)

从概念上看，genome shuffling技术可以认为是DNA shuffling在全基因组水平上的延伸和发展。DNA shuffling的概念于1994年由Stemmer E首先提出，是一种在体外定向进化分子的方法。首先，将同源的DNA用DNase Ⅰ进行消化形成片断，然后再用DNA聚合酶将这些互为模板和引物的随机片断连接起来，使之重新随机装配，从而获得了多种排列组合的突变基因库。最后，利用设计好的引物PCR，得到预期的重组体。这种方法被不断应用于蛋白如酶、抗体等的结构和性能改进。

很快在此基础上又发展起来了Gene family shuffling技术，原理与DNA shuffling类似，只不过是利用自然界已经存在的同一家族中各基因的差异来进行重组，这样既保证了基因的多样性，又不需要去筛选那些已经被自然进化所淘汰的中性或者有害突变，因此进化速度明显提高。

2002 年 Stephen del Cardayre 领导的研究团队在 *Nature* 和 *Nature biotechnology* 杂志上先后发表发表两篇文章，首次提出 genome shuffling 概念，该技术将传统微生物育种技术、高通量筛选技术与原生质体融合技术(protoplast fusion)相结合，使原本目的性状只得到微弱提高的多个亲本菌株在基因组水平上随机重排，从而使正向突变在子代菌株中迅速积累，获得目的性状优势明显的子代菌株。

从技术路线上看，genome shuffling 技术首先利用传统的菌种改良手段，结合合理的筛选策略获得若干目标性状发生正向突变的菌株，形成 genome shuffling 的起始亲本文库(library)。将起始亲本制备原生质体，进行随机融合，并对融合子以目的性状进行筛选，获得比起始亲本更具有优势的融合子。以一轮筛选获得的融合子为二轮融合的亲本，再次进行不同亲本间的融合。如此进行反复，通过多轮递归式的原生质体融合与筛选使起始亲本文库中的菌株在基因组上的大量不同的正向突变积累到最终的目的菌株中去。

总体分析，genome shuffling 技术包括三个关键环节：

(1) 获得目的性状提高、遗传多样性足够丰富的亲本菌株文库。通过传统的菌种改良手段如诱变、驯化或种间原生质体融合等较为成熟的技术，即可以获得大量基因组同源而又具备足够差异性的不同菌株。

(2) 有效的原生质体制备、融合和再生技术。原生质体融合是基因组水平上发生重排的前提和基础，可能正因如此 genome shuffling 最初就应用于原生质体融合技术成熟高效的链霉菌中。同样原因，genome shuffling 技术对原生质体制备较为困难的革兰阴性菌应用较为困难，到目前为止尚无成功报道。

(3) 高通量目的性状筛选策略。筛选策略是 genome shuffling 技术流程效率的主要影响因素，能够与菌株生长速度直接联系的目的性状的筛选策略将极大地提高该技术的发展速度。

2002 年，Ranjan Patnaik 等人将 genome shuffling 技术应用于乳酸生产菌 *Lactobacillus* 低 pH 耐受性的改良。目前乳酸的发酵生产通常是在 pH 5.0～5.5 的环境中进行的。过低的 pH 会对菌体产生很强的抑制作用，并终止发酵。然而，如果能使发酵环境的 pH 接近或低于 3.8(乳酸的 pK_a)，则可以直接得到游离的乳酸，从而简化下游的分离工艺。研究人员采用了两种方法获得起始亲本菌株，即恒化培养(驯化)和 NTG 诱变；然后，经过 5 轮递归原生质体融合，最终筛选到了 5 株低 pH 耐受性显著提高的乳酸菌。这 5 株菌均能够在 pH 为 3.8 的培养基上生长(起始亲本菌株无法生长)，并且经过各种层次的发酵验证，乳酸产率均比出发菌株提高 2～3 倍。研究中为了证明该方法的有效性，他们通过两个营养缺陷型的标记菌株，计算了同源重组以及原生质体的形成和再生引起的基因突变对整个实验的影响。实验证明，这些因素对结果的影响每轮只占 0.1%～1%，因此，菌株性状的提升主要是由 genome shuffling 所贡献。

2004 年 Minghua Dai 等人利用 genome shuffling 技术进行了对环境污染物降解菌株的改造。现代化工业的发展使得成千上万化学污染品进入环境，而同时用于环境治理的微生物选育越来越受到重视。杀虫剂五氯苯酚(PCP)是一种难降解的有毒物质，但可被 *Sphingobium chlorophenolicum* 完全降解。但该菌对 PCP 的降解速度很低，且耐受力较差。Minghua Dai 和 Shelley D. Copley 以 *S. chlorophenolicum* ATCC 9723 为出发菌株，利用亚硝酸胍进行诱变构建亲本文库，最终通过 Genome Shuffling 技术获得了 7 株 PCP 降解株，降解速度和耐受性均得到提升。改良后的菌株能够在 PCP 浓度为 68 mmol/L 的固体培养基上生长，而原始菌株耐受浓度低于 0.6 mmol/L。在获得改良菌株后，研究人员对其与降解 PCP 的酶系关键基因进行了 PCR 分析，并且从中找到了一些表达规律，从基因角度对该菌株的 PCP 降解能力的提升进行了分析，为进一步对该菌株的应用和改进奠定了基础。

2008 年 Rojan P. John 等人发展了新的亲本文库建造策略。乳酸乳杆菌是一类具有较强乳酸耐受性、并应用于乳酸工业发酵的菌株，但其对生产条件要求较高，不能利用淀粉等廉价底物，需要在培养基中补加各种氨基酸和生长因子。研究人员将具有乳酸耐受和发酵生产能力的菌株 *Lactobacillus delbrueckii* NCIM 2025 与具有淀粉水解酶生产能力的菌株 *Bacillus amyloliquefaciens* ATCC 23842 进行原生质体融合，获得的大量融合子构建起始亲本菌株文库，以淀粉水解能力和乳酸生产能力为双重筛选标准，进行 genome shuffling，经过 3 轮筛选获得了能够利用淀粉进行乳酸生产的新型工业菌株，并对其代谢生理学进行了研究。该研究利用种间原生质体融合中融合子中形成过程的染色体随机重排，而构建起始文库的遗传多样性，经过对融合子的多轮融合和筛选，最终获得同时具备最初两种出发菌株各自优势性状的理想菌株。

总结来看，genome shuffling 技术在获得涉及菌株细胞内多种不同的基因和调控机制的性状获得方面，相比传统菌种诱变技术和“理性的”菌株遗传改造技术，表现出更大的潜力。与传统菌种改良技术相比，genome shuffling 技术在效率上具有极大的优势。以诱变为例，传统策略通常是将每一轮产生的突变体库中筛选出的最优的一株作为下一轮诱变的出发株，即连续的随机突变和筛选(sequential random mutagenesis and screening)，是一种无性的(asexual)单一亲本起始的菌种选育过程，无法充分利用不同优势菌株的丰富的遗传多样性；而 genome shuffling 技术则实现了多个不同亲本间的基因组的融合与重组，是一种多亲本的有性(sexual)的菌种选育过程，可以更快的完成菌株的改造和选育。另外，传统的诱变获得正向突变的效率很低，仅为 10^{-9} 左右，改良一个菌种所需的筛选量很大，而且菌种在经过多次诱变后自身抗性增强，会导致诱变效率下降。Genome shuffling 只需在获得起始亲本菌株文库时进行诱变，因此可以基本避免诱变选育的上述缺点(图 2.4.8)。

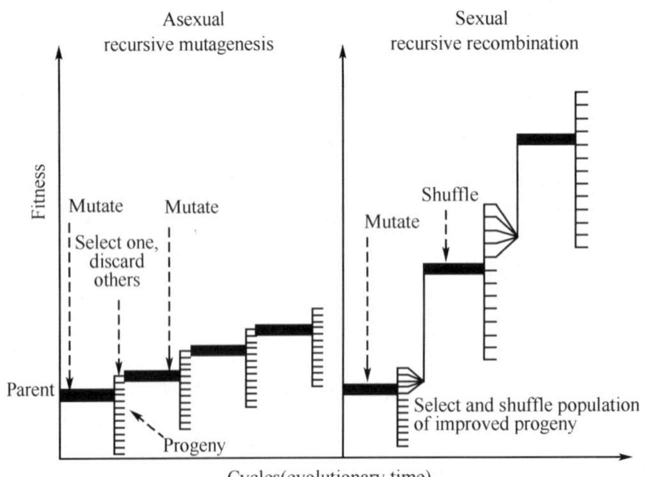

图 2.4.8 传统的诱变育种与 genome shuffling 技术的效率比较

与菌株代谢工程改造相比,genome shuffling 技术并不需要对菌株的遗传背景有清晰的了解,并可以实现对多基因影响的性状的有效改进。细菌遗传背景和代谢网络的复杂性,对理性的遗传改造形成了巨大的挑战,简单的基因敲除或表达,往往会引起预料之外的其他代谢通路的改变,并导致改造目的的失败。而细菌的很多性状又往往是分布于基因组不同位置的多个不同基因所决定的,这又为基因操作带来新的困难。genome shuffling 可以将传统菌株改良技术形成的不同菌株中分布于多个基因的正向突变集中到单一菌株中去,从而克服了理性遗传操作难以避免的困难。而且通常而言,genome shuffling 技术不涉及具体的遗传改造操作,因此不存在转基因不安全性的风险,因而可以正常应用于食品工业。

通过 genome shuffling 技术来进行菌株生产性状改造应当被认为是工业微生物育种技术史上里程碑式的进展和突破。结合其他育种技术,例如并行式的高通量菌种筛选、高效率的新型诱变方法和先进的代谢工程策略等,genome shuffling 技术有望促进大宗化学品或药物生物工业生产的重大突破。

二、全局转录机器技术

酵母发酵生产乙醇的研究由来已久,但是目前的生产经济性仍有待提高,菌种发酵性能仍有问题,很大原因是由于乙醇对用来发酵的酵母有很高的毒性,因此提高菌株对乙醇耐受性的研究对乙醇发酵至关重要。长期以来发酵水平和分子生物学水平的研究都表明,酵母菌的乙醇耐性受多基因调控,难以通过单基因操作得到有效改善。2006 年 Alper 和 Stephanopoulos 首先提出从转录水平上进行全局扰动的技术—“全局转录机器工程”(global transcription machinery engineering,gTME),通过对转录因子进行基因突变,使整个转录调控过程发生重组从而影响一系列目标基因的转录及表达。

微生物的转录过程由 RNA 聚合酶介导,该酶是多个亚基组成的复合体(如图 2.4.9 所示)。其中 σ 因子在识别 DNA 序列方面起重要作用,因此突变 σ 因子可改变其对不同 DNA 序列的识别能力,从而有望影响到胞内一系列目标基因的转录及表达。严格来讲 gTME 属于进化工程的一种方式,它通过易错 PCR 的方法,随机突变直接影响 RNA 聚合酶与启动子结合的偏好性和结合效率的关键蛋白(如转录因子或辅助因子),造成多基因转录水平的改变,筛选带有目的表型的突变株,然后通过比较出发菌株和突变菌株的转录谱可望得到与该表型相关的基因。

gTME 的操作流程如图 2.4.10 所示。首先选择合适的全局转录因子,如 σ^{70}、σ^{S} 等,再通过易错 PCR 或 DNA 改组技术,体外进化,将突变的全局转录因子基因,通过质粒,在细胞中低水平表达,并根据表型,进行定向筛选。选择正突变子,用于下一轮循环。实现多次进化筛选,定向全局转录因子,优化微生物细胞表型。

Alper 和 Stephanopoulos 首先在大肠埃希菌中利用 gTME 的方法对影响 RNA 聚合酶同启动子结合能力的 sigma 因子(σ^{70})的编码基因 rpoD 进行随机突变,分别得到了乙醇耐受性提高和番茄红素产量提高的突变株,另外还得到乙醇和十二烷基硫酸钠(SDS)耐受性同时提高的突变株。随后,他们又采用相同的方法改造酵母中两个全局转录因子,构建了两个 gTME 突变文库,利用选择压力从中成功筛选出乙醇和葡萄糖耐受性提高的突变菌株。该突变等位基因有 3 个氨基酸位点发生改变。转录谱差异表达分析显示,在非选择压力下,该菌株中有数百个基因的表达水平与出发菌株不同,敲除其中14个表达量最高的基因中的任何一个都会导致菌株耐受性的降低,而且将其中表达量最高的3个基因分别在对照菌株中过量表达都不会造成菌株耐受性的提高。相对于传统的单点基因突变,gTME的方法一次就能影响更多基因,更有利于从中获得目标性状菌株。

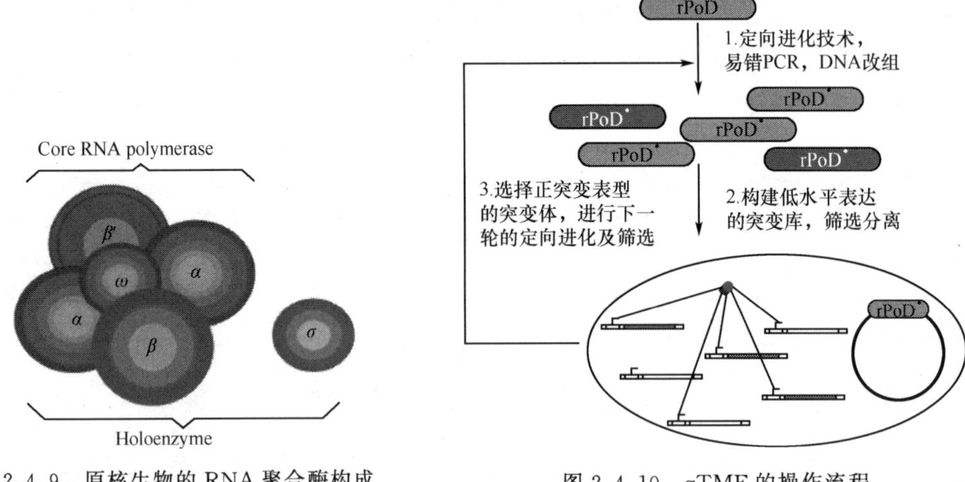

图 2.4.9　原核生物的 RNA 聚合酶构成示意图

图 2.4.10　gTME 的操作流程

gTME通过对负责细胞全局转录的转录因子进行定向进化,能同时改变细胞内多个基因的表达。近年来,该方法已被更多研究人员应用,用于提高乳酸菌乳酸耐受性和乳酸产量、高产透明质酸 *E. coli* 菌株选育等。该方法与代谢工程等理性改造技术有效结合,有望不断加深细胞生理功能的定向进化,更有效地改造细胞代谢功能。

三、微生物鲁棒性改造技术

近十年来,代谢工程技术已被广泛应用于微生物菌种改造,并取得了巨大成功。但是,代谢工程技术在提高微生物在工业环境下的适应能力和胁迫抗性方面的作用还很有限。新型大宗生物产品——生物燃料、生物基化学品和生物材料的特点是量大、价廉。为了利用微生物高效、经济地生产这些产品,对工业生产菌株的鲁棒性和适应性提出了更高要求,急需发展新的菌株改造技术。为此,中国科学院微生物研究所的研究人员提出了系统阐述了微生物生理功能工程的概念,并建议大力发展微生物生理功能工程技术,从而适应新型生物产业发展对微生物菌种改造的要求。首先,在大规模工业生产过程中,微生物不可避免会遇到许多环境胁迫,如不适合细胞生长的pH、温度、溶氧以及渗透压等等,这些因素对生产稳定性和生产性能影响较大。所以,需要改造微生物细胞以提高在其生产过程中的鲁棒性。其次,现代大规模工业生产一直追求达到更高的发酵终产物浓度,这要求生产菌株对高浓度底物和产物具有良好的耐受性。再次,人们期望发酵菌株具有高生产强度,在整个生物生产过程中保持高代谢活性,即适应性,特别是发酵后期,当代谢物积累、营养缺乏、细胞密度较高时仍保持高生产能力。最后,利用木质纤维素水解液为原料生产大宗化学品和高附加值产品时,要求菌株能够耐受水解液中抑制物的强烈抑制作用。与代谢能力相比,微生物的这些生理功能,包括对恶劣环境的适应和鲁棒性、环境胁迫的耐受性以及整个生产过程的适应性，这些在以前较少考虑的因素，在实际应用中正变得越来越重要。

微生物生理功能工程强调通过改善工业菌种必需的鲁棒性(robustness)和适切性(fitness)，来提高菌种的工业化应用潜力。在设计菌种改造策略时，除了考虑工业发酵过程的传统指标如底物谱、产物得率、发酵浓度、生产强度等，还需要考虑菌种对 pH、温度、氧化还原电势、渗透压等环境参数波动的稳定性，以及菌种对木质纤维素水解抑制物的耐受性。中国科学院微生物研究所的研究人员根据相应生理功能的复杂性和改造的难易程度，设计了不同的技术路线，明确了对微生物生理功能进行系统改造的原则和方法，如图 2.4.11 所示。

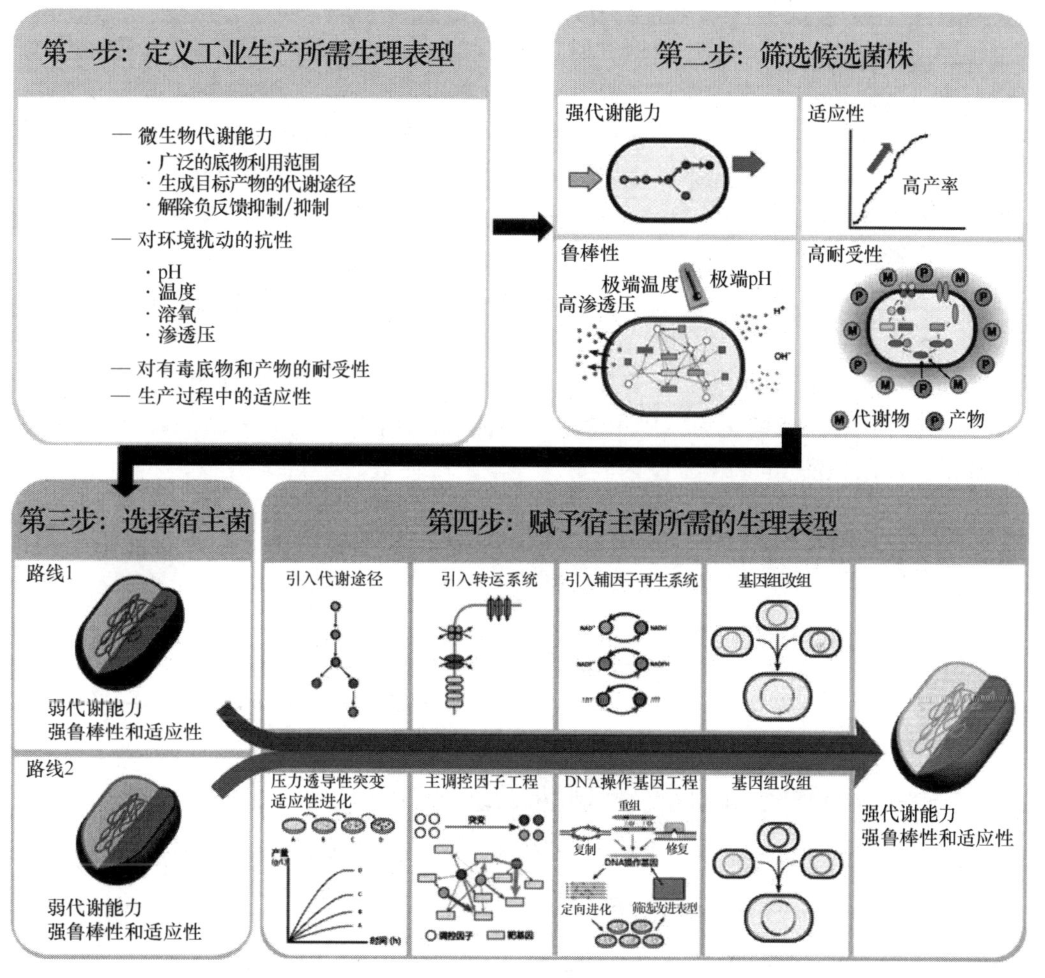

图 2.4.11　生理功能工程菌株改造的一般步骤

第一步，确定工业生产所需的生理功能，包括需要的代谢能力、鲁棒性和适应性。第二步，筛选出具备一种或多种所需功能的候选菌株。候选菌株可能来自于极端微生物或溶剂耐受菌株，以及由随机或理性突变得到的菌株。第三步，根据所需生理功能的复杂程度，选择拥有最复杂的生理功能，因而不易通过菌种改造获得的候选菌株作为宿主菌株。第四步，引入宿主菌株缺少的生理功能，主要有两种路线：向代谢活力较弱、但鲁棒性和适应性较强的宿主菌株中引入强代谢能力(路线 1)，或者通过进化工程方法对鲁棒性和适应性较弱、但代谢活力较强的菌株中提高强鲁棒性和适应性(路线 2)。当第四步未能达到预期结果时,应该重新回到第一步或第一步,如此往复直至得到所需菌株。

Dynamic control

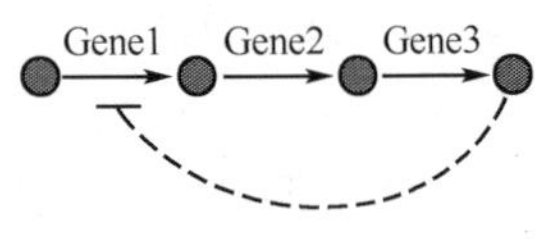

Modularity and Hierarchy

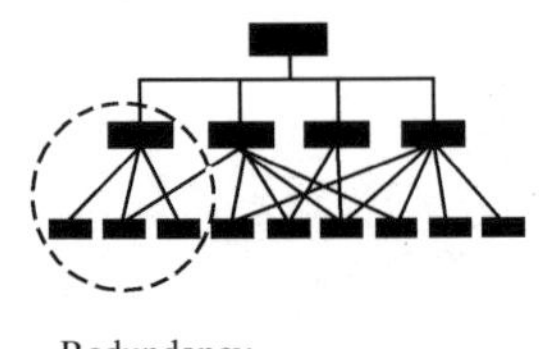

Redundancy

Gene1

Gene2

Gene3

图 2.4.12 微生物鲁棒性的主要特征

如上文所述,赋予微生物所需的生理功能是改造的核心。在过去十多年中,微生物育种技术不断发展,出现了很多新技术,包括前文所述的辅因子工程(cofactor engineering)、系统代谢工程(systems metabolic engineering)、全局转录机制工程等。另外,近年来快速发展的合成生物技术不仅在改造微生物代谢网络方面具有重要应用前景,在改造微生物鲁棒性方面也开发出一些成功的策略。

在最近的 Trends in Microbiology 杂志上,中科院微生物研究所的研究人员详细阐述了利用合成生物技术改造微生物鲁棒性的一些进展和思路。总的来看,微生物鲁棒性的主要特征包括三点:①动态控制;②模块化和层级组织;③功能冗余性(图 2.4.12)。针对这三点,可以分别利用合成生物技术进行改造。

通过改造动态控制元件改造微生物细胞的研究已经有一些成功案例。如图 2.4.13 所示,Framer 等在产番茄红素 *E. coli* 中导入传感器 NRI,构造了源于胞内 Ntr 调控子的控制回路,利用副产物乙酸合成前体 ACP 激活 NRI,磷酸化为 NRI-P,NRI-P 能够识辨特定启动子 glnAp2,并使其下游的番茄红素合成限速酶 Idi 和 Pps 基因转录表达,从而促进番茄红素合成。相比于简单的过量表达策略,该研究使目的产物番茄红素产量提高 18 倍,而副产物乙酸产量下降 3 倍。

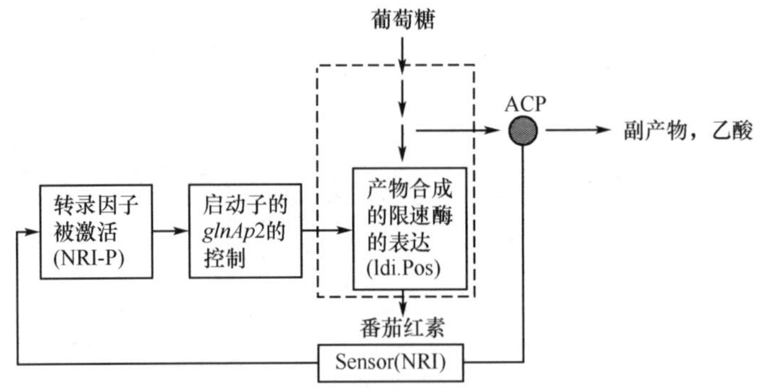

图 2.4.13 导入人工传感器动态控制目的产物番茄红素合成

对胞内网络进行模块化处理比较容易理解,由于胞内行使某一功能的各种酶可能分散在胞浆中或不同细胞器内,代谢中间产物需要从一个酶结合位点脱离下来,传递到下一步生化反应的酶结合位点,有可能造成某些毒性中间产物的积累,从而降低代谢效率。近年来一些研究人员尝试较多的是蛋白或 RNA-脚手架组装技术(protein-based or RNA-based scaffold assembly)。前文所述的 gTME 技术则是进行细胞层级改造的一个典型策略,通过改造某一转录因子或转录调控因子,改变由其所调控的所有基因转录表达水平,从而影响局部或全局代谢网络。

基于近年来组学技术的发展，人们研究了多种微生物菌株内的必需基因、非必需基因等，但是，细胞内一些在正常培养条件下的非必需基因，在一定的环境胁迫条件下可能成为必需基因；细胞自身的一些看似无关紧要的冗余代谢，可能是其在面临非适宜生境时能够存活下来的关键。中国科学院微生物研究所的研究人员在一株没有谷胱甘肽合成能力的丙酮丁醇梭菌中，导入来自于大肠埃希菌的谷胱甘肽生物合成模块，使梭菌具有了胞内合成谷胱甘肽的能力。改造后的梭菌细胞不仅在氧胁迫下存活率明显提高，而且抵抗高浓度丁醇胁迫的能力增强，丁醇生产能力也相应提高。清华大学的研究人员则通过在微生物菌株中导入 PHA 合成途径，提高了细胞在饥饿、高渗、UV 辐射、有机溶剂等不利条件下的存活率。这些研究表明，一些对细胞正常生长而言非必需的冗余代谢模块，对提高其在特定环境条件下的代谢活性和稳定性是有益的，这为提高人工细胞的鲁棒性和工业适应能力提供了一种新的策略。从另一个角度看，利用合成生物学方法构建基因组删减的底盘细胞时，需要对底盘细胞的生理性能进行谨慎、全面的评估，因为那些被删减的所谓“非必需基因”和“非必须途径”，对细胞适应工业环境可能是十分必要的。

执笔：张延平

讨论与审核：董红军、周　杰

资料提供：张天瑞

参考文献

Ajikumar PK，Xiao WH，Tyo KEJ，et al. 2010. Isoprenoid pathway optimization for taxol precursor overproduction in *Escherichia coli*. Science，330：70～74

Alper H，Moxley J，Nevoigt E，et al. 2006. Engineering yeast transcription machinery for improved ethanol tolerance and production. Science，314：1565～1568

Alper H，Stephanopoulos G. 2007. Global transcription machinery engineering：A new approach for improving cellular phenotype. Metab Eng，9：258～267

Anderlund M，Nissen TL，Nielsen J，et al. 1999. Expression of the Escherichia coli pntA and pntB genes，encoding nicotinamide nucleotide transhydrogenase，in Saccharomyces cerevisiae and its effect on product formation during anaerobic glucose fermentation. Appl Environ Microbiol，65(6)：2333～2340

Atsumi S，Hanai T，Liao JC. 2008. Non-fermentative pathways for synthesis of branched-chain higher alcohols as biofuels. Nature，451：86～89

Atsumi S，Liao JC. 2008. Metabolic engineering for advanced biofuels production from Escherichia coli. Cur Opin Biotechnol，19：414～419

Bailey JE. 1991. Towards a science of metabolic engineering. Science，252：1668～1674

Chen K，Arnold FH. 1993. Tuning the activity of an enzyme for unusual environments：sequential random mutagenesis of subtilisin E for catalysis in dimethylformamide. PNAS，90：5618～5622

Dai MH，Copley SD. 2004. Genome shuffling improves degradation of the anthropogenic pesticide pentachlorophenol by *Sphingobium chlorophenolicum* ATCC 39723. Appl Environ Microbiol，70：2391～2397

Farmer WR，Liao JC. 2000. Improving lycopene production in Escherichia coli by engineering metabolic control. Nat Biotechnol，18：533～537

John RP，Gangadharan D，Nampoothiri KM. 2008. Genome shuffling of Lactobacillus delbrueckii mutant and Bacillus amyloliquefaciens through protoplasmic fusion for l-lactic acid production from starchy wastes. Bioresource Technology，99：8008～8015

Kern A，Tilley E，Hunter IS，et al. 2007. Engineering primary metabolic pathways of industrial micro-organisms. J Biotechnol，129：6～29

Lee SJ, Lee DY, Kim TY, et al. 2005. Metabolic engineering of Escherichia coli for enhanced production of succinic acid, based on genome comparison and in silico gene knockout simulation. Appl Environ Microbiol, 71: 7880～7887

Lee SJ, Song H, Lee SY. 2006. Genome-based metabolic engineering of Mannheimia succiniciproducens for succinic acid production. Appl Environ Microbiol, 72: 1939～1948

Lee SY, Lee DY, Kim TY. 2005. Systems biotechnology for strain improvement. Trends Biotechnol, 23: 349～358

Leonard E, Ajikumar PK, Thayer K, et al. 2010. Combining metabolic and protein engineering of a terpenoid biosynthetic pathway for overproduction and selectivity control. PNAS, 107: 13654～13659

Liu L, Li Y, Zhu Y, et al. 2006. Redistribution of carbon flux in Torulopsis glabrata by altering vitamin and calcium level. Metab Eng, 9: 21～29

Liu Q, Ouyang S, Kim J, Chen G. 2007. The impact of PHB accumulation on L-glutamate production by recombinant Corynebacterium glutamicum. J Biotech, 132: 273～279

Nissen TL, Anderlund M, Nielsen J, et al. 2001. Expression of a cytoplasmic transhydrogenase in Saccharomyees cerevisiae results in formation of 2-oxoglutarate due to depletion of the NADPH pool. Yeast, 18: 19～32

Park JH, Lee KH, Kim TY, Lee SY. 2007. Metabolic engineering of Escherichia coli for the production of L-valine based on transcriptome analysis and in silico gene knockout simulation. PNAS, 104: 7797～7802

Patnaik R, Louie S, Gavrilovic V, et al. 2002. Genome shuffling of Lactobacillus for improved acid tolerance. Nat. Biotechnol, 20: 707～712

Patten PA, Howard RJ, Stemmer WP. 1997. Applications of DNA shuffling to pharmaceuticals and vaccines. Curr Opin Biotechnol, 8: 724～733

Roca C, Nielsen J, Olsson L. 2003. Metabolic engineering of ammonium assimilation in xylose-fermenting Saccharomyces cerevisiae improves ethanol production. Appl Environ Microbiol, 69(8): 4732～4736

Shen CR, Lan EI, Dekishima Y, Baez A, Cho KM, Liao JC. 2011. Driving forces enable high-titer anaerobic 1-butanol synthesis in Escherichia coli. Appl Environ Microbiol, 77: 2905～2915

Smith KM, Cho KM, Liao JC. 2010. Engineering Corynebacterium glutamicum for isobutanol production. Appl Microbiol Biotechnol, 87: 1045～1055

Smith KM, Liao JC. 2011. An evolutionary strategy for isobutanol production strain development in Escherichia coli. Metab Eng, 13: 674～681

Sonderegger M, Schumperli M, Sauer U. 2004. Metabolic engineering of a phosphoketolase pathway for pentose catabolism in Saccharomyces cerevuiae. Appl Environ Microbiol, 70(5): 2892～2897

Stemmer WP. 1994. DNA shuffling by random fragmentation and reassembly: in vitro recombination for molecular evolution. PNAS, 91: 10747～10751

Stemmer WP. 1994. Rapid evolution of a protein in vitro by DNA shuffling. Nature, 370: 389～391

Stephanopoulos G, Vallino JJ. 1991. Network rigidity and metabolic engineering in metabolite overproduction. Science, 252: 1676～1681

Verho R, Londesborough J, Richard P. 2003. Engineering redox cofactor regeneration for improved pentose fermentation in Saccharomyces cerevisiae. Appl Environ Microbiol, 69(10): 5892～5897

Wang HH, Isaacs FJ, Carr PA, Sun ZZ, Xu G, Forest CR, Church GM. 2009. Programming cells by multiplex genome engineering and accelerated evolution. Nature, 460: 894～898

Westfall PJ, Pitera DJ, Lenihan JR, et al. 2012. Production of amorphadiene in yeast, and its conversion to dihydroartemisinic acid, precursor to the antimalarial agent artemisinin. PNAS, 109: E111～E118

Zeng Q, Qiu F, Yuan L. 2008. Production of artemisinin by genetically-modified microbes. Biotechnol Lett, 30: 581～592

Zhang Y, Li Y, Du C, et al. 2006. Inactivation of aldehyde dehydrogenase: a key factor for engineering 1,3-propanediol production by Klebsiella pneumoniae. Metab Eng, 8: 578～586

Zhang Y, Zhu Y, Zhu Y, et al. 2009. The importance of engineering physiological functionality into microbes. Trends Biotechnol, 12: 664～672

Zhang YX, Perry K, Vinci VA, et al. 2002. Genome shuffling leads to rapid phenotypic improvement in bacteria. Nature, 415: 644～646

Zhao Y, Li H, Qin L, et al. 2007. Disruption of the polyhydroxyalkanoate synthase gene in *Aeromonas hydrophila* reduces its survival ability under stress conditions. FEMS Microbiol Lett, 276: 34～41

Zhu L, Dong H, Zhang Y, et al. 2011. Engineering the robustness of Clostridium acetobutylicum by introducing glutathione biosynthetic capability. Metab Eng, 13: 426～434

Zhu L, Zhu Y, Zhang Y, et al. 2012. Engineering the robustness of industrial microbes through synthetic biology. Trends Microbiol, 20: 94～101

第五章

微生物酶分子改造技术

微生物改造除了在分子、细胞、全局水平进行改造外，对参与特定反应的特定酶进行分子改造也是一个重要领域。多数情况下，从自然界中直接获得的微生物酶往往因其催化活性低、稳定性差等缺点，而不适于大规模的工业生产。因此，根据需要提高微生物酶自身的功能，甚至完全按照人们意愿从头设计全新的微生物酶，都是微生物酶分子改造领域的研究方向。

经过几十年的发展，微生物酶分子改造的主要技术包括理性设计和定向进化两大类。理性设计是在蛋白质结构、功能和催化机制等信息的指导下，对目标酶进行“自上而下”的改造。而定向进化则不需要预知蛋白质的结构或者催化机制，而直接通过重复多次的随机突变或基因重组来构建突变文库，并从中筛选出功能改善的突变体，属于“自下而上”的改造。这两种技术在酶的设计和改造中都取得了巨大的成功，但各自的缺点也逐步呈现，因而近年来将两个技术结合起来的所谓“理性进化”已被越来越多的研究者和企业采用。本章将详细介绍理性设计、定向进化以及“理性进化”这三种酶分子改造技术的原理在微生物领域的发展以及今后的趋势。

第一节　理性设计的原理与发展

理性设计是最早用于改造微生物酶的工程手段。它是从构成蛋白质骨架的氨基酸残基的坐标出发，通过分子力学或量子力学的计算，来确定氨基酸的序列或几何构型对稳定蛋白质骨架结构的作用，从而合理地推测出对酶功能起着重要作用的氨基酸残基、残基片断或结构域，并以此为基础对现有酶进行功能改造或者从头设计新的酶。

对微生物酶进行理性设计的三个基础要素是：蛋白质的序列和结构信息、优化的计算方法以及关于力场和能量的表达形式。目前研究者已经解析出大量的蛋白质的结构，并构建出了许多在线数据库，为蛋白质的计算机建模铺垫了道路。但是，即使是小蛋白的序列多样性也远远超出了人们的计算能力，由此应运而生了许多强大的搜索优化结果的计算方法。对于力场和能量，除了从经验出发获得的关于力场和能量的描述以外，还可以通过预测或实验所得到的稳定性结果来加以改善。

随着计算机、数学模型和算法的极大发展，目前已经开发出一系列蛋白质设计和改造的计算机辅助工具，包括设计蛋白质活性中心的 DEZYMER、ROSETTA 等；预测蛋白质底物产物进出酶活性中心通道的 CAVER、MolAxis 等；计算蛋白质-蛋白质相互作用的 ORBIT、COMBINE 等；评价蛋白质氨基酸突变对活性影响的 QSFR、ProSAR 等；计算蛋白质稳定性的 Volsurf、ICE 等；确定与底物特异性、活性、立体选择性相关热点的 HotSport Wizard 等等。这些计算机辅助工具的开发和应用，极大地加速了人们对微生物酶功能的改造和从头设计新的微生物酶。

随着计算机技术的发展，对微生物酶的理性设计也正在走向模块化和自动化。德国雷根斯堡大学 Merkl 研究小组开发出的 TransCent 方法可以进行酶活性中心和骨架结构的嫁接，并通过稳定性、配体结合能力、活性中心残基的 pK_a 值及活性中心的结构特征这 4 个不同模块对设计的蛋白质进行优化。美国 Xencor 公司的 Bassil I. Dahiyat 开发了蛋白质自动设计技术（protein design automation，PDA），可以通过计算机搜索整个序列空间，去掉不利于蛋白质折叠的序列后，根据能量最低的原则对各种突变序列进行排序，极大地降低了后续筛选的工作量。使用该方法，作者仅通过一轮筛选就获得了对头孢噻肟抗性提高 1280 倍的内酰胺酶。美国杜克大学医学中心 Hellinga 研究小组开发了一套蛋白质自动制造系统（protein fabrication automation），可以自动快速地由寡核苷酸合成任意 ORF。该系统主要包括序列设计软件，数据处理、设计程序机器化地处理液体样品、运行 PCR 程序、筛选正确的全长序列等。目前一条生产线可以在 1～2 周内完成 24～48 个 ORF（最长 1.3 kb）的合成。若进一步装配体外转录和翻译系统，则可实现蛋白质的自动快速合成。这些技术和平台的开发和建立为现有基因元件的高效改造设计以及具有全新功能的基因元件的从头设计提供了保障。

本小节将对近年来理性设计在提高酶的催化活性、改变底物特异性、提高热稳定性、创造非天然活性、获得多个活性等方面的一些主要进展进行总结介绍。

一、提高微生物酶的催化活性

Zheng 等人通过分子动力学（MD）和量子力学/分子力学（QM/MM）方法模拟过渡态、计算活化能，成功将丁酰胆碱酯酶（butyrylcholinesterase）对可卡因（cocaine）的水解效率提高到了野生型的 2000 倍，为可卡因依赖症的治疗提供了十分具有前景的外源酶，这为酶的理性设计提供了一种通用的结构-功能计算策略。

二、改变微生物酶的底物特异性

Magnusson 等通过对 *Candida antarctica* 的脂肪酶 B（lipase B）活性位点中具有立体特异性的口袋结构进行改造，构建了 Trp104Ala 突变株，使得脂肪酶 B 对于具有较大基团的仲醇的催化速率得到极大的提高。

Wong 等分析了 *E. coli* 的 2-脱氧核糖-5-磷酸醛缩酶（DERA）和天然底物 *D*-2-脱氧核糖-5-磷酸形成复合物的三维结构（1.05Å），并以此为基础设计了 5 个突变体，最终发现突变株 S238D 对非自然底物 *D*-2-脱氧核糖具有极强的底物特异性，与野生型相比其对自然底物和非自然底物的选择性提高了 7000 倍。同时，这一突变株还表现出了对其他不能为野生型催化的非自然底物，如 3-叠氮丙炔基醛和乙醛的醛醇缩合反应，从而为阿托伐他汀的合成提供了关键的中间产物。

三、提高微生物酶的热稳定性

热稳定性改造一直是蛋白质理性设计的热点。利用高温下小蛋白的可逆去折叠现象对其稳定性进行研究，获得了对一些特定的蛋白质相互作用的热力学估计，从而发展了几种常用的改善蛋白质稳定性的热力学策略：例如，引入 Gly→Ala、Xxx→Pro 突变或二硫键的“熵稳定性”（硬化）策略、引入能与 α-螺旋偶极相互作用的残基的“螺旋封闭”策略和其他类型的螺旋优化策略、引入盐桥和芳族基团相互作用簇的策略等。此外，近期也涌现出许多新的模型和算法：

Bannen 等发展了一种优化蛋白质热稳定性的算法 ICE(improved configuration entropy)，即对局部结构熵(local structural entropy)进行最小化，通过在一个具有非负权重的无回路图中搜索最短路径，来预测蛋白质的热稳定性。这一算法在计算效率上较之前发展起来的一些算法获得较大提高，同时可以被扩展到其他设计蛋白质局部结构熵最小化的性质上，比如蛋白质的凝聚(aggregation)。

Montanucci 等开发了一种新的算法，利用支持向量机算法预测一组突变(包括插入和删除)对于一个给定蛋白序列的热稳定性的影响，对其使用的已知结果的测试数据的预测准确率可达 88%，相关系数可达 0.75。同时，对于 14 个热稳定性未知的突变蛋白，该算法准确识别出其中 12 个的热稳定性获得提高，并且其中 11 个的稳定温度增加超过 11℃。这一算法为设计具有更高热稳定性的酶提供了一种预筛选的手段。

四、创造非天然活性

Röthlisberge 等利用两个不同的催化模体(catalytic motif)、根据量子力学的计算设计出了八个酶，使其具有了天然酶中不存在的 Kemp 消去反应(Kemp elimination)，其中两个酶的 k_{cat}/K_m 分别为 $162M^{-1}s^{-1}$ 和 $78.3M^{-1}s^{-1}$，随后的定向进化技术进一步提高其活性最大达到 200 倍。虽然该酶的催化效率仍然比催化抗体低两到三个数量级，但上述成果为设计具有非天然活性的酶提供了借鉴。

五、获得多个活性

理性设计还可以在同一蛋白质上获得两种不同催化机制的催化活性，并通过进一步的改造使其丧失原有的活性，从而最终获得新的活性。

Jiang 等设计了能够同时接受多个中间体或过渡态的复合反应活性中心，实现了有着重要实际需求的 retro-aldol 重排反应活性。设计出来的 72 个蛋白质中，有 32 个显示了微弱的催化活性，其中最高活性的 k_{cat}/K_m 为 $0.74\ M^{-1}s^{-1}$。这一研究成果为设计能够催化多步反应的新酶提供了借鉴意义。

Dwyer 等发展了一种算法，即通过比较所有可能的底物分子朝向与所有可能的突变株的残基构象，利用“死端消去定理”极大地降低了计算量，将核糖结合蛋白的活性引入到了磷酸丙糖异构酶(triose phosphate isomerase，TIM)的支架上。

六、小　　结

尽管理性设计在微生物酶分子改造领域已有诸多成功运用，但仍然存在着很多局限性：①绝大多数微生物酶的结构仍然没有被解析，通过比对建立起来的计算机模型并不能够准确反映该酶的实际结构；②即便是对于已经解析结构的微生物酶，由于蛋白质的结构-功能关系的复杂性以及计算能力的限制，人们还不能准确预测突变残基所造成的效应；③理性设计多局限在微生物酶的某一个局部(如活性中心等)，而且只对短距离的相互作用(如底物与蛋白质之间的空间碰撞和氢键等)有较好的估计，而对远距离的静电相互作用则不能做出准确的预测。因此，理性设计往往不能有效预测活性中心以外的氨基酸残基的作用；④理性设计很难有效预测单个氨基酸残基突变对蛋白质整体的柔性的影响。因此，在理性设计方面，今后对微生物酶的发展趋势仍然是如何解决上述问题，不断提高理性设计的准确性和指导性。另外，由于微生物酶的理性设计是以高质量的蛋白质结构数据和高性能的计算平台为基础，因此更多更快的蛋白质结构解析、更新更优的算法发展等也是今后发展的趋势。

第二节　定向进化的原理与发展

微生物酶的定向进化技术兴起于20世纪90年代，如今已经发展成改造酶性质（如活性、底物特异性、热稳定性、立体选择性、可溶性等）的一种强有力手段。由于其适用范围广、操作简单，目前已经成为众多知名的化学品和酶制剂公司（如Dow、Novozyme、DSM、Genecor）的一个常规技术，广泛用于工业酶的开发。另外在新兴的合成生物学、纳米生物技术等领域也有很好的应用。

定向进化的本质思想是随机突变，定向筛选。它的基本流程如图2.5.1所示，首先，通过随机突变或基因重组将突变随机地引入到目标基因上，构建一个种类足够丰富的基因突变文库。然后通过表达等方法获得酶的突变文库。最后根据一定的标准对文库进行筛选或选择，得到功能提高的酶的突变体。如有必要，再以这个突变体的基因为模板，重复上述过程。

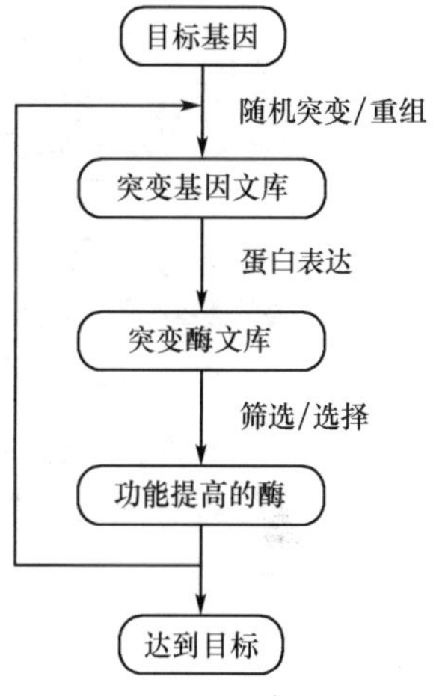

图2.5.1　定向进化的基本流程

本小节将分别介绍近年来针对定向进化的几个关键步骤（基因随机突变/重组、蛋白表达、高通量筛选）发展起来的代表性新方法。

一、基因随机突变技术

易错PCR（error-prone PCR）和饱和突变（saturation mutagenesis）是目前随机突变中最常用的方法。近几年也发展出一系列新的随机突变方法，包括序列饱和突变（sequence saturation mutagenesis，SeSaM）、MutaGen™突变、易错滚动循环扩增（error-prone rolling circle amplification，epRCA）、组合活性位点饱和突变（combinatorial active-site saturation，CASTing）等。

序列饱和突变的原理如图2.5.2所示。获得单链的DNA随机片段后，在这些片段的3′末端添加一个通用碱基（脱氧肌苷，deoxyinosine）。以一个单链DNA为模板，用3′末端转移酶（terminal transferase）延伸这些DNA片段，合成全长基因。最后用四种标准碱基取代通用碱基。由于第一步中DNA片段化的位点是随机的，而且通用碱基可以和任一碱基配对，因此，理论上该方法可以对任一位点做饱和突变。但是图中每一步骤均需多个小步骤来完成，操作非常复杂，整个突变过程大约需要2～3天。

MutaGen™突变是利用来源于人的低保真性DNA聚合酶polη（属于聚合酶的Y家族，突变率为10^{-3}～10^{-1}）来产生突变（图2.5.3）。将polη和DNA在37 ℃温育2 h，就能在DNA上产生随机突变。随后，用高保真的DNA聚合酶来复制这些突变文库。复制过程中，MutaGen™巧妙地在引物的5′端添加了一段与模板不互补的序列，然后在第一个扩增循环中使用较低的引物退火温度，而从第二个扩增循环开始提高引物退火温度。这样引物就只能和新扩增出来的带有突变的模板结合,而不能结合到未突变的原始模板上。

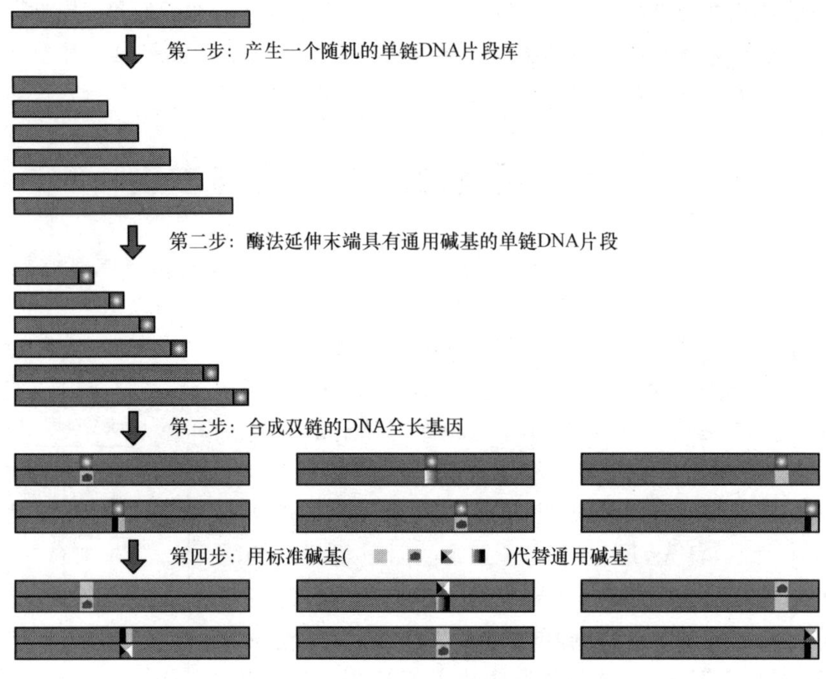

图 2.5.2 序列饱和突变的原理图

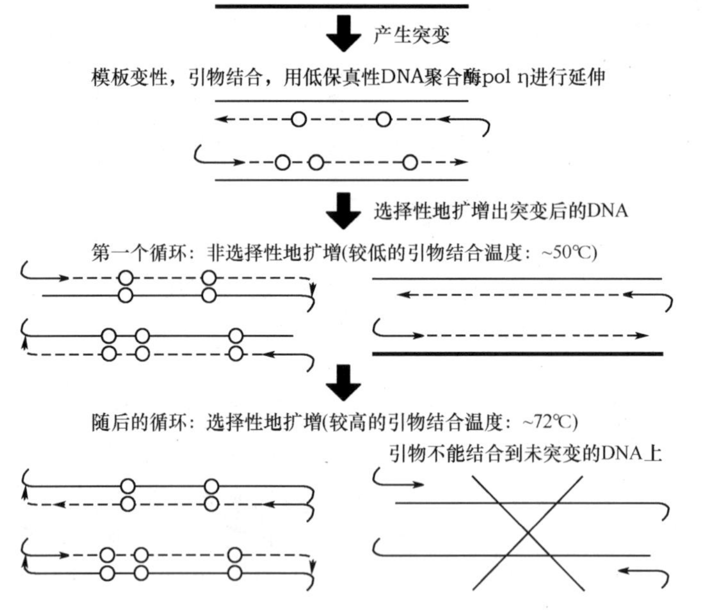

图 2.5.3 MutaGen™ 突变的示意图

实线为模板链,虚线为新扩增出来的链。实线短粗箭头为引物,引物上的曲线为 5′末端上与模板不互补的序列。圆圈表示突变位点

易错滚动循环扩增是在滚动循环扩增的基础上发展起来的。如图 2.5.4 所示,滚动循环扩增是以 6 个随机的碱基序列(hexamer,NNNNNN)为引物,随机地结合到环状质粒

DNA 上不同的位置。然后用一个具有很高链取代活性(strand-displacement activity)的 Φ29 DNA 聚合酶来进行扩增。一旦扩增到引物结合区域,新生链就会把环状质粒上原有的链置换下来。延伸过程可以绕着质粒进行多次,得到模板的多个重复序列,称为连环体(concatemer)。随后,引物六聚体也可以以这个连环体为模板,进行类似的扩增,得到长度不一的双链连环体,称为滚动循环扩增产物(RCA product)。如果在 Φ29 DNA 聚合酶扩增的过程中加入 $MnCl_2$,则能够得到含有随机突变的滚动循环扩增产物。将这些产物转化到大肠埃希菌或酵母细胞中,它们便可以通过同源重组再次环化,形成质粒。多余 Φ29 DNA 聚合酶的扩增条件是恒温的(30 ℃,24 h),因此该法仅仅需要一个温育步骤,即可完成突变。而且得到的突变产物可以直接转化,省去了易错 PCR 后的酶切和连接步骤,非常简便。但是现在市售的 Φ29 DNA 聚合酶(New England Biolabs 或者 Epicentre 公司)具有 3′-5′核酸外切校正活性,因此突变率不高。另外,必须使用超螺旋状态的质粒 DNA 作为模板,才能进行滚动循环扩增。

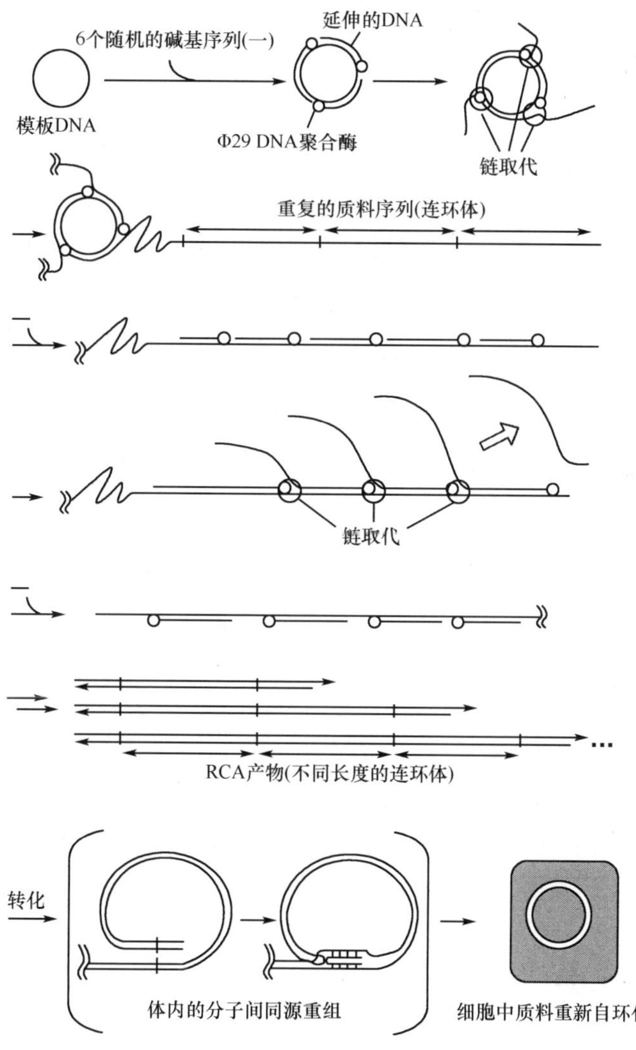

图 2.5.4 滚动循环扩增的示意图

组合活性位点饱和突变考虑了微生物酶分子中两个相邻氨基酸侧链的协同作用对酶功能的影响，因而在微生物酶的改造方面比单一位点的饱和突变更具潜力。具体地，它是根据酶与底物结合的三维结构，将活性位点附近空间位置相邻的氨基酸进行两两分组。然后对一组中两个氨基酸同时进行饱和突变，筛选到的优良突变体再作为下一组饱和突变的模板。如果只有酶的二级结构，也可以通过以下标准选择空间位置相邻的氨基酸：如果一个氨基酸处于蛋白质序列的第 n 位，那么在 loop 结构、β 折叠、3_{10} 螺旋、α 螺旋中，与之空间相邻的氨基酸分别是 $n+1$、$n+2$、$n+3$、$n+4$（图 2.5.5）。另外，对于饱和突变中简并密码子的选择，研究发现优化了的 NDT 简并密码子（12 组密码子/12 种氨基酸），在提高文库的突变效率和筛选效率方面，明显优于传统的 NNK 简并密码子（32 组密码子/20 种氨基酸）。

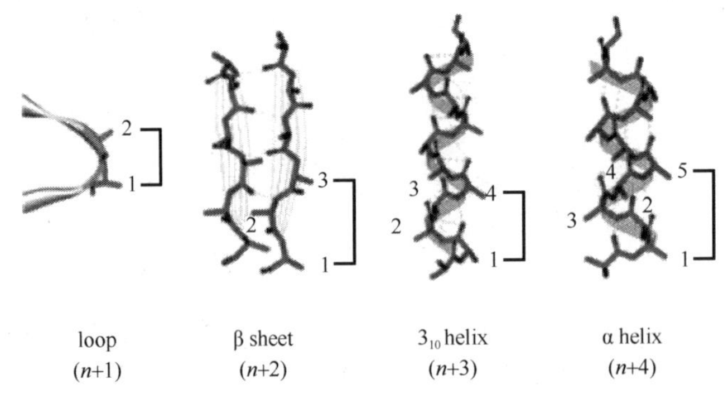

图 2.5.5　根据酶的二级结构选择空间相邻的氨基酸用于 CASTing

二、基因重组技术

根据基因同源性的高低可以将基因重组技术分为同源重组和非（低）同源重组。

同源重组方面，DNA 洗牌法（DNA shuffling）是最早发展，也是目前最广为应用的方法之一。随后也陆续发展出交错延伸法（staggered extension process，StEP）、简并寡核苷酸基因洗牌（degenerate oligonucleotide gene shuffling，DOGS）、截短模板重组延伸（recombined extension on truncated templates，RETT）等方法。

交错延伸法不使用 DNase I 对 DNA 进行切割，而是直接以多个单链 DNA 亲本基因为模板，并在热循环中大大缩短退火和延伸的时间。这样，每一循环中不断延长的片段根据序列的互补性与不同模板退火，并进一步延伸，反复循环进行直至全长序列形成。

简并寡核苷酸基因洗牌不需要事先切割基因。它直接用简并引物控制重排基因的相对重组水平，并且减少未经重排的亲本基因的再生。

截短模板重组延伸首先需要制备用于重组目标基因的单向单链 DNA 片段，然后以单链 DNA 为模板，通过 PCR 重组合成全长基因，再利用 PCR 过程中的模板变换，获得随机重组的目标基因。

非同源重组主要依靠添加重叠区域以利于 PCR 扩增的方法以及利用 DNA 连接酶将片段直接连接的方法来进行重组。因而与同源重组相比，操作更复杂，实验设计也更需要技巧。近几年发展起来的方法包括平截杂合酶法（incremental truncation for the creation of hybrid enzymes，ITCHY）、模板镶嵌法（random chimeragenesis on transient templates，RACHITT）、合成子洗牌法（synthetic shuffling）、SCHEMA 重组法等。这些方法的基本原理如图 2.5.6 所示。

平截杂合酶法是用核酸外切酶Ⅲ从两个亲本基因的 N 端或 C 端进行切割，并通过控制反应时间来获得一系列长度不同的亲本基因片段，然后通过连接酶将一个酶的 N 端与另一个酶的 C 端连接起来，构建杂合酶的文库。该方法对亲本的同源性没有要求，适用于寻求功能性的融合蛋白，对于寻求蛋白质的功能片段比较有意义。但是由于只从 N 端和 C 端切割，融合的种类很小。

模板镶嵌法是对目标基因进行随机片段化，然后以一个临时设计的单链 DNA 为模板，使这些随机片段杂交到模板上，片段间的空隙由聚合酶填补，并由连接酶连接，得到单链的重组 DNA，再以此为模板合成双链的重组 DNA。该方法使用临时的单链 DNA，而非亲本序列为模板，因此可以获得高度重组的文库，但是如何设计一条合适的单链 DNA 是难点。

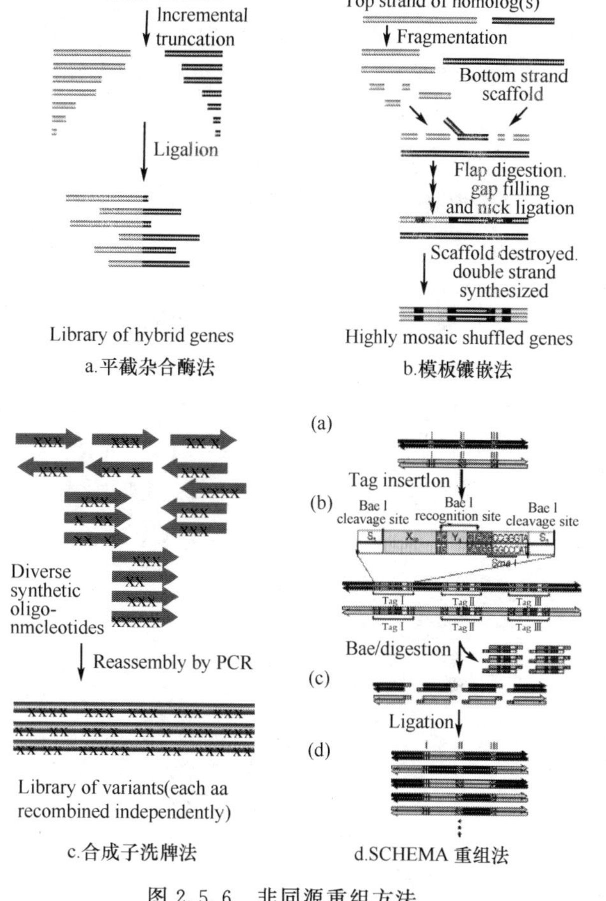

图 2.5.6　非同源重组方法

合成子洗牌法是设计并合成互有重叠、且含有简并位点的低聚核苷酸（～60bp）来进行重组，从而构建一个包括所有可变位点的骨架。该方法弥补了 DNA 洗牌法只在高同源性区域进行重组的缺点，同时可以根据宿主细胞进行密码子优化。

SCHEMA 重组是在蛋白质模型和计算机算法的指导下进行重组，适合于已知结构并且结构相似度高的蛋白质之间的重组。SCHEMA 算法是通过计算重组后蛋白质结构中氨基酸相互作用被破坏的多少来评估杂合酶的三维结构被破坏的可能性大小，然后设计可在多个位点进行交换，片段按照一定的顺序重组获得杂合酶文库。有研究小组利用该方法在β-内酰胺酶和细胞色素 P450 的重组实验获得成功。

三、蛋白表达技术

除了传统的在微生物宿主细胞（如大肠埃希菌、酿酒酵母、枯草芽孢杆菌等）表达蛋白以外，近几年又发展出一些无细胞翻译以及表面展示技术。

目前报道的无细胞翻译体系主要有核糖体展示、mRNA 展示以及体外区室化（in vitro compartmentalization，IVC）。它们最大的优点是消除了酶与底物之间的细胞壁垒。而且由于无需将基因文库导入细胞中，理论上这些体系的筛选通量没有限制，比如用 mRNA 展示来筛选的文库大小一般可达 10^{12}～10^{13}。

核糖体展示主要针对抗体或肽链文库进行选择和进化，广泛用于药物开发。它是在体外对一个删除了终止子的 DNA 进行转录和翻译。由于没有终止子，核糖体翻译到 mRNA

的 3′末端后，生成的多肽链的末端仍然位于核糖体通道内，并且多肽链的最后一个氨基酸仍然与 peptidyl-tRNA 相连，从而形成了一个蛋白质-核糖体-mRNA 三者相连的复合物。随后用固定化的配体(ligand)亲和筛选，得到蛋白质的同时也得到了编码它的 mRNA。最后再通过 RT-PCR 将这个 mRNA 反转录为 DNA 序列。整个示意图如图 2.5.7a 所示。目前已经报道了真核和原核的核糖体展示体系以及针对这些体系的各种改进。

与核糖体展示类似，mRNA 展示也是在体外将一个没有终止子的 DNA 转录为 mRNA。所不同的是，得到 mRNA 后先在其末端加上一小段含有嘌呤霉素(puromycin)的单链 DNA 寡核苷酸。核糖体以这个 RNA-DNA 杂合分子为模板翻译时，会停留在 RNA-DNA 交界处。然后嘌呤霉素就会结合到核糖体的 A 位，而核糖体生成的多肽链就会转移到嘌呤霉素上，形成蛋白质-mRNA 复合物。纯化该复合物，再将其上的 mRNA 逆转录出一条 cDNA 单链。亲和选择复合物上的蛋白，然后水解 mRNA 得到单链的 cDNA。最后再合成双链的 DNA(图 2.5.7b)。目前 mRNA 展示已经用于从天然的和人工的文库中选择具有功能的蛋白质和肽链。临床试验中也开始用 mRNA 展示来选择针对 VEGF 受体 R2 的 adnectins(www.adnexustx.com)。

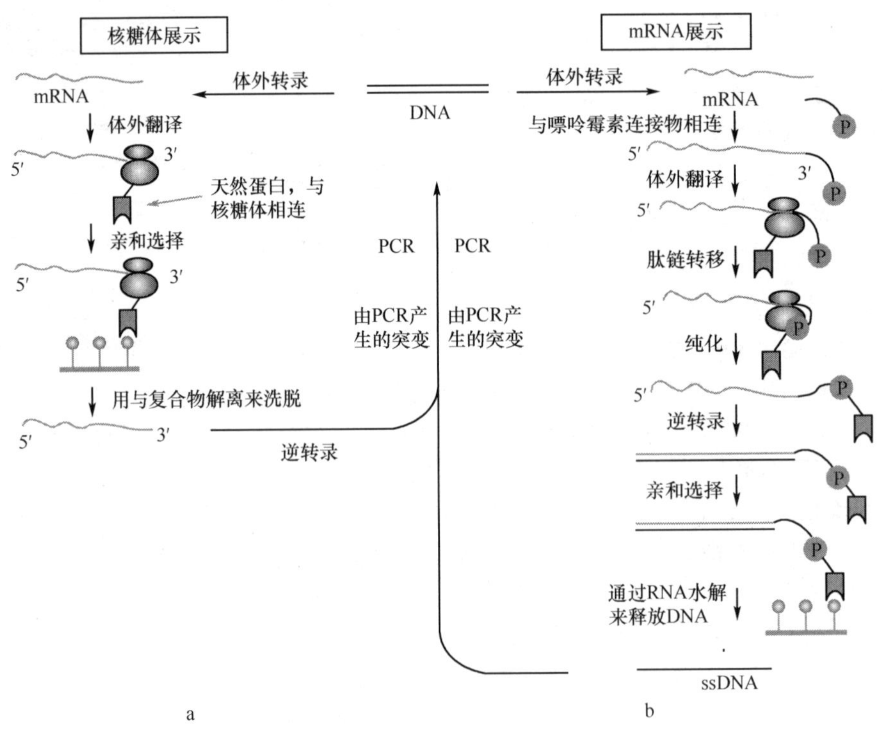

图 2.5.7　表面展示技术的示意图

体外区室化(in vitro compartmentalization，IVC)的原理是将单个 DNA 分子分隔到小的区室中，使转录、翻译、所得蛋白的催化作用都在该区室中完成。在油包水乳液中，分散在油相中的水相形成了微小的水溶液区室，而油相则限制了基因和蛋白质在区室间扩散。每个水溶液区室的体积约为 5 fl，这保证了其中只能转录和翻译单个 DNA 分子，并且检测单个酶分子。体系容量高(1ml 乳液中可以包含超过 1010 个区室)、且在较宽温度范围内稳定，使得 IVC 成为很有吸引力的高通量筛选体系。目前它已经用于 DNA 甲基转移酶、磷酸三酯酶、限制性核酸内切酶、DNA 聚合酶的筛选。

DNA 甲基转移酶的筛选过程如图 2.5.8 所示：①构建甲基转移酶基因的突变文库，每一个突变体上都含有一个限制性/甲基化(R/M)位点。将突变文库分散到转录/翻译混合液中制成油包水乳液。每个水相液滴一般只含有一个基因。②基因在各自的区室中转录和翻译。③区室内的甲基转移酶将目标的 R/M 位点甲基化。④破坏乳液、终止反应。然后收集所有的水相液滴，回收其中的 DNA，用同源的核酸内切酶进行切割。⑤没有甲基化的基因(即它所编码的甲基化转移酶不能识别目标 R/M 位点)被切除。而能识别目标 R/M 位点的甲基化转移酶则通过将它自身基因甲基化而“生存”下来。⑥PCR 扩增这些“生存”下来的基因，进行分析。⑦重新区室化进行下一轮的选择。

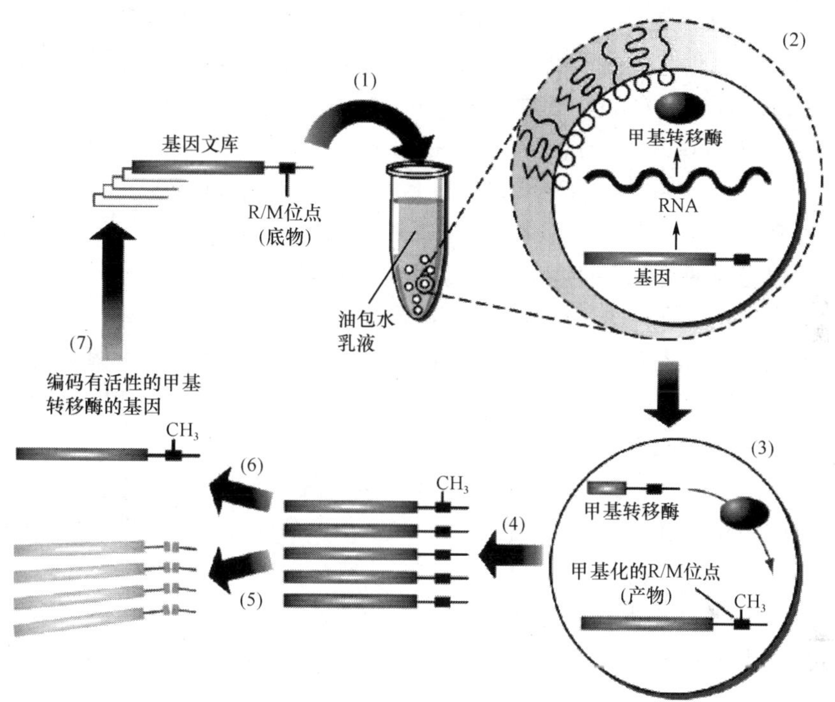

图 2.5.8　用 IVC 来选择 DNA 甲基转移酶

表面展示技术是将异源的目标多肽链或蛋白与锚定蛋白(anchoring protein)融合表达在宿主细胞的表面，同样具有无细胞壁垒，与底物反应快的优点。目前已经广泛应用于全细胞生物催化、活疫苗开发、细胞吸附剂和生物传感器的开发、抗原决定部位的寻找(epitope mapping)、抗体运输(antigen delivery)、抑制剂设计以及蛋白质/肽链的筛选等领域。目前已经陆续开发出噬菌体、革兰阴性细菌、酵母、革兰阳性细菌的细胞表面展示技术。

最广泛使用的噬菌体表面展示技术是将目标基因与丝状噬菌体 pⅢ蛋白的基因融合，以 1～5 个拷贝数的融合蛋白表达在噬菌体表面。后来又有研究对 pⅢ蛋白进行改造，最终可以在不影响噬菌体生长的情况下大量展示融合蛋白(超过 100 个拷贝数)。噬菌体表面展示技术的应用，主要是通过与过渡态类似物(transition state analogs，TSAs)或自杀性抑制剂(suicide inhibitor)相结合，来间接选择展示在噬菌体表面的催化抗体(catalytic antibody)或酶。噬菌体表面展示很容易获得 10^7，甚至高达 10^{11}～10^{12} 个转化子，但对展示蛋白的大小有所限制。

革兰阴性细菌表面展示的代表是大肠埃希菌表面展示。它也是通过将目标基因与锚定蛋白(anchoring protein)的基因融合表达来进行展示的。应用最多的锚定蛋白是由外膜蛋白 OmpA 的 B3-B7 跨膜区与脂蛋白 Lpp 成熟段 N 端的前 9 个氨基酸构成的杂合蛋白。其中,Lpp 部分用于外膜定位。OmpA 则负责将与连在它 C 端的目标蛋白运送到细胞表面。另一较为常用的锚定蛋白是丁香假单孢菌(*Pseudomonas syringae*)的冰核蛋白(ice nucleation protein,INP)。它可以在保证蛋白质翻译不移码的前提下,通过调节重复结构域(internal repeated domain)的长度来调整其跨膜区的长度,从而保证不同大小的目标蛋白有足够的空间折叠,目前已有报道用 INP 展示了高达 60kD 的目标蛋白。其他锚定蛋白还包括 LamB、PhoE、菌毛蛋白(fimbrillin)、鞭毛蛋白(flagellin)、免疫球蛋白 A(immunoglobulin A,lgA)蛋白酶、黏附蛋白(adhesion protein)AIDA-I、肠出血性大肠埃希菌(enterohemorrhagic *Escherichia coli*)的紧密黏附素(intimin)等。对于其他的革兰阴性细菌,新月柄杆菌(*Caulobacter crescentus*)的 S 层蛋白(S-layer protein)也可以在该菌表面展示肽链。

酵母表面展示一般是以酿酒酵母细胞壁上的一类甘露糖蛋白(mannoprotein)作为锚定蛋白,包括凝集素(agglutinin)、絮凝素(flocculin)、Sed1p、Cwp1p、Cwp2p、Tip1p、Tir1p、Srp1p 等。这些蛋白的 C 端一般都含有一个糖基化磷脂酰肌醇(glycosyl phosphatidylinositol,GPI)的锚定信号,能通过共价键将该蛋白连接到酵母细胞壁的 β-葡聚糖层上。其中使用最为广泛的锚定蛋白是酿酒酵母的 α-凝集素。与噬菌体和大肠埃希菌细胞表面展示技术相比,酵母表面展示系统具有糖基化作用、蛋白翻译后折叠以及与哺乳动物类似的分泌机制等优势,且一个酵母细胞大约能展示 10^4 个凝集素蛋白。

对于革兰阳性细菌,目标蛋白一般是通过 C 端的锚定蛋白,以共价键的形式连接到细胞壁的肽聚糖(peptidoglycan)上。细胞表面天然存在的蛋白,如来源于金黄色葡萄球菌(*Staphylococcus aureus*)的 SpA、来源于化脓链球菌(*Streptococcus pyogenes*)的 M6、来源于金黄色葡萄球菌的纤连蛋白结合蛋白 B(fibronectin-binding protein B,FnBPB)等,已经成功用于在木糖葡萄球菌(*Staphylococcus xylosus*)、肉葡萄球菌(*Staphylococcus carnosus*)和乳酸乳杆菌(*Lactobacillus lactis*)的表面展示酶、抗原决定部位和结合区域。革兰阳性细菌表面展示具有细胞包膜强壮的优点,但是每个细胞展示的目标蛋白要比革兰阴性细菌展示的少很多。

四、高通量筛选技术

微生物酶的高通量筛选可以分为筛选(screening)和选择(selection)两种类型。筛选主要是通过逐一检查每个酶突变体的特定性质,从而找出性状提高的变体。对琼脂平板或硝酸纤维素滤膜上的菌落,一般每天可以筛选超过 10^4 个。但该法只适用于某些特殊底物,应用范围有限。更广泛的筛选方法是在微量滴定板(如 96 孔板、384 孔板、1536 孔板等)中检测孔内细胞的粗酶液。这样操作能得到定量结果,但筛选通量非常有限:在缺少复杂机械设备的情况下,一般只能筛选约 $10^3 \sim 10^4$ 个样品。即使使用机械化设备,理论通量也小于 10^6。

选择则是将微生物酶的特性与宿主的生存直接关联(如与宿主的营养缺陷互补,或者对抗生素等细胞毒素有抗性),通过判断宿主能否存活来寻找所需目标。选择操作方便且通量高，一次可以筛选 10^{10}～10^{12} 个酶突变体。但是并不是所有酶的特性都能与宿主的生存相关联，因此选择的应用范围相对较小。另外，选择的假阳性率也较高，因为在选择压力下观察到的表型提高并不一定是由目标酶的突变引起的。

无论是筛选还是选择，其本质都是对待研究的酶反应进行高通量地检测。目前最常用的检测信号包括：显色底物/产物带来的颜色变化、荧光底物/产物带来的荧光激发或淬灭、不可溶底物/产物导致的浊度变化、反应前后 pH 的变化等。除了这些化学检测信号以外，近年来，也有通过检测反应过程中热量、旋光度等物理信号的变化来进行高通量筛选的报道。如，有研究小组利用红外感热原理(infrared-thermographic screening)，通过探测反应的放热对酶突变文库进行与筛选，但该技术目前还无法进行定量，只能检测催化活性较高的酶。也有研究小组建立了高通量的旋光度筛选方法如，成像偏振测量(imaging polarimetry)。

高通量筛选中最常用的仪器是能进行可见光/荧光检测的微量滴定板读数器(microtiter plate reader)。它可以检测微量滴定板中酶反应前后吸光度或荧光随时间的变化。随着检测信号的多样化，以及机械制造微型化和自动化的发展，一些传统的低通量检测仪器也被改造为能够进行中通量、甚至是高通量的筛选仪器。比如，整合菌落挑取和反应液制备移取等机械设备后，电喷雾电离(electrospray ionization，ESI)和质谱(MS)已经能够每天检测 10 000 个样品的对映体过剩值(enantiomeric excess，ee%)。基于傅里叶转换红外光谱(Fourier transform infrared spectroscopy，FTIR)、毛细管阵列电泳(capillary array electrophoresis，CAE)的高通量筛选体系每天也可以测量 7 000～10 000 个 ee 值。而随着 NMR 流通池(flow-through cell)的发展，核磁共振(NMR)也可以用于筛选外消旋物的动力学拆分以及前手性化合物的去对称，通量为每天 1 400 个 ee 值。改进后的气相色谱(GC)和高效液相色谱(HPLC)也可以达到每天测量 700～800 个 ee 值的中等通量。

近期也报道了一些超高通量的筛选仪器和技术平台。荧光活化细胞分选仪(fluorescence-activated cell sorter)是先用荧光基团共轭抗体(fluorophore-conjugated antibody)对细胞染色，然后在细胞流动的过程中，用激光诱导的荧光对细胞进行计数和分离。Becton Dickinson 公司的 FACSAria 或者 DakoCytomation 公司的 MoFlo 可以很容易达到每天 5×10^8 个细胞的通量。数字成像技术(digital imaging)的发展也产生出一些基于显色产物或者荧光产物的筛选体系，可以在每平方厘米基质上筛选几百个样品。而 Diversa 开发的超高通量筛选平台 Gigamatrix 包含 400 000 个孔(孔内液体底物只有 50nL)，每天可以处理 10^9 个样品。

五、小　　结

定向进化技术因其不需要微生物酶的任何结构-功能信息，具有很强的可操作性和普适性，因而短时间内即发展成为改造酶的主要技术之一。尽管已经发展出各种各样的改进技术，但仍然存在一些不足：①由于突变的产生是随机的，因而进化存在一定得盲目性，速度较慢；②理论上要求对一个完全随机突变的基因文库进行筛选，但即使是对一个只有 100 个碱基的基因，其序列的多样性也高达 4^{100}，远远超过实际能筛选的量；③对筛选方法依赖较大，因而对于尚没有建立起较好筛选方法的酶/酶性质，无法应用定向进化。因此，在定向进化方面，今后的发展趋势将是，如何减少定向进化的盲目性，提高进化的效率，并开发出更多更好的筛选方法。

第三节 “理性进化”的原理和发展

理性设计与定向进化在微生物酶分子改造领域都有着广泛的应用，但也都存在各自的优势和不足。理性设计适于优化短程的直接相互作用，比如催化机制、底物特异性等，同时能对酶进行大幅度的结构改造/替换从而创造出新的催化活性，对筛选方法的要求不高，但它需要知道蛋白质结构信息和反应机制，且难于预测距活性中心较远的突变对酶功能的影响。定向进化则相反，它不需要蛋白质的结构和功能信息，能发现距活性中心较远的突变对酶功能的影响，在改善微生物酶的活性、热稳定性、可溶性等性质方面有很好的效果，但却很难使酶进化出新的催化活性，并且对筛选方法有较高要求。鉴此，将理性设计与定向进化这两种优势互补的技术结合起来的所谓“理性进化”(rational evolution)，被普遍认为是更为有效的酶分子改造策略。

从目前报道的研究实例看，“理性进化”可分为三种策略。一是以理性设计的结果为定向进化的起点。即先通过理性设计对目标蛋白的氨基酸/结构域进行替换、插入、删除等改造，并以此作为后续定向进化的模板。二是通过理性设计缩小定向进化的范围。即先通过蛋白质结构-功能关系的分析，将影响蛋白功能的氨基酸缩小到某一个/几个局部区域，然后仅对这一区域中的碱基序列采取定向进化的研究策略。三是以定向进化结果的统计分析作为理论指导。即先进行完全随机的定向进化，获得大量的突变与功能的关系，然后利用计算机算法对这些结果进行统计学分析，反解出一些蛋白质结构-功能的线索，并在此基础上进行后续改造。

一、以理性设计的结果为定向进化的起点

早期的“理性进化”普遍采用这一策略。根据人们已经掌握的结构-功能关系，先对那些理论上能明显改善微生物酶功能的氨基酸/结构域进行改造，然后再以此模板为基础进行定向进化，进一步搜索那些还不为人所知，但同样能改善微生物酶功能的其他氨基酸。这样的组合策略不但能加快微生物酶的改造速度，并且能创造出具有全新催化活性的酶，目前已经积累了大量的成功案例，其中近年来有代表性的案例如下：

Cherry 等希望将来源于 *Coprinus cinereus* 的血红过氧化物酶(CiP)改造成一个适于在干洗洗涤剂中作为染料传递抑制剂的酶，因而要求该酶在干洗条件(即 pH 高达 10.5，温度高达 50℃和过氧化物浓度高达 5～10mmol/L)下保持稳定。为此，根据已知的结构-功能关系，研究者先引入了 Met166Phe、Met242Ile 和 Tyr272Phe 这三个突变，以去除血红蛋白基团活性位点周围容易被氧化的残基，初步获得了一个氧化稳定性提高、但碱性和热稳定性不变的突变体。随后设计了 Glu239Lys 突变，以去除结构上相邻的谷氨酸侧链 Glu239 和 Glu214 之间潜在的不稳定相互作用，使该酶的热稳定性提高了 134 倍，而氧化稳定性也进一步提高。以此突变体序列为模板再进行两轮随机突变和改组后，最终获得了热稳定性和氧化物稳定性分别提高了 174 倍和 100 倍的突变体，共含有 7 个氨基酸的突变(Ile49Ser/Val53Ala/Thr121Ala/Met166Phe/Glu239Gly/Met242Ile/Tyr272Phe)。值得指出的是，4 个来源于理性设计的突变如果要靠定向进化来获得必将大大增加筛选的时间和工作量，而来源于定向进化的 3 个突变也很难通过理性设计来获得，因此像这样同时结合了理性设计与定向进化的策略使得两种方法的优势互补，大大加速了酶的改造速度。

Chen 等研究了 α/β 折叠子家族中结构相似、但序列同源性只有 18%的两个酶——来源于 *Streptomyces aureofaciens* 的溴过氧化物酶(BPO-A2)和来源于 *Bacillus subtilis* 的脂肪酶(LipA)。通过结构比对，将 BPO-A2 的三维结构改造为与 LipA 类似的结构，并将 BPO-A2 的底物结合位点以及活性中心替换成 LipA 的后，杂合酶具有了微弱的脂肪酶活性，同时完全丧失了其本来的卤化活性。随后通过两轮定向进化和定点突变，进一步将该杂合酶的脂肪酶活性提高了 40 倍。

二、通过理性设计缩小定向进化的范围

原理上，定向进化需要对整个基因的序列空间进行完全随机的突变和筛选。但实际上，即使对于仅含有 100 碱基的酶，其完全随机的序列空间也高达 4^{100}，如此巨大的序列空间不但无法构建，而且也远远超出筛选的能力。因此，通过现有的结构-功能关系，将影响酶功能的氨基酸从整个序列缩小到某一个/几个特定区域，能大幅缩小搜索范围，减少构建文库的盲目性，从而提高进化的效率。该策略的应用在酶分子改造领域也有许多成功例证。

Antikainen 等利用该策略成功改造了来源于 *Bacillus cereus* 的磷脂酶 C(PLC_{Bc})的底物特异性。晶体结构显示 Glu4、Tyr56 和 Phe66 对胆碱头部基团的底物衍生物最为接近，而一些前期的利用定点突变进行的研究工作暗示这些残基可能对于底物特异性具有重要作用。因此，研究者仅对这 3 个位点的单个或多个组合进行随机突变，构建了一个只有 6000 个克隆的突变文库。结果发现其中 3 个突变体对底物 PS 的特异性常数提高了 4 倍、2 倍和 3 倍，而对于 PC/PS 的选择性则分别改变了 30 倍、180 倍和 60 倍。

Van Kampen 等同样利用该策略提高了来源于 *Staphylococcus aureus* 的脂肪酶(SAL)的磷脂酶与脂肪酶活性之比。SAL 具有较高的脂肪酶活性，但磷脂酶活性较低。而与之高度同源的 *Staphylococcus hyicus* 的脂肪酶(SHL)却同时具有较高脂肪酶和磷脂酶活性。前期的结构比对、定点突变和结构域交换、盒式诱变表明，SHL 的高磷脂酶活性主要取决于三个部分，即 SHL 的帽形结构域、C-端结构域和紧随催化活性中心 His355 的 Ser356。随后，研究者仅对 SAL 的 C-端结构域进行随机突变，并用获得的突变体进行同源重组，最终获得一个磷脂酶与脂肪酶活性之比提高 11.5 倍的突变体。

三、以定向进化结果的统计分析作为理论指导

上述两者策略都是基于理性设计的定向进化，即先通过微生物酶的结构-功能关系来进行理性设计，再为定向进化提供模板或缩小范围。近几年又逐渐发展出一种相反的策略，即先进行定向进化，然后对获得结果进行大量的统计学分析，预测出氨基酸突变对功能的影响，并以此作为理论指导后续的改造。其中具有代表性的结果如下：

Fox 等将用于小分子设计和多肽优化的定量结构-活性关系(quantitative structure-activity relationships，QSAR)扩展到蛋白质工程领域，发展了一种基于蛋白质序列-活性关系(protein sequence activity relationships，ProSAR)的多变量蛋白质优化策略。通过对每轮定向进化所获结果作为训练集进行线性回归，预测每个突变位点对于酶功能的影响效果，从而富集有益突变、排除有害突变，构建下一轮进化的突变库。经过 18 轮迭代进化，最终将卤醇脱卤酶(halohydrin dehalogenase)生产阿托伐他汀(atorvastatin)的体积产率提高到了约 4000 倍。

Barak 等人则利用 Nov 和 Wein 提出的序列-活性关系模型对定向进化中所获得的结果

进行分析,利用最大似然法(maximum likelihood method)估计参数模型,并用来拟合和预测突变对活性产生的影响。研究者将其用于进化结构未知的大肠埃希菌氧化还原酶ChrR,通过两轮定向进化和根据模型预测的定点突变,获得一个活性较野生型提高了1554倍的突变株。

四、小　　结

理性设计与定向进化是目前微生物酶工程领域的两个主要技术。虽然定向进化的飞速发展曾使得人们一度摒弃理性设计。但越来越多的实例表明,这两种方法各有优劣,且互为补充。因此近年来将这两种方法有机结合起来逐渐成为了微生物酶工程领域的主流观点。虽然目前已经发展出不同的结合策略,但实际应用中仍然存在操作困难、效果不佳等问题。因此,除了前两小节中提到的如何更加完善各自技术以外,如何使这两种技术更加有效地结合起来也将是未来研究的一个热点。

执笔:蔡　真、柳国霞

讨论与审核:董红军、周　杰

资料提供:蔡　真、柳国霞

参 考 文 献

Antikainen N M, et al. 2003. Altering substrate specificity of phosphatidylcholine-preferring phospholipase C of Bacillus cereus by random mutagenesis of the headgroup binding site. Biochemistry (John Wiley & Sons); Biochemistry, 42 (6): 1603

Bae E, R M Bannen, G N Phillips. 2008. Bioinformatic method for protein thermal stabilization by structural entropy optimization. Proceedings Of The National Academy Of Sciences Of The United States Of America, 105(28): 9594～9597

Bannen R M, et al. 2008. Optimal design of thermally stable proteins. Bioinformatics, 24(20): 2339～2343

Barak Y, et al. 2008. Enzyme improvement in the absence of structural knowledge: a novel statistical approach. Isme Journal, 2(2): 171～179

Chen B, et al. 2009. Morphing Activity between Structurally Similar Enzymes: From Heme-Free Bromoperoxidase to Lipase. Biochemistry, 48(48): 11496～11504

Cherry J R, et al. 1999. Directed evolution of a fungal peroxidase. Nature biotechnology; Nature biotechnology, 17(4): 379

Coco W M, et al. 2001. DNA shuffling method for generating highly recombined genes and evolved enzymes. Nature Biotechnology, 19(4): 354～359

Dwyer M A, L L Looger, H. W. Hellinga. 2004. Computational design of a biologically active enzyme. Science, 304 (5679): 1967

Eijsink V G, et al. 2004. Rational engineering of enzyme stability. Journal of Biotechnology; Journal of Biotechnology, 113(1-3): 105

Emond S, et al. 2008. A novel random mutagenesis approach using human mutagenic DNA polymerases to generate enzyme variant libraries. Protein Engineering Design & Selection, 21(4): 267～274

Fox R J, et al. 2007. Improving catalytic function by ProSAR-driven enzyme evolution. Nature Biotechnology, 25 (3): 338～344

Fox R J, G W Huisman. 2008. Enzyme optimization: moving from blind evolution to statistical exploration of sequence-function space. Trends In Biotechnology, 26(3): 132～138

Freudl R, et al. 1986. Cell-Surface Exposure of the Outer-Membrane Protein Ompa of Escherichia-Coli K-12. Journal of Molecular Biology, 188(3): 491～494

Fujii R, M Kitaoka, K Hayashi. 2006. Error-prone rolling circle amplification: the simplest random mutagenesis protocol.

Nature Protocols,1(5):2493～2497

Gao D Q et al. 2006. Computational design of a human butyrylcholinesterase mutant for accelerating cocaine hydrolysis based on the transition-state simulation. Angewandte Chemie-International Edition,45(4):653～657

Gibbs M D,K M H Nevalainen,P. L. Bergquist. 2001. Degenerate oligonucleotide gene shuffling(DOGS):a method for enhancing the frequency of recombination with family shuffling. Gene,271(1):13～20

Gibbs P R, et al. 2003. Imaging polarimetry for high throughput chiral screening. Biotechnology Progress, 19 (4):1329～1334

He M Y. 2008. Cell-free protein synthesis: applications in proteomics and biotechnology. New Biotechnology, 25 (2-3):126～132

Heine A,et al. 2001. Observation of covalent intermediates in an enzyme mechanism at atomic resolution. Science, 294 (5541):369

Jiang L,et al. 2008. De novo computational design of retro-aldol enzymes. Science,319(5868):1387～1391

Lee S H,et al. 2003. A new approach to directed gene evolution by recombined extension on truncated templates(RETT). Journal of Molecular Catalysis B-Enzymatic,26(3-6):119～129

Lee S Y,J H Choi,Z H Xu. 2003. Microbial cell-surface display. Trends in Biotechnology,21(1):45～52

Link A J,K J Jeong,G Georgiou. 2007. Beyond toothpicks:new methods for isolating mutant bacteria. Nature Reviews Microbiology,5(9):680～688

Looger L L,et al. 2003. Computational design of receptor and sensor proteins with novel functions. Nature,423(6936):185

Magnusson A O,et al. 2005. Creating space for large secondary alcohols by rational redesign of Candida antarctica lipase B. Chembiochem,6(6):1051～1056

Meyer M M,L. Hochrein,F. H. Arnold. 2006. Structure-guided SCHEMA recombination of distantly related beta-lactamases. Protein Engineering Design & Selection,19(12):563～570

Montanucci L,et al. 2008. Predicting protein thermostability changes from sequence upon multiple mutations. Bioinformatics,24(13):I190～I195

Moore B D,et al. 2004. Rapid and ultra-sensitive determination of enzyme activities using surface-enhanced resonance Raman scattering. Nature Biotechnology,22(9):1133～1138

Ness J E,et al. 2002. Synthetic shuffling expands functional protein diversity by allowing amino acids to recombine independently. Nature Biotechnology,20(12):1251～1255

Ostermeier M,J H Shim,S. J. Benkovic. 1999. A combinatorial approach to hybrid enzymes independent of DNA homology. Nature Biotechnology,17(12):1205～1209

Reetz M T,et al. 2000. Super-high-throughput screening of enantioselective catalysts by using capillary array electrophoresis. Angewandte Chemie-International Edition,39(21)

Reetz M T,et al. 2002. A practical NMR-based high-throughput assay for screening enantioselective catalysts and biocatalysts. Advanced Synthesis & Catalysis,344(9):1008～1016

Reetz M T,et al. 2004. Directed evolution as a method to create enantioselective cyclohexanone monooxygenases for catalysis in Baeyer-Villiger reactions. Angewandte Chemie-International Edition,43(31):4075～4078

Reetz M T,et al. 2004. Directed evolution of cyclohexanone monooxygenases:Enantioselective biocatalysts for the oxidation of prochiral thioethers. Angewandte Chemie-International Edition,43(31):4078～4081

Reetz M T,et al. 2005. Expanding the range of substrate acceptance of enzymes:Combinatorial active-site saturation test. Angewandte Chemie-International Edition,44(27):4192～4196

Reetz M T,M Hermes,M H Becker. 2001. Infrared-thermographic screening of the activity and enantioselectivity of enzymes. Applied Microbiology and Biotechnology,55(5):531～536

Roberts R W,J W Szostak. 1997. RNA-peptide fusions for the in vitro selection of peptides and proteins. Proceedings of the National Academy of Sciences of the United States of America,94(23):12297～12302

Rothlisberger,D,et al. 2008. Kemp elimination catalysts by computational enzyme design. Nature,453(7192):190～U4

Schrader W,et al. 2002. Second-generation MS-based high-throughput screening system for enantioselective catalysts and biocatalysts. Canadian Journal of Chemistry-Revue Canadienne De Chimie,80(6):626～632

Silberg J J, J B Endelman, F. H. Arnold. 2004. SCHEMA-guided protein recombination. Protein Engineering, 388: 35～42

Smith G P. 1985. Filamentous fusion phage: novel expression vectors that display cloned antigens on the virion surface. Science, 228(4705): 1315～1317

Street A G and S L Mayo, 1999. Computational protein design. Structure(London, England); Structure(London, England: 1993), 7(5): R105

Taly V, B T Kelly, A D Griffiths. 2007. Droplets as microreactors for high-throughput biology. Chembiochem, 8(3): 263～272

Tielmann P, et al. 2003. A practical high-throughput screening system for enantioselectivity by using FTIR spectroscopy. Chemistry-a European Journal, 9(16): 3882～3887

van Kampen M D, M R Egmond. 2000. Directed evolution: From a staphylococcal lipase to a phospholipase. European Journal of Lipid Science and Technology, 102(12): 717

Voigt C A, et al. 2002. Protein building blocks preserved by recombination. Nature Structural Biology, 9(7): 553～558

Wernerus H, S Stahl. 2004. Biotechnological applications for surface-engineered bacteria. Biotechnology and Applied Biochemistry, 40: 209～228

Wolfson W. 2005. Diversa builds a business with designer bacteria. Chemistry & Biology, 12(5): 503～505

Wong T S, et al. 2004. Sequence saturation mutagenesis(SeSaM): a novel method for directed evolution. Nucleic Acids Research, 32(3)

Zhao H M, et al. 1998. Molecular evolution by staggered extension process(StEP) in vitro recombination. Nature Biotechnology, 16(3): 258～261

Zheng F, C G Zhan. 2008. Structure-and-mechanism-based design and discovery of therapeutics for cocaine overdose and addiction. Organic & Biomolecular Chemistry, 6(5): 836～843

Zheng F, C G Zhan. 2008. Rational design of an enzyme mutant for anti-cocaine therapeutics. Journal Of Computer-Aided Molecular Design, 22(9): 661～671

Zheng F, et al. 2008. Most efficient cocaine hydrolase designed by virtual screening of transition states. Journal Of The American Chemical Society, 130(36): 12148～12155

第六章

微生物大分子及代谢物的检测、分离与纯化技术

第一节　微生物大分子及代谢物检测技术的发展及其原理

微生物代谢包括在微生物细胞中进行的所有生物化学反应，这其中涉及蛋白质、核酸等生物大分子也涉及氨基酸、单糖等各类代谢产物。这些物质的种类和数量极其庞大，物质之间的理化性质又各不相同，所以很难通过一种或几种检测方法实现无偏向性的全面分析。微生物大分子及代谢物的检测主要是根据其具有的理化性质，如物质的分子量、所带官能团、带电性、挥发性和极性等，选择最合适的方法组合来实现的。目前，适用性最广的检测方法是将色谱、毛细管电泳等分离分析技术与质谱(MS)、核磁共振(NMR)等分析检测技术相结合，通过优势互补来对代谢物进行定性和定量的分析，例如：气相色谱与质谱联用(CG-MS)、液相色谱与质谱联用(LC-MS)、毛细管电泳与质谱联用(CE-MS)、MS与NMR结果互补等。此外，傅里叶变换红外光谱(FT-IR)、紫外-可见吸收光谱(UV-vis)等光谱技术和酶联免疫吸附测定、放射免疫测定等免疫学方法也是目前较为常用的代谢物检测方法。近些年，随着芯片技术的蓬勃发展，悬浮芯片(multi-analyte suspension arrays, MASA)等技术也被引入代谢物的高效、快速分析当中。

现代生物学是建筑在分子水平上的科学，而化学则是研究分子的科学，所以对于微生物大分子及代谢物的检测在极大程度上是依赖于化学尤其是分析化学的发展。随着分析化学的几次巨大变革，相关的检测技术也经历了几次跳跃式的发展。1912年J. J. Thomson发明了世上第一台质谱仪；1946年F. Bloch和E. M. Purcell发明了核磁共振测定，并很快发展出了核磁共振谱；1952年A. J. P. Martin和R. L. M. Synge提出了气液相色谱法，同时也发明了第一个气相色谱检测器。随后，数学、物理学、化学、计算机科学、生物学等多学科之间的相互渗透与结合，自动化控制、传感器、流动分析等技术的相互融合不但为检测技术提供了新概念和新方法，也强化和改善了原有仪器的性能。总之，代谢物检测的发展方向是高速度、高灵敏度、高选择性、高通量性以及分析的自动化、数字化、网络化和信息化。

早期的微生物研究中，大分子及代谢物的检测主要是根据要检测物质的生物学及物理化学性质并借助纸层析、薄层层析等简单的分离手段来识别或排除已知化合物。这时的检测是建立在各种简单、实用方法的巧妙结合以及大量标准品和数据的积累之上。代谢物质的溶解性、本身所具有的特异颜色、物质对酸、碱、温度、光线的稳定性以及物质免疫性、酶学性等都可作为代谢物鉴别用的一个“指纹”。例如具有胍基的链霉素抗生素对坂口反应呈阳性，茚三酮反应阳性表明分子中可能含有α-氨基酸，不同抗生素的纸电泳R_m值区别很大等。但是，多数情况下上述的单一试验并不能给出肯定的结论，每一个试验只能作为代谢物检测的一个线索，然后通过综合这些结果对代谢物进行判定和进一步的验证。检测范围窄、样品需求量大、准确性差、可重复性低是这一时期代谢物检测的重要特征。随着CG, LC, MS, NMR等大型精密仪器的实用化，代谢物检测迈入了微量、快速、准确鉴别的阶段。

拿配备有二极管矩阵检测器的高压液相色谱仪对样品进行分析为例。样品只需用萃取、过滤法简单处理即可直接进样，省去了繁杂的提取纯化手续；每次进样只需 10μl 左右，极大地减少了样品的用量；样品在液相色谱中的保留时间及样品的紫外吸收光谱可作为两个可靠的鉴别指标来对代谢物进行定性及定量的分析。之后，各类分析方法联用技术的发展及成熟进一步推动了代谢物检测的发展。联用技术将各具有一定优势的多种技术联用，取长补短，已逐步成为定性和定量分析样品，尤其是快速、高通量分析复杂混合物的重要手段。色谱-色谱之间的联用，如 GC-GC、HPLC-HPLC、HPLC-GC、GC-TLC 等；色谱与光谱之间的联用，如 GC-FTIC、LC-UV、LC-MS 等，质谱与质谱之间的联用，如 MS-MS 等。近年来，代谢组学的兴起推动了分析技术的发展也对代谢物检测提出了更高的要求。高通量筛选技术、悬浮芯片技术等高灵敏度、高通量特点的代谢物检测技术也随之应运而生。发展各种分类方法的联用技术，建立仪器接口标准是代谢物检测发展的热点，而运用先进的科学技术发展新的分析原理、研制新型分析仪器是代谢物检测发展的必然。

一、光谱技术检测的原理

光谱法是基于物质与辐射能在相互作用时，测量由物质内部发生量子化能级之间的跃迁而产生的发射、吸收或散色辐射的波长和强度进行分析的方法。其主要包含三个过程：①能源提供能量；②能量与被测物质相互作用；③被测物质产生被检测信号。常用于代谢物检测的光谱技术有傅里叶变换红外光谱、紫外-可见光谱和荧光分析法等。其中，紫外-可见光谱、红外光谱等属于吸收光谱，既利用物质吸收相应的辐射能而产生的光谱；荧光光谱、磷光光谱等属于发射光谱，既物质受到辐射能、热能、电能或化学能地激发而产生的光谱。

分子的能量由四部分组成：分子在空间作自由运动时的平动动能($E_{平动}$)、分子中的电子所具有的能量(E_e)、分子中原子间的振动能量(E_v)和分子绕质量中心转动的能量(E_r)。其中 $E_{平动}$ 值的变化是连续地，非量子化的，而 E_e、E_v 和 E_r 的能量变化是不连续的，只能处于量子化的能级上，故对于一个具体的分子而言，能级之间的跃迁所需要的能量是一个不变的精确值。因为 $\Delta E = h * \nu$，而 h 是常数，所以当一束频率连续变化的电磁波照射某物质的分子时，只能吸收特定频率的电磁波。若把吸收强度与频率变化之间的关系描绘成曲线，那么特定物质就会在特定的频率处出现一个吸收峰。对分子所吸收光子频率的研究，就能推断出分子内可能存在的官能团，从而推断分子的结构。

由于分子内层电子能量较低，分子吸收光子能量引起电子能级的变化主要表现在价电子上。一般电子能级的能差在 1～20eV，与此能量相应的电磁波的波长范围为 1240～63nm，所以分子吸收紫外、可见区光子所获得的能量足以使电子发生跃迁。所以由价电子产生的吸收光谱称为紫外-可见光谱。振动能级间的能差一般在 0.05～1eV 之间，与此能量相应的光的波长大约是 1～25nm，所以分子的振动光谱称为红外光谱。转动能级跃迁所需要的电磁波波长在 25～350μm，属于远红外区和微波区，所以产生的吸收光谱称为远红外光谱或微波谱。

当基态分子吸收光子能量跃迁至激发态后，由于激发态分子的不稳定性，它可能通过辐射或非辐射等分子内去活化过程释放多余的能量而返回至基态。有些特定物质，例如分子结构存在共轭 $\pi \rightarrow \pi^*$ 跃迁的物质，会通过振动弛豫先回到第一电子激发态的最低振动能级，然后以辐射形式发射光量子而跃迁回到基态。这个过程中分子发射的光量子即称为荧光。由于一部分能量通过振动弛豫损失掉，荧光的辐射波长比入射波长要长。根据这一特点并结合分子中特定结构及取代基对发光基团荧光效率的影响来对代谢物进行检测与分析。

二、色谱技术分离和检测的原理

色谱法又称层析法或色层分析法，是一种基于被分离物质的物理、化学及生物学特性的差异，使它们在某种基质中移动速度不同而进行分离的方法。将色谱技术配合适当的检测手段用于分析化学就形成了色谱分析法。色谱法中存在两相，一相是固定不动的，称为固定相；另一相则是不断流过固定相的气体或液体，称为流动相。各种物质在这两相中存在差异，使得它们在固定相中的保留时间不同，从而按一定次序先后流出。这就是色谱法进行分离的基本原理。

根据具体的分离原理，可将层析分为吸附层析、分配层析、凝胶过滤层析、离子交换层析和亲和层析等。吸附层析是以吸附剂为固定相，根据吸附剂与物质之间的吸附力不同而达到分离目的的一种层析技术。分配层析是利用不同物质在一个两相同时存在的溶剂体系中的分配系数的差异而达到分离效果的一种层析技术。凝胶层析(gel exclusion chromatography)是依据分子大小这一物理性质进行分离纯化的。凝胶层析的固定相是珠状的惰性凝胶颗粒，该颗粒的内部具有多孔的立体网状结构。当含有不同分子大小的组分的样品进入凝胶层析柱后，各个组分就向固定相空穴的内部扩散。比空穴孔径小的分子可以渗透进入凝胶颗粒内部，它们所经历的流程长，流速慢，相应的流出时间长；比空穴孔径大的分子被排阻在孔外，只能沿着颗粒外围空间向下流动，它们所经历的流程短，流速快，相应的流出时间短。所以样品经过凝胶层析后，各个组分便按分子从大到小的顺序依次流出，从而起到分离的效果。离子交换层析(ion exchange chromatography，IEC)是根据各种离子或离子化合物与离子层析的固定相—离子交换剂之间的结合力不同而进行分离纯化的。离子交换剂，是由一类不溶于水的惰性高分子聚合物基质通过一定的化学反应共价结合上某种电荷基团形成的。根据所带电荷的不同，离子交换剂可分为阴离子交换剂和阳离子交换剂两类。以阴离子交换剂为例，它的电荷基团带正电，可与缓冲液中带负电的平衡离子结合。加入样品后，样品中的负电荷基团可以与平衡离子进行可逆的置换反应，而结合到离子交换剂上，而正电荷与中性基团则不能与之相结合，从而随流动相流出。随后通过增加洗脱液的离子强度，使洗脱液中的离子逐步与结合在离子交换柱上的负电荷基团进行交换，从而将负电荷洗脱下来。这样就按照各种基团与离子交换剂的结合力的不同实现了各种基团的分离。亲和层析(affinity chromatography)是通过将能与其他物质特异性结合的配体共价结合在不溶性基质上，利用分子间亲和力的特异性和可逆性，对特定的一个或一类分子进行分离纯化。当样品通过亲和层析柱的时候，待分离的物质就会与配体发生特异性结合而留在固定相上，其他的杂质不能与配体相互结合，就会随流动相流出。最后通过适当的洗脱液将目的物质从配体上洗脱下来，实现了纯化目标物质的目的。

根据流动相的形式，又可将层析分为液相层析和气相层析。它们的分离原理如上所述，不同之处仅仅是液相层析的流动相为液体，而气相层析的流动相为惰性气体。

三、质谱技术检测的原理

质谱法(mass spectroscopy，MS)是一种按照离子的质荷比(m/z)对离子进行分离和测定的方法。质谱的形成包括分子离子化、质量分离和离子检测三个过程。在分析的时候，样品首先通过导入系统进入离子源，然后通过不同的电离方式被电离成分子离子和碎片离子，随后由质量分析器分离并按质荷比大小依次抵达检测器，最后信号经放大、记录得到质谱图。在质谱图中，横坐标表示离子的质荷比，纵坐标为离子的相对丰度。所谓相对丰度是以图中强度最大的峰(称为标准峰或基峰)为100，其余的峰按与此峰的比例表示。通过对不同质谱图的分析，可以确定分子的相对分子质量、原子组成、分子式和分子结构等信息。

分辨率是质谱检测的一种重要指标，是指仪器对两个相邻质谱峰的分辨能力。根据质谱仪分辨率的大小分为低分辨率和高分辨率两类。低分辨率一般能分开质量数相差1a. m. u的峰，根据该类谱图的质荷比可测得分子量的整数值。而高分辨能精确测定粒子质量数到几位小数，因此可以根据高分辨率质谱结果推断出分子的元素组成。

四、核磁共振谱检测的原理

一些原子核在磁场中可以产生能量分裂，形成能级，所以用一定频率的电磁波对样品进行照射就可以使特定结构环境中的原子核实现共振跃迁，形成核磁共振谱。核磁共振谱上的共振信号位置反映了样品分子的局部结构，即官能团信息；信号强度则往往与有关原子核在分子中存在的量有关。

原子核可以自旋，并且产生角动量。当一个自旋的原子核放在静止的外磁场(H_0)中时，H_0 会对核磁矩有一个作用力，致使其围绕 H_0 进行转动，从而产生进动频率(ω_0)。当外界电磁波频率等于 ω_0 时，会发生共振现象，使原子核由低能态跃迁至高能态，既所谓的核磁共振。分子中不同位置的相同元素核所产生的共振频率会因为分子中各种化学环境的影响，例如电负性、氢键及溶剂效应等而产生微小的差别，即产生化学位移。同时分子中自旋的核之间也会相互干扰，既所谓的自旋-自旋偶合，简称自旋偶合。这种自旋偶合会引起共振峰的分裂，既自旋-自旋分裂。通过化学位移信息、自旋-自旋分裂信息、共振信号强弱和其他谱图信息可以推断出物质分子中各元素周围环境和比例。通过比较现有的数据库或者结合质谱等的信息就能明确得出该物质的分子结构信息。

原子核自旋产生的角动量跟原子核的自旋量子数(I)有关。I 取决于原子核的质量数和原子序数。它们之间的关系为：①当原子核的质量数及其原子序数都是偶数时，I 值等于零。例如：${}^{12}_{6}C$ 的 I 值等于0。②当质量数为奇数时，I 值都等于半整数，与原子序数的奇偶无关。例如：${}^{1}_{1}H$、${}^{13}_{6}C$ 的 I 值都为1/2。③当质量数为偶数，原子序数为奇数时，I 值都是整数。例如：${}^{2}_{1}H$ 的 I 值是1。根据 I 值，将其分为两大类，一类是 $I=1/2$ 的核磁，一类是 I>1/2 的核磁。目前只有第一类的一些核磁共振信号有实际用途，比如：${}^{1}H$、${}^{19}F$、${}^{13}C$、${}^{31}P$、${}^{15}N$ 等。${}^{1}H$、${}^{19}F$ 由于自然丰度和灵敏度都很高，NMR 信号容易检测到，因此应用较早；而${}^{13}C$ 的自然丰度仅为1.1%，总灵敏度不到质子的万分之一，因此应用较晚，直到脉冲傅里叶变换技术应用于 NMR 仪之后，才能得到有价值的碳谱。由于大多数已知的代谢物含有 H 原子，所以${}^{1}H$ 的检测对于代谢物不存在任何歧视，它能够提供分子中氢原子所处的化学环境、官能团种类和分子骨架上氢原子的相对数目，以及分子构型等相关信息；${}^{13}C$ 的检测可以提供有关分子骨架结构信息。二维-NMR 在(2D-NMR)，可以给出 H 原子之间，C 原子之间以及 H 原子与 C 原子之间的偶联信息，从而进一步推测物质的构型及构象。

五、免疫学检测技术的原理

免疫分析法是利用抗原和抗体间的特异反应并结合不同的标记技术来对某种物质进行定性和定量测定的一种方法，包括酶免疫检测技术（EIA）、放射免疫分析（RIA）、免疫荧光技术、免疫电镜技术和免疫胶体金标记技术（ICGT）等。以 RIA 技术为例，它的基本原理是：将待测抗原（Ag）、定量的标记抗原（Ag＊）和限量的抗体（Ab）进行特异的竞争性反应，其中 Ab 的结合位点数小于 Ag＋Ag＊的结合位点总数。待测 Ag 量的结合与 Ag＊-Ab 复合（B）成反比例关系，与游离的 Ag＊成正比例关系。将 Ag＊-Ab 与 Ag＊分开，然后分别测定其放射性强度，计算出结合态标记抗原（B）与游离态标记抗原（F）的比值（B/F）。因为 B/F 值与被检测样品中抗原量呈函数关系，所以可以通过绘制标准曲线计算出样品中抗原的含量。

第二节 微生物大分子及代谢物分离纯化技术的发展与原理

微生物大分子及代谢物分离纯化技术是指把微生物细胞的初级制品进行进一步的分离、纯化、精制，进而得到最终产品的技术过程，可以被划分为生物技术的下游工程（down stream processing）。进入新世纪后，生物科学与化学、物理、材料科学等多学科的交叉渗透发展，极大的推动了新型高效的生物分离纯化技术的发展。

微生物的发酵液是非常复杂的多相体系，包括微生物细胞、代谢产物、剩余培养基，有的具有非常相似的化学结构及理化性能，有的具有生理活性物质，在遇热或某些化学试剂时极易失活或分解。生物分子的分离都是在溶液中进行的，温度、pH、离子强度等各个参数对溶液中各组分的综合影响很难准确的估计和判断；还有一个重要的特征就是含量很低，如氨基酸为 1％～5％，抗生素为 0.1％～3％，工业酶为 0.01％～0.1％，单克隆抗体 0.0001％～0.01％，而医疗用酶仅有 10^{-9} 左右。综上所述，微生物产品因其自身特征及生产过程和终端使用的特殊性对于产品纯度及杂质含量的不同要求，造成分离纯化工艺复杂、成本高等现实问题，因此发展高效生物分离技术成为生物工程技术领域的一个重要研究课题。

发展到今天，微生物大分子及代谢物的分离纯化方法多种多样，主要原理是利用他们之间的差异性进行分离，如分子的大小、形状、穿膜的能力、带电的情况、在电场中的行为、离心沉降的表现、在各种凝胶树脂等填料中的分配系数、在水和各种有机溶剂中的溶解性，在不同温度、pH 和各种缓冲液中的稳定性，对各种蛋白酶、水解酶和各种化学试剂的稳定性、对其他生物分子的亲和力等，各种方法的原理可以归纳为以下两个方面：

(1) 利用混合物中几个组分的分配系数差异，把它们分配到两个或者几个相中，如盐析法、有机溶剂沉淀、层析和结晶等；

(2) 将混合物置于某一物相（大多数是液相）中，通过物理力场的作用，使各组分分配于不同的区域，从而达到分离的目的，如电泳、离心、超滤等。

传统的分离方法主要有沉淀、透析、超滤和溶剂萃取等。沉淀包括利用高浓度的盐溶液使蛋白质沉淀出来；利用有机溶剂使蛋白质、核酸、多糖和小分子生化物质产生沉淀作用；利用蛋白质和核酸都是两性电解质在达到电中性时溶解度最低易发生沉淀的性质，分离纯化杂蛋白；还有利用非离子型多聚物这类具有很强亲水性和较大溶解度的物质在溶液中形成空间位置排斥作用使生物分子、病毒、细菌等聚集沉淀的方法。透析技术已经有150多年的历史，是最常用最简单的分离技术之一，可用于除盐、少量有机溶剂、生物小分子杂质和浓缩样品等，随着半透膜材料的多样化，透析的方式也更加丰富。超滤是一种加压膜分离技术，即在一定的压力下，使小分子溶质或溶剂穿过一定孔径的特制膜，而使大分子不能透过，留在膜的另一边，从而使生物分子物质得到了部分的纯化。根据所加压力和所用膜的平均孔径不同可分为微孔过滤、超滤和反渗透。超滤所用的操作压力通常小于 $4\times10^4\sim7\times10^5$ pa，膜的平均孔径为10～100埃（1微米$=10^4$埃），分离效果较好，广泛用于含有各种小分子溶质的各种生物大分子的脱盐、浓缩和分级分离过程。溶剂萃取法简单地说是用一种溶剂将所需产物从另外一种溶剂中提取出来，以达到浓缩和提纯的目的，近几十年来随着与其他技术的结合产生的逆胶束萃取、超临界萃取、液膜萃取等，逐渐从最初的用于抗生素、有机酸、维生素等生物小分子的提取到核酸、蛋白质和多肽等的生物大分子的提取与精制。

现代的分离方法首先要介绍的即是色谱技术，经过快速的发展，目前已经有丰富的色谱技术被用于生物分子的分离纯化。高效液相色谱（high performance liquid chromatography，HPLC）是目前最通用、最有力和最多能的层析形式，在微生物大分子及代谢物的分离分析中主要应用有反相色谱（reversed-phase chromatography，RPC）、空间排阻色谱（size exclusion chromatography，SEC）、离子交换色谱（ion-exchange chromatography，IEC）、疏水作用色谱（hydrophobic interaction chromatography，HIC）和亲和色谱（affinity chromatography，AC）等。近年来，液相制备色谱的发展研究解决了大量样品高纯度分离的要求，在实际应用中展现出优势，已采用该技术进行氨基酸、单克隆抗体和蛋白质分离的研究。其中，超临界流体色谱（supercritical fluid chromatography，SFC），应用领域十分广泛，可用于分离热敏物质、非挥发性高分子、生物大分子、极性物质和手性对映体等。目前，超临界流体色谱与质谱、傅里叶变换红外光谱仪（fourier transform infrared spectrometer，FT-IR）、核磁共振（NMP）联用技术也在积极开发中。

其次是电泳技术，这是一项传统而又充满新气息的技术。目前使用的双向电泳是第一向为等点聚焦电泳，第二向为变性聚丙烯酰胺凝胶电泳是唯一能将数千种蛋白质同时分离与展示的分离技术，对开展“蛋白质组学”的研究具有重要意义。

还有近十年间发展起来的微流控芯片技术（microfluidics），它是通过微细加工技术、微通道、微阀、微储液器、微电极、微检测元件窗口和连接器等功能元件像集成电路一样，使它们集成在芯片材料上的微全分析系统，该技术已成为生物样品分离分析的重要手段和研究热点，先后出现了毛细管电滴芯片、毛细管电色踱芯片、样品制备和分离的集成系统等。

由于对生物制品的需求在量和质上的不断提高，新型高效的分离技术一直都是研究的热点和重点，科学工作者一直致力于解决提高选择性为目的的新型分离技术的研究，强化传质过程，采用原有技术的有机耦合，缩短分离时间，增加处理量的研究，还在加强化学、工程、生物、数学、计算机等多学科的综合运用，提高生物分离过程中的经济效益等。

一、核酸分子的分离纯化

核酸（nucleic acid）是一类重要的生物大分子，在整个生命过程中担负着遗传信息的储存和传递作用，而且在蛋白的生物合成上也占有重要位置，目前已发现近2000种遗传性疾病和DNA结构有关，因此得到纯化的核酸分子进行结构和性质的研究就尤为重要。

核酸包括脱氧核糖核酸（DNA）和核糖核酸（RNA），在细胞中都是与蛋白质结合存在的，核酸的主要提取分离方法主要有经典的裂解法、酚-氯仿提取法，新方法有硅膜吸附法、磁珠分离法等。

具体方法做如下简单介绍：

1. 煮沸裂解法 其原理是利用裂解液破坏细胞膜结构，释放核酸，通常制备的裂解液含有去污剂和盐，去污剂是通过使蛋白质变性破坏膜结构及解开与核酸连接的蛋白质，从而实现核酸游离在裂解环境中；盐除了可以提供一个合适的裂解环境，同时也可以抑制样品中的核酸酶在裂解的过程中对核酸的破坏，维持核酸结构的稳定。在实际操作中常综合采用机械方法如低渗裂解、超声裂解、微波裂解、冻融裂解等，和制造一定的 pH 环境和变性条件的化学方法，并加入溶菌酶或蛋白酶使细胞破碎释放出核酸，三种方法经常联合使用，具体选用何种方法取决于细胞类型和待分离核酸的类型以及后续实验的目的。例如，蛋白酶（蛋白酶 K，植物蛋白酶或链蛋白酶）能催化水解多种肽键，其在 65℃及有 EDTA、尿素和去污剂存在时仍保留酶活性，有利于提高高分子量核酸的提取效率。溶菌酶则能够催化细菌细胞壁的蛋白多糖 *N*-乙酰葡萄糖胺和 *N*-乙酰胞壁酸残基间的 β-(1,4)键水解，因此认为是提取基因组 DNA 的首选。高浓度蛋白变性剂（如尿素和胍等）的裂解方法是抽取 RNA 的首选。含有 CTAB 的裂解液，对于富含多糖的样品如细菌、植物的基因组 DNA 抽提具有很好的作用。SDS-碱裂解法则是抽取质粒 DNA 的首选，具有速度快、得率高无基因组 DNA 污染的特点。

2. 酚-氯仿提取法 酚-氯仿纯化核酸的方法是最经典的核酸纯化方法，原理是：在酚-氯仿的共同作用下，蛋白质会被变性，形成不溶解的物质，由于蛋白质的密度小于酚而大于水，所以离心后会在酚相和水相之间，形成蛋白质中间层，从而有效地将蛋白质和核酸分离开来。对于 RNA 来说，在酸性酚的条件下，DNA 溶解于有机相，RNA 溶解于水相，而蛋白质在中间相，从而有效地将 DNA、RNA 和蛋白质一起分开。

RNA 的手工提取一般用该方法：在样品中加入裂解液，再加入氯仿后离心以释放 RNA 并使之与蛋白质分离，再将上清液加入到异丙醇中以萃取 RNA，离心后去上清，加入乙醇洗涤后即得到 RNA。

3. 硅膜吸附法 根据硅膜特异性吸附原理以实现核酸的分离，首先使用裂解液、助沉剂和无水乙醇实现核酸与蛋白质的分离和浓缩，然后用核酸吸附柱将核酸吸附于硅胶膜，再使用洗涤液去除残留在膜上的蛋白质杂质和有机物，最后使用洗脱液将纯化的核酸（DNA、RNA）从膜上洗脱下来。

4. 磁珠分离法 先用独特的裂解液：蛋白酶 K 迅速裂解细胞并灭活细胞内的核酸酶，然后基因组 DNA 选择性吸附于磁珠，再通过一系列快速的漂洗-分离步骤，抑制物去除液和漂洗液将细胞代谢物、蛋白质等杂质去除，最后用双蒸水即可将纯净基因组 DNA 从磁珠上洗脱。适用范围包括植物、动物组织、高温干燥过的 DNA、破坏比较严重的动植物组织、海洋生物、法医鉴定、新鲜哺乳动物血液或干血点、转基因食品等。

常用的方法还有离子交换介质纯化技术，吸附介质纯化技术和密度梯度离心技术。

二、蛋白分子的纯化技术

蛋白质分子是生命有机体的重要组成成分，在生长的各个阶段发挥着重要的作用，同时随着现代生物技术的迅速发展，科学工作者运用基因工程、蛋白质工程、发酵工程等技术手段已经可以设计生产多种蛋白质，应用于食品、药品、医学诊断及生物催化等领域，但是由于蛋白质分离纯化技术没有像上游技术发展的顺利，阻碍了蛋白质工业的发展，因此，进行蛋白质高效率和高灵敏度的分离纯化和分析是现代生命科学研究的热点领域。

蛋白质是一种长链高分子量的化合物，相对分子量大，在溶液中的扩散系数小，黏度大，易变性，这些蛋白质自身的性质为提取和分离纯化制造了技术困难。首先，由于蛋白质大多数是生物制品，具有生物活性，在分离纯化过程中，有机溶液、pH、离子强度的变化均可使蛋白质发生变性；其次，目的蛋白质在待分离的物料中含量很低，且物料的组分复杂；再次，含蛋白质产品的物料不稳定，蛋白质产品易受料液中的蛋白水解酶而水解；还有很多蛋白质产品是作为医药和食品被人类利用，因此对产品的纯度要求极高。

蛋白质纯化方式多种多样，从简单的一步沉淀操作到大规模的有效的生产过程。经常采用一步以上的纯化步骤达到想要得到的纯度。对蛋白质进行成功有效的纯化的关键是选择最适宜的纯化技术，优化它们的操作过程来满足所要求达到的纯度，并且将它们以合乎逻辑的方式组合起来，使用最少的纯化步骤达到蛋白质产量的最大化。大部分的纯化方案都包含一些色谱技术。因此色谱技术已经成为了一个蛋白质纯化的基本工具。不同的色谱技术有不同的选择性，它们可以形成强大的组合来纯化任何蛋白质分子。

(一) 蛋白质的提取

根据蛋白质不同的理化性质，采用适宜的溶剂与提取方法，常用的有水溶液提取法、有机溶液提取法、酶法、超声破碎法、双水相萃取法、反胶团萃取法等。

1. 水溶液提取法 稀盐和缓冲体系的水溶液对蛋白质稳定性好、溶解度大，是提取蛋白质最常用的溶剂，一般来说，碱性蛋白质用偏酸性的溶液提取，酸性蛋白则用碱性缓冲液提取，低温操作、pH 在偏离蛋白质等电点 0.5 个单位以上有利于蛋白质溶解度的增加。

2. 有机溶液提取法 对于一些不溶于水、稀盐溶液和常用水相缓冲液的蛋白质，可用乙醇、丙酮和丁醇等有机溶液提取。

3. 酶法 酶法具有反应时间短、反应条件温和且不会产生有害物质的优点。常见的有用胰酶、木瓜蛋白酶、胃蛋白酶处理胶原蛋白，用纤维素酶、淀粉酶、蛋白酶处理米渣、米粉和米糠等。

4. 超声破碎法 超声波是利用超声波动与能量双重属性破碎细胞(空化作用)和强化传质(机械作用)，使细胞中蛋白成分更好的释放出来，然后通过离心或过滤的方法除去细胞碎片等不溶物质。

5. 双水相萃取法 双水相萃取技术是指亲水性聚合物水溶液在一定条件下形成双水相，由于被分离物在两相中分配不同，因为可以实现分离。该方法具有可以提高蛋白稳定性，收率高且可以在室温下操作的优点。

6. 反胶团萃取法 反胶团萃取法是当表面活性剂在非极性有机溶剂溶解时，自发聚集而形成一种纳米尺寸的聚集体，将蛋白质包裹其中而达到提取蛋白质的目的，该方法在萃取的过程中蛋白质位于反胶团的内部得到了保护。

(二) 蛋白质分离纯化

1. 根据蛋白质的溶解度不同的分离方法

(1) 盐析法：盐析法是在中性水溶液中加入无机盐到一定浓度，或达到饱和状态，可使某些成分在水中的溶解度降低，从而与水溶液中溶性大的杂质成分分离，常用做盐析的无机盐有氯化钠，硫酸钠，硫酸镁，硫酸铵等。其中应用最多的硫酸铵，它的优点是温度系数小而溶解度大(25℃时饱和溶液为 4.1mol/L，即 767 g/L；0℃时饱和溶解度为 3.9mol/L，即 676 g/L)，在这一溶解度范围内，许多蛋白质和酶都可以盐析出来；另外硫酸铵分段盐析效果也比其他盐好，不易引起蛋白质变性。硫酸铵溶液的 pH 常在 4.5～5.5 之间，当用其他 pH 进行盐析时，需用硫酸或氨水调节。

盐析法具有成本低、操作简便、对蛋白质生物活性有稳定作用等优点。一般粗抽提物常用该方法。其原理是：蛋白质在水溶液中的溶解度取决于蛋白质分子表面离子周围的水分子数目，亦即主要是由蛋白质分子外周亲水基团与水形成水化膜的程度以及蛋白质分子带有电荷的情况决定的。蛋白质溶液中加入中性盐后，由于中性盐与水分子的亲和力大于蛋白质，致使蛋白质分子周围的水化层减弱乃至消失。同时，中性盐加入蛋白质溶液后由于离子强度发生改变，蛋白质表面的电荷大量被中和，更加导致蛋白质溶解度降低，使蛋白质分子之间聚集而沉淀。由于各种蛋白质在不同盐浓度中的溶解度不同，不同饱和度的盐溶液沉淀的蛋白质不同，从而使之从其他蛋白中分离出来。简单地说就是将硫酸铵、硫化钠或氯化钠等加入蛋白质溶液，使蛋白质表面电荷被中和以及水化膜被破坏，导致蛋白质在水溶液中的稳定性因素去除而沉淀。由于各种蛋白质分子颗粒大小、亲水程度不同，故盐析所需的盐浓度也不一样，因此调节混合蛋白质溶液中的中性盐浓度可使各种蛋白质分段沉淀。

影响盐析的因素有：①温度：除对温度敏感的蛋白质在低温(4℃)操作外，一般可在室温中进行。一般温度低蛋白质溶解度降低，但有的蛋白质(如血红蛋白、肌红蛋白、清蛋白)在较高的温度(25℃)比 0℃时溶解度低，更容易盐析。②pH：大多数蛋白质在等电点时在浓盐溶液中的溶解度最低。③蛋白质浓度：蛋白质浓度高时，欲分离的蛋白质常常夹杂着其他蛋白质一起沉淀出来(共沉现象)。因此在盐析前血清要加等量生理盐水稀释，使蛋白质含量在 2.5%～3.0%。

(2) 有机溶剂沉淀法：通过改变与水互溶的有机溶剂的浓度来改变蛋白质在水中的溶解度从而达到分离蛋白质的目的，该方法较盐析有更高的分辨率，常用的有机试剂包括甲醇、乙醇或丙酮，容易除去，但是缺点是容易使蛋白质变性，故操作条件严格，需要将有机溶剂冷却，然后在不断搅拌下加入有机溶剂防止局部浓度过高，蛋白质变性问题就可以得到一定程度的解决。对于一些和脂质结合比较牢固或分子中极性侧链较多不溶于水的蛋白质，往往不能采用盐析的方法，则会采用乙醇等有机溶剂提取。

(3) 等电点沉淀法：蛋白质和氨基酸一样都是两性电解质，调节蛋白质溶液的 pH，可使蛋白质分子侧链或者末端携带不同的电荷，在某一 pH 分子中的正电荷与负电荷数目相等，即净电荷为零，该 pH 称为蛋白质的等电点，在等电点时蛋白质的溶解度往往较低容易沉淀析出，得到目的蛋白，此方法经常与盐析共同使用。

2. 根据蛋白质的分子大小不同的分离方法

(1) 透析和超滤：透析和超滤是分离蛋白质时常用的方法。

透析是生物化学实验室最简便常用的分离纯化技术之一，在大分子的制备过程中，除盐、除少量有机溶剂、除去生物小分子杂质和浓缩样品等都要用到透析技术。其操作非常简单，仅需把待分离纯化的样品装入专用的半透膜袋，浸入水或者缓冲液中，依靠袋内外的浓度差，样品溶液中的大分子量的生物分子被截留在袋内，而盐和小分子物质则不断的扩散到袋外，直到袋内外两边的浓度达到平衡为止。

超滤广泛应用于各种生物分子如蛋白质、核酸等的浓缩和分离纯化。超滤是一种加压膜分离技术,利用离心力或压力强行使水和其他小分子通过半透膜,而蛋白质被截留在半透膜上的过程,从而使大分子物质得到了部分纯化。超滤根据所加的操作压力和所用膜的平均孔径的不同可分为微孔过滤、超滤和反渗透。超滤技术具有操作简便,成本低廉,不需要添加任何化学试剂,尤其是其实验条件温和与蒸发、冻干相比没有相的变化,而且不引起温度、pH 的改变,因而可以防止生物大分子的变性、失活和自溶,主要用于生物大分子的脱盐、脱水和浓缩等,但是其也有一定的局限性,不能直接得到干粉制剂,对于蛋白质溶液一般只能得到 10%～50%的浓度。

这两种方法都可以将蛋白质大分子与以无机盐为主的小分子分开。它们经常和盐析、盐溶方法联合使用,在进行盐析或盐溶后可以利用这两种方法除去引入的无机盐。

(2) 离心:当蛋白质和杂质的溶解度不同时可以利用离心的方法将它们分开。

(3) 凝胶层析:混合物随流动相流经装有凝胶作为固定相的层析柱时混合物中各物质因分子大小不同而被分离,在洗脱过程中分子质量大的物质因不能进入凝胶网孔而沿凝胶颗粒间的空隙最先流出柱外,分子量最小的物质因能进入凝胶网孔而受阻滞,流速缓慢,致使最后流出柱外。它是一种快速而简便的分离分析技术,由于设备简单,操作方便,不需要有机溶剂,对高分子物质有很高的分离效果,因此被生物化学、分子生物学、生物工程以及医药学等领域广泛应用。

3. 根据蛋白质带电性质进行分离

根据蛋白质的电荷即酸碱性质不同分离蛋白质的方法有电泳和离子交换层析两类。

电泳是指带电粒子(如不处于等电点状态的蛋白质分子)在外加电场中向与其自身所带电荷相反的电极方向移动的现象。蛋白质混合样品经过电泳后,被分离的各蛋白质组分的电泳迁移率互不相同,由各蛋白质组分所带的静电荷以及分子大小和形状的不同而达到分离。常用 SDS-聚丙烯酰胺凝胶电泳,是一种以聚丙烯酰胺为介质的区带电泳,常用于分离蛋白质。它的优点是设备简单、操作方便、样品用量少。等电聚焦是一种高分辨率的蛋白质分离技术,也可以用于蛋白质的等电点测定。毛细管电泳在纯化蛋白的方面也得到了很好的应用。有研究表明,聚丙烯酰胺电泳的条带分辨率低,加样量不高;等电聚焦电泳分辨率最高,可以分离同种蛋白的亚成分,加样量最小;等速提纯电泳区带分辨率较高,可将样品分成单一成分,加样量最大。

离子交换层析(ion exchange chromatography,ICE)是另一种依赖于蛋白质带电性质进行分离的技术手段,它是以离子交换剂为固定相,依据流动相中的组分离子与交换剂上的平衡离子进行可逆交换时结合力大小的差别而进行分离的一种层析方法。简单地说是基于带电蛋白质和带相反电荷的色谱介质之间的可逆相互作用,首先蛋白质结合到柱子上,然后改变条件,使结合物逐步被洗脱。这种洗脱通常是通过增加盐的浓度或 pH 的变化来进行的,采用逐步调整或连续梯度进行洗脱,最常见的是使用盐(氯化钠)溶液进行梯度洗脱。根据周围环境的 pH,蛋白质带不同的净表面电荷,当高于其等电点(pI)时,蛋白质结合到阴离子交换剂;低于其等电点时,蛋白质结合到阳离子交换剂。通常离子交换色谱用来结合靶分子,但如果需要的话它也可以用来结合杂质。离子交换色谱可以在不同的 pH 重复进行,从而分离带有明显不同负载电荷特性的蛋白质。

离子交换层析中,基质由带有电荷的树脂或纤维素组成。带有正电荷的为阴离子交换树脂,反之为阳离子交换树脂。

阴离子交换剂本身带碱性基团,蛋白质分子在高于其等电点的 pH 环境下带负电荷,则可以与阴离子交换剂发生交换;阳离子交换剂本身带酸性基团,蛋白质分子在低于其等电点的 pH 环境下带正电荷,则可以与阳离子交换剂发生交换。离子交换色谱填料常以多糖、硅胶和有机聚合物作为基质。多糖类基质与蛋白质有很好的生物相容性,产品回收率高,但是基质较软,只能在低压下使用;硅胶类基质硬度大,适合中高压色谱,但是硅胶的非特异性吸附,会使蛋白质分子发生不可逆吸附甚至变性,回收率低,而且硅胶适用的 pH 范围较窄(pH2～7.5),因此使用受到限制;有机聚合物基质较硅胶化学性质稳定,适合在 pH2～12 范围内的流动相中使用,其硬度较多糖类高,适合在中高压色谱下快速分离,而且亲水性强,减少了蛋白质分子与固定相非特异性结合的机会,提高了产品的回收率。对于大多数的纯化步骤,建议首先使用强交换剂,确保在方法建立过程中,在一个较大的 pH 范围内可使用该交换剂。如果等电点 pH 低于 7.0 或不清楚,使用强阴离子交换剂(Q)结合靶分子。

强离子交换剂:Q(阴离子交换)、S 和 SP(阳离子交换)是在一较大 pH 范围(pH 2～12)完全负载电荷。

弱离子交换剂:DEAE(阴离子交换)和 CM(阳离子交换)在较窄的 pH 范围内(分别为 pH 2～9 和 pH 6～10) 完全负载电荷,但可作为分离的替代选择。

4. 根据配体特异性的分离方法-亲和色谱法

(1) 亲和色谱(affinity chromatography, AC)又叫功能色谱(function chromatography),它的原理是填料上的配基与生物大分子特异结合,用特殊的洗脱条件把被吸附的生物分子洗脱下来。一种亲和色谱填料只能用于一种或有限的一类生物分子。近年来,亲和层析技术被广泛应用于靶标蛋白尤其是疫苗的分离纯化,特别是在融合蛋白的分离纯化上,亲和层析更是起到了举足轻重的作用,因为融合蛋白具有特异性结合能力。

(2) 凝胶过滤色谱(gel filtration chromatography,GFC)又称分子排阻色谱(size exclusion chromatography,SEC)。其是根据分子大小的差别分离蛋白,固定相是多孔性凝胶,按照流动相的不同,凝胶色谱可分为两类:以有机溶剂为流动相成为凝胶渗透色谱法(gel permeation chromatography,GPC);以水溶液为流动相称为凝胶过滤色谱法(gel filtration chromatography,GFC),凝胶色谱法的分离机制只取决于凝胶的孔径大小和被分离组分的大小,与流动相的性质无关。当样品加于凝胶柱后,较大的分子不能通过空隙进入凝胶珠体内部,而先随流动相流出层析柱,较小的分子可完全渗入到凝胶内部,在大分子之后随流动相流出层析柱,达到了大小分子的分离效果。这项技术是纯化过程最终的精细纯化步骤所采用的理想技术,此时样品量已被减少(在凝胶过滤中,样本量明显影响速度和分辨率)。样品在同等条件下洗脱(单一缓冲液,没有梯度)。改变缓冲液条件,以适应不同类型的样品或进一步纯化、分析或储存的要求,这是因为缓冲液组成并不直接影响分辨率。优点是分离条件温和,蛋白质收率高,重现性好,分离的分子量范围广,易于操作,缺点是处理量小,时间较长。

(3) 疏水相互作用色谱(hydrophobic interaction chromatography,HIC),原理是在高浓度的盐溶液中,样品中各组分会被吸附到疏水色谱填料的疏水基团上,由于存在与填料上配基相互作用力的差异,在当逐渐降低盐浓度洗脱时,它们会按疏水性的强弱先后被洗脱从而达到分离的目的。配基通常是一些疏水性基团,如丁基、苯基等。其分离机制类似于反相液相色谱,只是用水性缓冲液代替了有机溶剂。蛋白质表面多由亲水性基团组成,也有一些由疏水性较强的氨基酸(如亮氨酸、缬氨酸和苯丙氨酸等)组成的疏水性区域。不同种类蛋白质的表面疏水性区域多少不同,疏水性强弱也不同;对于同一种蛋白质在不同介质中,其疏水性区域伸缩程度也不同,从而使疏水性基团暴露的程度呈现出一定的差异。在高盐环境下,蛋白质表面的疏水区域暴露,固定相表面修饰了一些疏水的基团,这样蛋白质的疏水部分即可与固定相发生较强的疏水相互作用,从而被结合在固定相表面,而一旦降低流动相的盐浓度即可实现蛋白质的洗脱。疏水相互作用色谱法正是利用盐-水体系中样品组分的疏水性基团和色谱填料的疏水性配基相互作用力的不同而使样品组分得以分离的。该方法弥补了高效液相色谱难以用于蛋白质等生物大分子的分离的不足。此方法方便易行是蛋白质分离的常用手段之一。

(4) 蛋白质折叠液相色谱(protein folding liquid chromatography,PFLC)是近年来发展起来的一种新技术,广泛地用于分子生物学和生物化学领域,此技术通过液相色谱法对蛋白质进行重折叠,可以在蛋白质折叠复性的同时纯化蛋白质。PFLC 包括体积排阻色谱(SEC)、疏水相互作用色谱(HIC)、离子交换色谱(IEC)和亲和色谱(AFC)四种模式。因为变性蛋白质与 SEC 固定相无明显相互作用,而与其他三种模式均有相互作用,PFLC 的作用机制可以从 SEC 和吸附色谱两方面进行讨论。SEC 模式利用变性蛋白质的半径大于变性剂的特点,使变性蛋白质的洗脱速度快于变性剂,是变性蛋白质周围的变性剂逐渐减少,使蛋白质逐步折叠,直到半径不再改变,从而被分离。吸附色谱模式则是利用重折叠蛋白质与未折叠蛋白质在固定相上的吸附性不同带到分离的目的。

(5) 光色谱(optical chromatography)是以激光的辐射压力作为色谱分离的动力,在溶液介质中含有不同粒径的粒子,由于它们的大小及折光指数不同,所受到的激光压力不同,因而停留在毛细管不同的位置,从而实现组分(或粒子)按几何尺寸大小的分离。

(6) 膜色谱(membrane chromatography)是将液相色谱和膜分离技术相结合的一种新分离技术,既克服了传统液相色谱介质刚性不够、易被压缩、不易获得较高的处理速度、吸附柱容易污染堵塞等缺点,又解决了膜分离技术对目标产物与杂质大小相近的混合物无法分离的问题。膜色谱融合了两者之长,具有快速、高效、高选择性、易于放大等特点,能满足生物大分子高效分离与纯化的需要,在生物大分子的分离与纯化中已日益受到人们的重视,必将得到广泛的应用。

(7) 置换色谱(displacement chromatography)作为一种非线性色谱技术,是指样品输入色谱柱后,用一种与固定相作用力极强的置换剂通入色谱柱,去替代结合在固定相表面的溶质分子。样品在置换剂的推动下沿色谱柱前进,使样品中各组分按作用力强弱的次序,形成一系列前后相邻的谱带,并在置换剂的推动下流出色谱柱。与其他色谱技术相比,置换色谱有明显的优点,即上样量大、产率高、分辨率好,而且易于操作。同时,被分离样品在分离过程中会自行浓缩。因此,这一技术已越来越引起人们的关注。尤其对于生物产品,由于其初始浓度非常低,并与其他物质混处在同一复合物基质中,而且在分离过程中要求仍然保持其生物活性,所以将置换色谱技术应用于生物分子的制备性分离与纯化,有着其他色谱技术不可替代的优势。

在实际工作中,很难用单一方法实现蛋白质的分离纯化,往往要综合几种方法才能提纯出一种蛋白质。理想的蛋白质分离提纯方法,要求产品纯度和总回收率越高越好。如高效液相色谱-等速电泳(HPLC-ITP)可以分离分析成分和结构复杂的蛋白质样品,高效液相色谱-超滤技术(HPLC-UF)对于等电点差异不明显的蛋白,先利用超滤技术把蛋白质控制在一定分子量大小区间内，再进行 HPLC 可获得良好的分离效果，HPLC-微透析技术，HPLC-毛细管电泳(CE)等。分离纯化蛋白质的方法很多，对于不同的目标产物，分离纯化方法不同。盐析、离心、沉淀、双水相萃取技术往往只能获取粗产品，而运用凝胶、离子、亲和层析技术，可得到纯度较高的生物产品。层析技术和电泳分离相比，层析过程易于放大，易于自动化。

三、初级代谢产物的分离纯化技术

1. 酶制品的分离纯化 酶是微生物代谢产物，酶的种类繁多，性质各异，分离纯化方法不尽相同，即便是同一种酶，也因其来源不同，用途不同，而使分离纯化的步骤不一样。工业上的用酶一般无须高度纯化，如用于洗涤用的蛋白酶，实际上只需经过简单的提取分离即可。而对于食品工业用酶，则需要经过适当的分离纯化，以确保安全卫生。对于医药用酶，特别是注射用酶及分析测试用酶，则须经过高度的纯化或制成晶体，而且绝对不能含有热源物质。酶的分离纯化步骤越复杂，酶的收率越低，材料和动力消耗越大，成本就越高，因而在符合质量要求的前提下，应尽可能采用步骤简单、收率高、成本低的方法。由于酶很不稳定，在提取时容易变性失活，因而提取酶时应注意：

(1) 温度：整个提纯操作应尽可能在低温下(0～4℃)进行，以防止蛋白水解酶对目的酶的破坏作用尤其是在有机溶剂或无机盐存在下更应注意。

(2) pH：在提纯过程中一般采用缓冲液作为溶剂，防止过酸或过碱。对一特定的酶，溶剂 pH 的选择应考虑酶的 pH 稳定性以及酶的溶解度。

(3) 盐浓度：因为大多数蛋白质具有盐溶性质，所以在抽提过程中可选用合适浓度的盐溶液以促进蛋白质溶解；但要注意当盐浓度过高时，酶容易变性。

(4) 搅拌：剧烈搅拌容易引起蛋白质变性，提纯中应避免剧烈搅拌和产生泡沫。

(5) 酶液是微生物生长的良好培养基，在提纯过程中应尽可能防止微生物对酶的破坏。

在保证了提取酶的各个方面后即可参考蛋白分子的分离纯化方法对酶进行有针对性的分离与纯化，以期得到最佳的纯化效率和最低的生产成本。

简单介绍一下从微生物(包括真菌)细胞制备酶的流程一般包括破碎细胞、溶剂抽提、离心、过滤、浓缩、干燥这几个步骤，对某些纯度要求很高的酶则需经几种方法乃至多次反复处理。

(1) 破碎细胞：除了胞外酶的提取以外，所有胞内酶均需将细胞壁破碎后方可进一步抽提。破碎细胞有许多方法，动植物细胞常用高速组织捣碎机和组织匀浆器破碎，而微生物细胞的破碎则有机械破碎法、酶法、化学试剂法和物理破碎法等多种。

(2) 溶剂抽提：大多数酶蛋白都可用稀酸、稀碱或稀盐溶液浸泡抽提，选用何种溶剂和抽提条件视酶的溶解性和稳定性而定，抽提时应注意溶剂种类、溶剂量、溶剂 pH 等的选择。

(3) 离心分离：离心分离是酶分离提纯中最常用的方法，主要用于除去发酵液中的菌体残渣或抽提过程中生成的沉淀物。工业上常用板框压滤机来完成酶的粗分离。

(4) 浓缩：由于发酵液或酶抽提液中酶的浓度一般都比较低，必须经过进一步纯化以便于保存、运输和应用。事实上，大多数纯化酶的操作如吸附、沉淀、凝胶过滤等均包含了酶的浓缩作用，工业常采用真空薄膜浓缩法以保证酶在浓缩过程中基本不失活。

(5) 干燥：酶溶液或含水量高的酶制剂即使在低温下也极不稳定，只能作短期保存。为便于酶制剂的长时间的运输、储存，防止酶变性，往往需对酶进行干燥，制成含水量较低的制品。常用的干燥方法有真空干燥、冷冻干燥、喷雾干燥等。

2. 大宗代谢产物的分离纯化 大宗代谢产物主要指微生物的初级代谢产物,如乙醇、乙酸、丁醇、丙酮等,这些大宗代谢产物由于价格较低,一般采用常规的分离方法进行提取纯化,在分离发酵液中的固形物之后,一般用蒸馏、精馏、沉淀、结晶等方式进行分离。

四、次级代谢产物的分离纯化

次级代谢是指微生物在一定的生长时期,以初级代谢产物为前体,合成一些对微生物的生命活动无明确功能的物质的过程。这一过程的产物,即为次级代谢产物。有人把超出生理需求的过量初级代谢产物也看作为次级代谢产物。次级代谢产物大多是分子结构比较复杂的化合物。根据其作用,可将其分为抗生素、激素、生物碱、毒素、色素及维生素等类型。不同种类的微生物所产生的次级代谢产物不相同,它们可能积累在细胞内,也可能排到外环境中。

对于次级代谢产物的分离纯化常用的有类似于蛋白质等的传统分离方法、各种色谱技术,还有活性引导分离或系统分离。对于发酵液要进行预处理,包括可以用加热或调解 pH 的方法使蛋白质等大分子物质变性沉淀,或添加絮凝剂有助于使菌体、悬浮物、大分子、黏稠物等沉淀或吸附聚集,利于过滤,之后进行固液分离,可采用抽滤、板框压滤机等,如果需要的是滤渣中的物质,可采用溶剂萃取,获得胞内产物,如果需要水相,则可采用减压浓缩有机相萃取,大孔吸附树脂,亲和柱等获得胞外产物。传统的分离方法主要包括沉淀法、萃取/溶剂分配法(相似相溶原理)、重结晶法、色素脱除、膜分离法,可得到初步的分离,对目标组分进行一定程度的富集。还可以利用色谱技术进行较细致的分离纯化。

- 富集/除杂/粗分段:大孔吸附树脂、活性炭(克级～千克级)
- 粗分离/分段:常压柱层析(粗硅胶)、减压柱、闪式柱、干柱(克级～千克级)
- 细分离:常压柱层析(细硅胶及其他正相或反相固定相、凝胶等)、中压液相色谱(各种固定相)、低压色谱等(毫克级～克级)
- 最终纯化:常压柱层析、中压液相色谱、低压色谱、制备薄层层析、HPLC 等(毫克级～克级)

目前,高效逆流色谱技术因其连续高效,回收率高,制备量大等特点,可直接制备分离粗提取,化合物的分离仅依赖于其不同的溶解性能,不存在因不可逆吸附造成样品损失和因表面化学等因素引起被分析物变性等缺点,在分离纯化领域中利用越来越多,利用高速逆流色谱技术分离纯化天然产物中黄酮类化合物,利用膜分离技术,色谱技术,澄清剂等对多糖进行分离纯化等。

第三节 高灵敏性、高通量特点的代谢物检测技术

一、悬浮芯片技术原理(suspension array technology,SAT)

悬浮芯片又称为液相芯片和悬浮阵列,它的载体是一个直径约为 5.6μm 的聚苯乙烯微球,微球体表面带有可与不同生物分子相偶联的活性基团。芯片体系由许多这样的小球体构成,每种小球体上固定有不同的探针分子,将这些小球体悬浮于一个液相体系中,就构成了一个液相悬浮芯片系统。微球体合成后会对微球体进行光学编码,将特定的荧光物质附

着在微球体表面或渗透到微球体内。分类标记的荧光物质通常是两种红色荧光染料，这两种染料各有10种浓度梯度，通过不同浓度染料的搭配，一共可以赋予微球100种不同的颜色，每种有一个编号。利用这100种不同光谱学指纹的微球体，可以标记100种不同的探针来对样品中100种目的分子进行检测。分析时，不同编码微球包被不同的探针分子，依次加入目的分子和带有绿色荧光的报告分子。微球上的探针与相应的目的分子特异性的结合，报告分子也与目的分子特异性的结合。随后，通过流式细胞术将微球体快速排列成单列，依次通过检测通道，并用双色激光同时对通过通道的微球进行检测。红色激光起到一个定性的作用，它可以激发微球上的红色分类荧光，确定色彩编号，从而确定微球上的探针与相应的目的分子；绿色激光起到一个定量的作用，它激发绿色报告荧光，确定结合在微球上的报告荧光的数量，从而确定结合在微球上的目的分子的数量。

悬浮芯片具有以下特点：①通量高、速度快：悬浮芯片每孔可检测多达100种不同的目的分子；利用96孔细胞培养板或酶标板制片，30分钟就可以完成96个样品的检测，给出9600个数据。②灵敏度高：SAT的微球表面积较大，每个微球上可以包被很多探针分子，在很大程度上提高了检测的灵敏度，检测浓度最低可达到0.1pg/ml。③灵活性好：SAT芯片的制备可根据实际检测需要，任意添加和删减检测项目，个性化和组合化较强，利用率高。同时，微球体表面包被的物质较广，可以是酶底物或者受体、寡核酸探针、抗原抗体等。

二、高通量筛选技术

高通量筛选(high throughput screening，HTS)，又称大规模集群式筛选，是在自动化系统的操作下，在微板上同时完成大量样品的分子或细胞水平实验，并通过灵敏快速的检测仪器采集实验数据，最终通过计算机分析的一套自动、快速、高通量的技术体系。HTS主要分为基于靶标(target-based)的筛选和基于细胞(cell-based)的筛选。基于靶标的筛选是建立在生物分子间的相互作用基础上的，所以必须在明确靶标并且靶标物质(如酶或蛋白)能分离纯化的条件下才能进行；基于细胞的筛选可分为表型的终点检测(phenotypic end-point assay)和基于细胞的单靶标检测(cell based，single-target assay)，前者是以单一的表型终点(如细胞分裂或细胞死亡)作为待筛选物的评价标准；后者是用遗传学的方法在活细胞上表达某种报告物质的靶分子，通过待分析物作用时检测靶分子活性的变化进行筛选。基于细胞的筛选特别适用于功能蛋白难以分离、生化分析不能完成的复杂靶标(这些靶标可能涉及受体或细胞因子间的复杂的相互作用)或多靶标的研究，而且根据细胞的初步反应还可以获得部分药物毒副反应信息。HTS技术的产生与发展极大地提高了对目标分子、活性物质以及前导药物的筛选速度。随着科技的发展，HTS技术将不断向着自动化、微型化、高效化、低廉化和微量化方向发展。

三、代谢物组学技术

代谢物组学是研究生物体系内源代谢物质种类、数量及其变化规律的新兴科学。它通过高通量、高灵敏度与高精确度的现代分析技术，对细胞、有机体中的代谢物整体组成进行动态跟踪分析，借助多变量统计分析方法，来辨识和解析被研究对象的生理、病理状态及其与环境因子、基因组成等的关系。研究代谢组学的关键是要发展大规模、并行化测定复杂混合体系中代谢物组成信息和对大量数据进行分析及建模的能力。技术手段的发展是代谢组学发展的关键因素，可以说代谢组学是生命科学与代谢物检测技术发展到一定阶段后相互结合的产物。

美国 Waters 公司是全球分析仪器领域的先导者，在复杂体系分析领域独树一帜，具有领先的分析平台，配套的计算软件和雄厚的技术储备。学科的发展催生学科研究工具的产生，近年来，他们根据代谢组学发展的要求，与代谢组学创始人 Jeremy Nicholson 教授合作，首创全球领先的超高效液相色谱 UPLC 技术，与高分辨质谱技术和计算技术结合，推出了以超高效液相色谱/高分辨质谱联用仪 UPLC-QTOF 为代表的代谢组学分析系统，一次可以从尿液样品中快速获取 2 万多个数据点，为从整体上深入把握人体的生理代谢状况，细致入微地刻画和反映人体的疾病过程，提供了先进可行的工具。

通过现代超高效液相色谱/高分辨质谱联用仪等技术分析生命体中的代谢物组成谱，并利用多变量统计分析技术，把所有代谢物的组成信息都整合到一起，为在系统和整体的层面上比较和分析生物的代谢特性开辟了新的技术路线，具有广阔的发展前景。

执笔：周　成、孟　姗、姜　凯

讨论与审核：张延平、蔡　真、柳国霞、董红军、周　杰

资料提供：王少华、赵秋伟

参考文献

鲍时翔，姚汝华．1996．蛋白质分离纯化与层析技术进展．华南理工大学学报(自然科学版)，24(12)：98～103

方惠群，于俊生，史坚等．2002．仪器分析．北京：科学出版社，171～173

蒋梅，杨仕标，王秀琼等．2008．蛋白质提纯的研究进展．黑龙江畜牧兽医，3：25～26

李恩江．1992．人工智能色谱过程自动控制的现状与未来．生命科学，4(5)：30～32

孙臣忠，王永文，张蕾．2005．三种聚丙烯酰胺凝胶提纯电泳在蛋白质提纯中的应用．检验医学，20(5)：439～441

王子佳，李红梅，弓爱君等．2009．蛋白质分离纯化方法研究进展．化学与生物工程，26(8)：8～11

徐炎华，欧阳平凯，韦萍．1996．我国生物分离纯化技术现状及发展方向．江苏化工，24(3)：4～8

阎金勇，丁双，杨江科等．2007．微生物酶分离纯化研究进展．现代化工，27(6)：19～23

杨安钢，毛积芳，药立波等．2001．生物化学与分子生物学实验技术．北京：高等教育出版社，14～18

周栩，陶蕾，赵凤生．2009．薄层电色谱技术的研究进展．分析化学评述与进展，37(2)：299～305

朱晓囡，苏志国．2004．反相液相色谱在蛋白多肽分离分析中的应用．分析化学评述与进展，2(32)：248～254

Armstrong B, Stewart M, Mazumder A. 2000. Suspension arrays for high-throughput, multiplexed single nucleotide polymorphism genotypine. Cytometry, 40: 102～108

Bhattacharjee S, Bhattacharjee C, Datta S. 2006. Studies on the Fractionation of β-Lacto globulin from Casein Whey Using Ultra filtration and ion-exchange Membrane Chromatography. Journal of Membrane Science, 275(1/2): 141～150

Bocker S, Rasche F. 2008. Towards de novo identification of metabolites by analyzing tandem mass spectra. Bioinformatics, 24(16): i49～i55

Buhler R E. 1989. The optimization of elution and extraction condition for the separation of soybean seed proteins using RP-HPLC. Seed Science and Technology, 17: 193～194

Castrillo JI, Hayes A, Mohammed S, et al. 2003. An optimized protocol for metabolome analysis in yeast using direct infusion electrospray mass spectrometry. Phytochemistry, 62(6): 929～937

Cox B, Denyer JC, Binnie A, et al. 2000. Application of high-throughput screening techniques to drug discovery[J]. ProgMed Chem, 37: 83～133

Dedem A M, Van der Wielen. Selection of pH-gradient Operations. Journal of Chromatography A, 2008, 1194(1): 22～29

Hajjaj H, Blanc PJ, Goma G, et al. 1998. Sampling techniques and comparative extraction procedures for quantitative determination of intra-and extracellular metabolites in filamentous fungi[J]. FEMS Microbiol Lett, 164: 195～200

Hee P, Hoben M A, vander R G, et al. 2006. Strategy for selection of methods for sepatation of bioparticles from particle mixtures. Biotechnology and Bioengineering, 9(4): 689～709

Horie K, Ikegami T, Hosoya K, et al. 2007. Highly efficient monolithic silica capillary columns modified with poly(acrylicacid) for hydrophilic interaction chromatography. J Chromatogr A, 1164(1/2): 198～205

Janson J C, Hedman P. 1982. Large Scale Chromatography of Protein. Adv Biochem Eng, 25: 43～99

Lu X, Zhao XJ, Bai CM, et al. 2008. LC-MS-based metabonomics analysis. J Chromatogr B, 866(1/2): 64～76

Maharjan R P, Ferenci T. 2003. Global metabolite analysis: the influence of extraction methodology on metabolome profiles of Escherichia coli [J]. Anal Biochem, 313: 145～154

Metabolomics technologies and metabolite identification [J]. Metabolomics, 2007, 26(9): 855-866

Mondello L, Tranchida PQ, Dugo P, et al. 2008. Comprehensive two-dimensional gas chromatography-mass spectrometry: a review[J]. Mass Spectrom Rev, 27: 101～124

Morgan E, Varro R, Dernfalk J, et al. 2010. Development of an 8-plex Luminex assay to detect swine cytokines for vaccine development: Assessment of immunity after porcine reproductive and respiratory syndrome virus (PRRSV) vaccination. Vaccine, 28: 5356～5364

Ohashi Y, Hirayama A, Ishikawa T, et al. 2008. Depiction of metabolome changes in histidine-starved Escherichia coli by CE-TOF-MS[J]. Mol Biosyst, (4): 135～147

Soga T, Ohashi Y, Ueno Y, et al. 2003. Quantitative metabolome analysis using capillary electrophoresis mass spectrometry[J]. J Proteome Res, 2(5): 488～494

Theodoridis G, Gika HG, Wilson ID. 2008. LC-MS-based methodology for global metabolite profiling metabonomics/metabolomics[J]. Trends Anal Chem, 27(3): 251～260

Tolley L, Jorgenson J W, Moseley M A. 2001. Very High Pressure Gradient LC/MS/MS. Anal Chem, 73(13): 2985～2991

Villas-Boas SG, Hojer-Pedersen J, Akesson M, et al. 2005. Global metabolite analysis of yeast: evaluation of sample preparation methods[J]. Yeast, 22: 1155～1169

Wei Y, Preston K, Krokhin O, et al. 2008. Characterization of Wheat Gluten Proteins by HPLC and MALDI TLF Mass Spectrometry. Journal of the American Society for Mass Spectrometry, 19(10): 1542～1550

第七章

微生物计算生物学技术

第一节 计算生物学在微生物学研究中的应用与发展

计算生物学(computational biology)是一门典型的交叉学科,涉及的学科包括数学、统计学、化学、物理学、生物学和计算机科学等。就整个学科的内容而论,计算生物学最终是以生命科学中的现象和规律作为研究对象,以解决生物学问题为最终目标,数学和计算机仅仅是解决问题的工具和手段。计算生物学的研究范畴相当广泛,几乎渗透到现代生物学研究的每一个领域。一个更专业但是依然宽泛的定义是,任何关于生物学问题的交叉学科研究,只要其工作假设(working hypothesis)可以通过建立数学模型和计算机仿真来进行检验,都可纳入计算生物学的研究范畴。

计算生物学与许多其他学科有密切的联系,通常不容易区分,比如系统生物学、生物数学等,而最容易混淆的是生物信息学。随着 1990 年人类基因组计划(human genome project,HGP)正式启动,海量数据信息迅速积累,人们发现靠传统的方法存储处理这些爆炸式增长的数据已力不从心,因此开始借鉴信息学的工具方法,由此出现了生物信息学这一新兴的学科。如今,生物信息学(bioinformatics)作为一门学科已经深入人心,为大家所熟识。但实际上,人们很快意识到,对那些海量数据只进行一些传统处理,并不能给生命科学以及医学带来太大的促进,迫切需要一个有效的研究方法体系来帮助人们了解像人体这样一个极其复杂的生物体系,这就是最近几年逐渐受到越来越多关注的计算生物学。

具体来讲,计算生物学运用大规模高效的理论模型和数值计算来识别基因组序列中代表蛋白质的编码区,破译隐藏在核酸序列中的遗传语言规律;直接从蛋白质序列预测蛋白质三维结构以及动力学特征,研究生物大分子结构与功能的关系、生物大分子之间相互作用以及生物大分子与配体的相互作用,促进蛋白质工程、蛋白质设计和计算机辅助药物设计的发展;同时,归纳、整理与基因组遗传语言信息释放及其调控相关的转录谱和蛋白质谱的数据,模拟生命体内的信息流过程,从而认识代谢、发育、分化、进化的规律,从基因组科学新视角来探究人类健康和疾病的各个方面,使将人类基因组计划的成果转化为医学领域的进步成为可能。

计算生物学在微生物学研究中的发展主要集中在:①解析生物大分子如蛋白质的三维结构;②构建全基因组规模生物网络,包括基因调控网络,蛋白质相互作用网络和代谢网络等等,并由这些网络模拟微生物细胞的生理过程;③计算机辅助药物设计与途径设计,这是计算生物学与生物产业结合最紧密的方向之一。

计算生物学代表未来生命科学和生物技术研究的发展方向,今后的计算生物学将会具备以下四个特征。

第一个是组学特征,这包括从一系列组学(-omics),如表型组(phenome)、基因组(genome)、转录组(transcriptome)、蛋白质组(proteome)、相互作用组(interactome)、代谢组

(metabolome)等组学数据的知识发现。

第二个是广泛深入的数学建模及应用，计算生物学要将众多知识发现有机地整合起来，把来自各方面的因素联系在一起，以定量的形式刻画、从不同角度展现生命现象的本质，必然需要建立数学模型通过数学语言的抽象描述来实现。

第三个是系统性研究，生命系统的复杂性和整体性必然要求人们对多种组学数据进行整合，系统地、整体地来考虑，通过综合分析阐明生命活动的机制。

第四个是高性能计算，由于生命现象复杂，从生物学中提出的数学问题往往也十分复杂，需要进行大量计算工作，加之当前和今后计算生物学研究面临的都是大规模的组学数据，因此，高性能计算是今后研究和解决生物学问题的重要手段和工具。

计算生物学在解决生物学问题的同时，也促使其他学科向前发展。比如数学在生物学研究中得到广泛应用，同时从生物学研究中提出了许多数学问题，萌发出许多数学发展的生长点，正吸引着许多数学家从事研究。当然，更重要的是新一代专门的计算生物学研究人才的培养。正如克拉弗里厄指出，今后计算生物学的发展，最需要的可能不是将 DNA 看作图灵机磁带的计算机专家和数学家，而是新一代专业的计算生物学家，他们不但有较好的数学和计算机知识背景，而且在生物学一系列相关领域，如转录调控、分子酶学、结构生物学、发育生物学以及进化遗传学等等领域也具有坚实的知识基础。只有如此，我们才有可能在将来真正了解 DNA 序列在细胞水平的功能和进化，最终阐明生命活动的机制。

第二节　生物信息学在微生物学研究中的应用与发展

生物信息学是综合计算机科学、信息技术和数学的理论和方法来研究生物信息的交叉学科。包括生物学数据的研究、存档、显示、处理和模拟，基因遗传和物理图谱的处理，核苷酸和氨基酸序列分析，新基因的发现和蛋白质结构的预测等。尽管生物信息学在实际使用中常常是与计算生物学混用，但是这里我们还是从生物信息学本意来进行论述，侧重介绍以基因组信息为中心的生物信息技术与比较基因组学，主要包括与基因组序列装配，映射(mapping)，基因组注释，比较基因组学，基因组信息驱动的代谢网络重构等。

一、基因组序列装配与映射

现代基因组测序技术的最重要的发展是基于数字相机和计算机图像分析技术的并行测序技术，在成百上千万个位点发生测序反应，通过数字相机抓取和分析反应信息。其结果是产生大量的短 DNA 片段序列数据，最流行的 Illumina 公司的 Hiseq2000 测序仪在一个仪器运行周期可产生超过 20 亿短序列(称为 read)，每个短序列长 100～150 碱基。要把这些短序列还原成天然线形基因组 DNA 序列，就需要把大量的短序列根据相互的重叠区构成重叠群(contigs)。逐步把短序列拼接起来形成序列更长的重叠群，直至得到完整序列的过程称为重叠群装配。从数学算法层次来看，序列的重叠群装备是一个 NP-complete 问题，需要消耗大量的计算机内存资源，是信息技术的一个难点。而且，生物中大量重复序列的存在，为短序列的拼接带来了额外的困难。所以典型的大型基因组测序往往要结合多种测序技术，获得不同读长的片段和其他辅助定位信息，才能较好地完成新基因组的测序组装，这一过程称为全基因组测序(de novo sequencing)。如果已经有了基因组序列，需要对新的个体进行重新测序以期鉴定个体的变异，比如单核苷酸的多态性(SNP)，就可以利用映射(mapping)的方法,就是根据短序列与标准序列(reference genome)之间的序列相似性,将短序列"贴"到标准序列相应的位置。这种问题的计算复杂度就低很多了。基因组重测序成为发现个体差异的重要方法,比如根据人类个体基因组的变化发展个体化药物和个性化医药,研究不同生产性能的工业微生物菌株之间的差异发现对生产性能有益的突变。

二、基因组注释

基因组注释(genome annotation)是利用生物信息学方法和工具,对基因组所有基因的生物学功能进行高通量注释。基因组注释的研究内容包括基因识别和基因功能注释两个方面。基因识别的对象主要是蛋白质编码基因,也包括其他具有一定生物学功能的因子,如RNA基因和调控因子。基因识别是基因组研究的基础。基因识别包括间接识别法和从头计算法。间接识别法利用已知的mRNA或蛋白质序列为线索在DNA序列中搜寻所对应的片段。由给定的mRNA序列确定唯一的作为转录源的DNA序列;而由给定的蛋白质序列,也可以由密码子反转确定一族可能的DNA序列。比较基因组学也是间接识别法之一。其基因识别的原理是依据物种间基因序列的保守性,自然选择的力量使得基因和DNA序列上具有生物学功能的片段较其他部分有较慢的变异速率,在一个物种中已知的基因序列,在另一个物种的相似序列也构成一个基因甚至具有类似的功能。

基因识别的从头计算法(Ab Initio approach)是根据DNA序列本身的特征判定是否编码一个基因。一般意义上基因具有两种类型的特征,一类特征是"信号",由一些特殊的序列构成,通常预示着其周围存在着一个基因;另一类特征是"内容",即蛋白质编码基因所具有的某些统计学特征。在原核生物中,基因往往具有特定且容易识别的启动子序列(信号),如Pribnow盒和转录因子。与此同时,构成蛋白质编码的序列构成一个连续的开放阅读框(内容),其长度约为数百个到数千个碱基对(依据该长度区间可以筛选合适的密码子)。除此之外,原核生物的蛋白质编码还具有其他一些容易判别的统计学的特征。这使得对原核生物的基因预测能达到相对较高的精度。对真核生物(尤其是复杂的生物如人类)的基因预测则相当有挑战性。一方面,真核生物中的启动子和其他控制信号更为复杂,还未被很好的了解。另一方面,由于真核生物所具有的剪接机制,基因中一个蛋白质编码序列被分为了若干段(外显子),中间由非编码序列连接(基因内区)。人类的一个普通蛋白质编码基因可能被分为了十几个外显子,其中每个外显子的长度少于200个碱基对,而某些外显子更可能只有二三十个碱基对长。因而蛋白质编码的一些统计学特征变得难于判别。高级的基因识别算法常使用更加复杂的概率论模型,如隐马尔可夫模型。Glimmer是一个广泛应用的高级基因识别程序,它对原核生物基因的预测已非常精确,相比之下,对真核生物的预测则效果有限。GENSCAN是一个著名的基因预测程序。

基因组注释的第二步是基因功能预测。目前普遍采用序列比对方法。BLAST和FASTA是序列比对软件的解除代表。根据序列相似性比较,可以利用数据库中已知蛋白的功能注释新发现的基因,常用的蛋白质数据库包括SwissProt、UniProt、GenBank蛋白质数据库等。还可以根据蛋白质序列或结特征对未知蛋白的功能进行推测,Interpro是多个蛋白质特征数据库的集成,广泛用于基因功能分析中。

三、比较基因组学

比较基因组学(comparative genomics)是基于基因组图谱和测序技术基础上,对已知的基因和基因组结构进行比较以了解基因的功能、表达机制和物种进化的学科。与映射(mapping)发现近缘个体之间的突变不同，比较基因组学方法适用于更加广泛的物种内和物种间基因组序列的比较。微生物比较基因组学研究通过比较不同基因组间的差异性与相似性，进而深入研究差异性和相似性的分子机制，最终与微生物的表型特征联系起来，应用于以下方面：

1. 鉴定可能具有某一些功能特征的基因 比如，通过比较某一病原细菌不同菌株的基因组，那些仅存在于有毒株中而不存在于无毒株的基因将可能与毒力相关，而各个菌株所独有的基因将与之适应各自特定的生态位相关。

2. 筛选潜在的疫苗，鉴定可能的药物靶标和诊断靶标 比如，鉴定那些存在于某一病原细菌所有菌株中的"保守"基因包括毒力基因，它们中的某些种类可能被作为临床治疗的靶标，将这些基因的编码蛋白分别免疫小鼠，其中能引发抗菌性抗体应答反应的基因编码蛋白即是潜在的候选疫苗。又如，通过比较基因组研究，可以鉴定某一病原细菌种类或有毒菌株所特有的基因，或者 DNA 标志序列，这些基因或 DNA 序列可以用作特异性分子诊断的靶标序列。

3. 发现高产机制 现行工业微生物菌种往往经过长期的进化筛选而来，在长期筛选过程中积累下来一系列从不同或相同出发菌株进化而来的生产能力迥异的菌株。比较这些菌株在基因组层面发生的突变，发现基因型与高产表型之间的相关性，鉴定不利于生产或生长的突变，有助于最终阐明工业微生物高产抗逆特性的分子基础，这些信息对于强化和改进现有工业菌株的性能、构建具有超能力的新型工业菌株(包括老产品和新产品)都非常宝贵。

4. 进化基因组学研究 显然，不同微生物经过长期进化，其基因组在结构与功能上存在着明显的分化种间和种内，这是表型进化的遗传基础。大量微生物全基因组测序的完成，为人们从全基因组进化的角度来认识微生物系统发育提供了前所未有的机遇。①物种与个体：现有资料表明，某一细菌株系的基因组至少有 20%的 DNA 序列为该株系所特有，不存在于同种的其他株系中，这些 DNA 序列不仅包括噬菌体、质粒、毒力岛，还包括一些决定普通细胞功能的基因多数与生境适应相关。于是，产生所谓"物种基因组"(species genome)的概念，其序列包括了某一细菌物种的所有基因。那么，对于任一细菌个体，其基因组序列包括个组成核心基因和辅助基因。那些存在于种内绝大多数个体中的基因称作核心基因，它们决定了种内几乎所有个体均具有的功能特征。那些存在于种内少数个体一中的基因称作辅助基因，每一株系均有一些辅助基因，决定了种内仅少数个体才具有的功能特征。此外，那些仅存在于种内极少数个体的基因被认为是刚刚进入基因组中的外源基因或正要缺失掉的基因。如此看来，探究某一细菌的"物种基因组"(core genome)，比较不同株系或个体的基因组差异，可以从基因组水平上深入认识细菌种内的生物多样性。②基因组进化事件：点突变、基因组片段倒位、基因组片段重复、基因组片段移位、基因水平获得、基因缺失。比如，大肠埃希菌 K12 株是无毒株，而 O157：H7 株则可以引发出血性肠炎，通常与溶血性尿毒症相关，比较两者的基因组序列，O157：H7 株含有 1.34 Mb 的特有序列。大多数特有基因位于数个基因组岛中，其碱基组成与基因组的其他区域明显不同，基因组岛中含有许多已确知的毒力基因，和众多的假定的毒力相关基因。这些研究结果表明，肠致病性大肠埃希菌的毒力是通过基因水平转移而获得的新近表型特征。③超级系统进化树。早期，人们通过单个基因如 16S rDNA 基因的测序与比较，来认识不同细菌的进化关系，并将之拓展至整个生物域，得到了代表所有物种系统发育关系的生命进化树。随着基因组时代的到来，人们认识到，系统发育是经历了基因垂直遗传、基因水平转移、基因重复、基因缺失或部分解离、重组、基因组内重排等众多分子进化事件后而形成的一个混合体。基于单个基因的系统发育关系是否足以代表整个细菌物种的进化关系，是一个值得怀疑的问题。一些研究者已开始探索基于全基因组序列重建系统进化树的工作，试图重新从基因组水平上认识物种的系统发育。

四、基因组规模代谢网络的构建

基因组及注释信息的大量涌现为研究微生物的代谢活动提供了前所未有的机遇，传统的生物学研究方式正在发生改变，在基因组测序和注释海量数据的基础上，基因组尺度的代谢网络重构迅速发展起来。基因组尺度代谢网络已经成为研究生物代谢系统不可缺少的工具，在设计代谢工程经典途径、代谢物合成、代谢通量分析、不同物种代谢途径之间的进化分析、挖掘组学数据信息以及选择酶工程靶标物方面都具有重要的应用。基因组尺度代谢网络模型作为工具，无论在生物体以及生命活动的理论研究上，还是在指导代谢工程进行工程菌改造上，都具有非常重要的理论和实践意义。

截止至 2011 年 10 月，已经有 1943 个物种全基因组测序完成（其中细菌 1673 株，古细菌 119 株，真核生物 151 株），另外，1028 个物种的全基因组草图也已经完成（GOLD，http://www.genomesonline.org/cgi-bin/GOLD/bin/gold.cgi）。然而截止至 2011 年 10 月的统计，只有 81 个物种的 126 个基因组尺度代谢网络重构完成（GSMNDB：http://synbio.tju.edu.cn/GSMNDB/gsmndb.htm），基因组尺度代谢网络数量远远小于已测序物种的数量。造成这种情况的原因是重构过程中需要大量耗时耗力的人工修正工作。下面简要介绍如何从基因组注释信息重构基因组规模代谢网络。

基因组尺度代谢网络重构包括三部曲：

1. 根据基因组注释信息进行代谢网络的初步重构 从基因组信息可以获得所编码酶的功能信息，特别是特征的 EC number。通过查找本地或网络代谢反应数据库，如 KEGG ligand 数据库，可以知道这些酶催化的生化反应的详细情况。通过关系模型将上一步提取到的各种数据关联在一起，如基因与酶、酶与反应、反应与代谢物之间的关联。通过反应的代谢方程式，将代谢物关联在一起从而构成整个代谢网络。很多自动化软件可以帮助实现基因组尺度代谢网络的初步重构，如 YANAsquare、kneva、IdentiCS、SEED、GEM System、MetExplore 等。

2. 手工修正 通过基因组注释得到粗略代谢网络的基础上，需要添加一系列基因组注释过程无法提供的生化反应以降低盲端代谢物的数量：①自发反应；②跨膜运输反应；③微生物细胞内细胞器间运输反应；④交换反应。同时，还需包括与细胞生长的相关反应：①蛋白质合成反应；②细胞壁组分合成反应；③脂类合成反应；④核苷酸类物质合成反应；⑤脱氧核苷酸类物质合成反应；⑥细胞生长和细胞维持所需 ATP 等。随后需要人工核查每一个生化反应，包括：①单个反应所需底物、产物、辅因子的种类、分子式、化学计量学平衡等；②基于吉布斯自由能的生化反应方向；③生化反应的亚细胞地位、子系统；④源自文献挖掘的实验证据。一些软件可帮助模型修正工作，如 GEM System、GapFind、GapFill 等。

3. 网络模型格式化与计算模拟修正 代谢网络构建的第三个阶段是将精细代谢网络

转换为数学模型，以供后续验证和模拟使用。然而，采用代谢网络模拟细胞生长或目标代谢物的合成始终与实验数据存在一定的差距。其原因在于模拟代谢流的分布缺乏一定的约束条件。为了使网络模拟结果更接近微生物真实代谢，在模拟过程中通常添加一定的约束条件：①物理-化学约束；②拓扑约束；③环境条件约束；④代谢调控约束。最常用的约束条件是物理-化学约束和环境条件约束：①代谢通量平衡；②能量平衡；③酶催化或细胞转运的能力；④热动力学参数。评价一个基因组规模代谢网络成功与否的标准是该模型能否在给定培养添加下真实预测细胞生长，因此，需要通过网络模拟软件对构建的模型进行模拟分析，验证模型是否与实验数据相符。这方面的软件很多，有 COBRA（MATLAB），CellNetAnalyzer、SBRT、OptFlux 等。

从基因组序列和注释出发，现在已经能够建立一个相对可靠的代谢网络，但是我们无法用类似的方法重建调控网络。生物信息学分析表明，很多大肠埃希菌的代谢酶在人类中都可以找到保守程度很高的类似基因，因而通过序列相似性比较，可以有相当大的把握注释一个酶的功能。然而，参与调控的蛋白质组分及其所识别的信号在不同生物中则可能完全不同，比如大肠埃希菌和同属于 γ 亚纲的铜绿假单胞菌在转录调节因子的组成及其识别的核苷酸序列方面都差异很大。通过编码序列直接预测调控蛋白的功能及其识别位点，目前在技术上还不成熟。所以调控网络的构建，包括转录调控、翻译调控、代谢反应水平上的调控等，都要在大量实验数据积累的基础上才能够实现。如何根据序列信息重建调控关系，是生物信息学领域的重要挑战之一。

第三节　微生物系统模拟与仿真

生物体是由大量结构和功能迥异的元件组成的复杂系统，即使是最简单的单细胞微生物，其胞内分子组成也可能到数千以上。以大肠埃希菌为例，其基因组编码 4000 余种蛋白质，构成上千个转录单元，约半数蛋白质属于酶，催化 1300 余个生化反应，涉及代谢产物 1000 余种。如果用最简单的米氏方程来描述这些生化反应，其动力学参数达到 2000 多个，超过任何一个人工系统的复杂程度！何况这些分子间之间还存在着的成千上万计的特异性和非特异性的相互作用，形成了极其复杂的调控关系。

微生物细胞的代谢网络可以在不同层次讨论：从基因组（DNA 层次）、代谢途径及生化反应网络（蛋白质层次）、代谢流（物流层次）、代谢生理（微生物细胞层次）等等。从低层次到高层次，从大平台到小平台，需要相应的逐级激活。基因组里的一部分基因被激活而得到表达，形成代谢途径及生化反应网络；任何时刻代谢流只在生化反应网络局部或某些途径中流动；只有一部分代谢流促成微生物细胞的某种生理状态的出现。另外代谢网络一直处于对环境的变动的响应之中，实际上微生物细胞的代谢网络一直处于对环境的变动的响应之中，因此代谢网络的概念是虚拟的网络概念。网络中的离心途径的终端又可能成为向心途径的起点；网络中的中心途径不止一条，而且有分支，向心途径和离心途径也有多条，而且也有汇合或分支。途径与途径之间还可能存在横向联系（包括还原力和代谢能的平衡）。停止生长的状态下的代谢途径（如次生代谢的途径）的延伸，以及不同细胞空间对各种代谢因子的选择性分隔，使代谢网络更加复杂化。

尽管生物系统极其复杂，但人类从未放弃发展和使用强大的数学工具对生物系统进行模拟和仿真，特别是随着基因组和系统生物学的发展，生物数据的高通量分析成为可能，而人类的计算能力也是日新月异，对复杂微生物系统的完全模拟和仿真在不远的未来必将成为现实。而目前为止，对微生物系统的模拟与仿真活动主要可概括为以下几个方面：

一、网络结构分析

对细胞网络，特别是单一组分细胞网络如代谢网络、转录调控网络的结构特征进行研究。图论方法学是网络结构模拟的重要工具。典型代谢网络中，一个代谢物分子就是一个节点，而节点之间的连结则是生化反应。大部分的分子只参加一种或两种反应，但少数分子参与许多反应，它们实际上就是代谢流的集散中心或通用代谢物(currency metabolites)。在随机的网络结构中，节点与其他节点的连结 的数量呈正态分布；在规则的网络结构中，节点与其他节点的连结数量是固定的。但在代谢网络中，少量节点与大量的其他节点连结，形成一个个集散中心(称为集散节点)，这样的网络具有无标度特征，即对意外事件(随机突变，环境条件改变)具有很强的承受力，对协同式攻击很脆弱，受制于某些基本的法则。

二、计量学分析

代谢网络重构与模拟的一个最重要、最典型的应用就是计量学分析。包括通量平衡分析、基元模式分析、代谢通量分析。其本质都是基于约束的线性规划。模型最基本的组成部分就是：约束条件、决策变量和目标函数。而最常用的算法就是通量平衡分析(flux balance analysis，FBA)，该算法假设系统处于拟稳态，即中间代谢物的生成与消耗相同，在这种假设下设置一定的约束条件和目标函数，来研究胞内相应状态下的通量分布情况。其基本算法可以由以下数学表达式来表示：

$$\text{Max } f(x)$$
$$S \cdot \nu = 0$$
$$\alpha \leqslant \nu_{\leqslant} \text{i}\beta$$

其中 $f(x)$ 表示目标函数，S 表示计量系数矩阵，ν 表示各步反应的通量，α 和 β 分别表示反应通量的上下限。目标函数可以根据研究需要自行设定，可以设定为生物量，即表示生物量积累最多情况下的通量分布，也可以设定为某种产品的产量，从而研究目标产品最大化状态下代谢通量的分布。

FBA 模型的一个重要应用是为代谢工程构建工程菌株提供策略。代谢工程改造的一个目标是产物对底物转化率最大化。由于副产物途径的广泛存在，菌株设计改造工作中必须打破微生物原有的代谢途径和网络，迫使代谢流向产物合成的方向。通过 FBA 模型，可以方便地将某一个或几个反应删除，从而判断基因删除对目标产物得率的影响。现有基于 FBA 模型进行基因敲除的方法有 OptKnock、RobustKnock、OptStrain 等，这些方法都是基于双层优化的线性规划，但是其求解采用对偶转化法，在将双层优化转化为单层优化问题过程中，有一个线性化的步骤和辅助变量约束范围的求解过程，所以导致双层优化模型求解后难以遵从原有代谢网络的 FBA 结果。中科院天津工业生物技术研究所最近通过实现 KKT(Karush - Kuhn - Tucker)算法求解反应(酶)删除混合整数双层优化模型，与现有的 OptKnock 等方法相比，不仅克服了现有删除算法求解方法学上的理论缺陷，并且计算速度大幅度提升，以 5 个基因删除组合为例，计算时间从 OptKnock 的数小时缩短到 3 分钟以内,该方法已经能够实现多达15步反应的删除计算。目标产物的转化速度是衡量工业菌株的另一重要指标,高转化速度的关键是产物合成途径以及所有辅助途径(氧化还原、能量转换、前体供给)的酶都平衡的表达,确保整个代谢过程无阻塞。采用混合整数优化方法,可以从全基因组代谢网络中提取符合化学计量平衡要求的、从任意底物到产物的最小平衡途径,为实验室菌株改造优化提供思路。

三、动力学模拟分析

基于网络结构分析和计量学模拟虽然能够解决一部分问题,但是生物体的复杂性决定了最有预测力的模型必然是动力学模型。但是动力学模型构建和求解都非常困难:

数以千计非线性动力学模型,其参数估计、求解、优化都必然需要极大的计算资源。

体内众多的反应关系现在还不清楚,特别是调控反应关系,包括蛋白质与小分子的相互作用,蛋白质与DNA的相互作用,蛋白质与蛋白质的相互作用等。组分间的关系都不清楚,就跟无从发展动力学模型了。

个别酶的体外动力学是已知或可以检测的。但是体内环境是一个非常拥挤的半胶体环境,与体外测定反应动力学时常用的最佳反应条件相差甚远,而且还涉及其他更多的特性和非特性的相互作用,体外动力学多大程度上可以用于体内还是未知的。

正是由于这些困难,基因组规模的动力学模型进展缓慢,最大的项目E-cell计划也被迫搁置。但是,小规模针对个别途径的动力学模型仍然时有发表,特别是对体外无细胞体系,动力学模拟对过程优化能起到很好的效果。在相当长的时间内,胞内动力学还只能针对个别环节和个别途径。要实现基因组规模的动力学模拟,必须发展鲁棒容错的新方法,解决数据不足、模型差错甚至缺少模型的问题。但随着仪器分析技术和计算能力的发展,相信动力学模拟能够从局部逐步扩大到整个细胞体系,能够对来自胞内遗传方面的干扰和来自胞外环境的干扰发挥惊人的预测能力,那时候才能真正实现基于模型预测随心所欲设计和改造微生物细胞的梦想。

四、生态系统的模拟

生态系统指由生物群落与无机环境构成的统一整体。生态系统的范围可大可小,相互交错,最大的生态系统是生物圈;最为复杂的生态系统是热带雨林生态系统,人类主要生活在以城市和农田为主的人工生态系统中。生态系统是开放系统,为了维系自身的稳定,生态系统需要不断输入能量,否则就有崩溃的危险;许多基础物质在生态系统中不断循环,其中碳循环与全球温室效应密切相关。微生物是生态系统的重要组成部分,参与生态系统能量、碳元素、氮元素的循环。在自然界中,基本上没有生物学研究中纯种发酵的问题。微生物的作用往往是通过一个复杂的多微生物系统协同作用的。比如,人的肠道,牛的瘤胃,土壤,一些传统发酵食品的制造过程,像酱油、食醋、腐乳、酿酒、普洱茶等,都是复杂多微生物生态系统的例子。

由于生态系统的复杂性,生态系统的演进涉及众多因素的相互作用,直观的描述很难理解系统的动力学行为,数学模型工具已经越来越成为研究生态系统的必备工具。

第四节　计算结构生物学在微生物学研究中的应用与发展

结构生物学是一门以生物物理学和生物化学手段来研究生物大分子(如蛋白质分子和核酸分子)的三维结构(包括构架和形态),并研究结构与对应功能的关系的学科。由于结构生物学能够解释生物大分子的构象和相互作用的方式,而所有的生命活动都是通过各种生物大分子的相互作用来实现;因此,对于生物学家们来说,这是一个非常有吸引力的领域。理解蛋白质的生物学功能的关键是掌握蛋白质的结构信息和动力学性质,但是,这些信息一般很难确定。不论是用实验的方法还是理论研究,都需要有强有力的数学计算,包括数据分析,模型建立,结构预测以及动力学模拟。数学问题在结构和动力学研究的不同时期都会出现,其中的一些可通过已有的数学工具有效解决,而另一些问题则成为了计算方面的巨大挑战。因此,可以说结构研究对数学和计算的巨大需求促使了计算机构生物学的发展。因此计算结构生物学就是用计算的方法来研究生物大分子(特别是蛋白质)的结构和动力学性质的学科。

X 射线衍射和核磁共振技术为我们微观认识生物大分子结构提供了有效的手段,这些技术的发展也促使了结构生物学的高速发展。结构生物学有利于我们解释生物大分子结构与相互作用的方式,但无法提供动力学性质。相对而言,人们更需要理解生物大分子的生物学功能,而单一的结构信息展示的仅仅是分子某一状态特征,因此获得分子在实施其生物功能过程中的动态变化过程显得尤为重要,就这成为计算结构生物学发展的一大动力。

随着物理学,计算化学以及量子力学等学科的发展,人们可以建立有效的数学模型来近似模拟粒子各种运动过程中的动能和势能变化,比如键的伸缩、二面角扭转、静电作用以及范德华相互作用力等。分子结构信息被解析提供了分子中各原子的初始坐标,结合给定的分子力场就可以计算分子各粒子的运动轨迹,从而模拟分子的构象变化,这就是分子动力学模拟。它可以为我们提供一个可视化的生物反应过程。分子动力学模拟已被广泛应用于蛋白质构象变化与生物学功能关系的理论研究。目前被广泛使用的分子力场有生物模拟常用的 AMBER、CHARMM、OPLS、GROMOS,材料领域常用的 CFF、MMFF、COMPASS 等。较为常用的模拟软件有 Gromacs、Amber、NAMD、CHARMM、Sybyl 以及 Discovery Studio 等。

目前,计算结构生物学较为成熟的是研究小分子与生物大分子之间的相互作用,特别是在药物研发过程中,计算结构生物学可以计算分析一系列活性药物分子是否具备特定的药物构象与靶向生物大分子发生特定的作用,从而使药物分子的虚拟筛选成为可能。这种技术更多地被称之为“分子对接”技术。当然分子动力学能够为配体的选择提供更为准确的可靠的数据,但目前其作为筛选手段可能还受限于有限的计算资源。

除此之外,计算结构生物学更为理想的目标或终极目标是避免繁冗而昂贵的实验过程直接通过计算就能获取可靠的结构数据并预测甚至准确知晓一个生物大分子的生物学功能。我们知道,蛋白质的一级序列可以较为方便的获得,或通过核酸结构信息翻译或进行蛋白质测序。随着蛋白质结构信息的激增,对蛋白质一级结构和高级结构比对分析成为可能也有利于我们试图去解析一级结构与高级结构之间的关系,因此大量的计算方法(软件包)被开发。这些数据和数据分析方法为较为可靠的蛋白质同源建模提供了基础。事实上，同源建模已经被广泛用于预测同源蛋白的结构和功能研究。而且，通过计算结构生物学方法已经可以根据蛋白质的一级结构序列较为准确的预测其二级结构。

即使存在蛋白质一级序列与高级结构之间的密码，但其还未能被人们破译。因此，要实现计算结构生物学的终极目标，也许还存在难以想象的挑战。即便如此，人们一直在试图通过计算的方式来模拟蛋白质的折叠过程以及蛋白质单体的多聚化过程。这对解析蛋白质一级序列与高级结构之间的密码有着重要的意义。或许，有一天即使我们依然未能破解一级结构控制高级结构形成的密码，但是人们也同样可以建立一个较为理想的模型，用计算的方法较为准确的实现蛋白质高级结构的重头预测，甚至可以从头设计特定的一级结构获得具有理想功能的非天然蛋白质，或者其他分子机器。

我们也必须承认计算结构生物学依然面临着巨大的挑战。一方面随着模拟体系的增大，计算能力能否得到满足？或者能否开发更加有效的计算方法来有效降低计算量？另一方面，模型的近似就意味着忽略一些影响因素，但是计算过程的大量的迭代次数也许能将这种较小的误差不断放大到与真实过程相差甚远，这就需要我们能够建立更加准确的数学模型，特别是特定条件下的模型参数确定。

最后，计算结构生物学的发展依然依赖于结构生物学的进一步发展，也就意味着依赖于解析分子结构的技术的进一步发展，也依赖于观测技术的发展。计算模拟从另一方面讲是检测所建立的模型准确与否的必要的技术手段，而判据依然是真实的实验过程和结果。因此，结构解析能否更快速更灵敏直接影响我们能否更快速更灵敏的去检查计算结果。当然，如果将来的成像技术能够以 fs 级的频率录制任意环境下的微观影像，那么无论是结构生物学还是计算结构生物学都将会是飞跃式向前发展。

执笔：孙际宾

讨论与审核：张延平、于　波

资料提供：孙际宾

参考文献

刘立明，陈坚．2010．基因组规模代谢网络模型构建及其应用．生物工程学报，26(9)：1176～1186

王晖，马红武，赵学明．2010．基因组尺度代谢网络研究进展．生物工程学报，26(10)：1340～1348

徐书华，金力．2009．计算生物学．科学(上海)，61(4)：34～37

Wu Z. 2008. Lecture Notes On Computational Structural Biology, World Scientific, ISBN 9812705899

第八章

微生物组学技术

第一节 微生物基因组测序技术的发展

一、微生物基因组学研究现状

1994年美国能源部启动微生物基因组计划(MGP),科学界就开始通过基因组来揭示微生物的生命规律。1995年Fleischmann等采用全基因组随机测序法成功地完成了流感嗜血杆菌全基因组序列测定和组装,为微生物基因组研究揭开了历史性的新的一页,同年,集胞藻菌株 *Synechocystis* PCC6803的测序和注释也宣布完成。1996年 *Science* 发表了第一个完成的古细菌-詹氏甲烷球菌全基因组序列,随后酵母基因组序列发表,1997年大肠埃希菌K-12基因组序列发表。

但是,在很长一段时间内由于测序技术的限制,并且计算机不能把太多数目(几万)的随机片段拼接为一条序列,致使相对比较复杂的微生物全基因组测序进展缓慢。自从1989年Applied Biosystems公司推出的荧光自动测序仪和1990年发展的Taq酶循环测序反应技术使原来的荧光标记双脱氧终止法在敏感的基础上又具有了高通量、准确和经济的特性,同时由于计算机计算方法的发展使拼接几十万个300～500bp长的cDNA序列片段成为可能,所有这些条件的成熟使Fleischmann等人产生了用鸟枪法策略来测定几兆大小的比较复杂微生物全基因组的大胆构想,并付诸实施,采用全基因组随机测序法对流感嗜血杆菌全基因组的序列进行测定,最终获得成功;之后此方法被广泛应用,目前几乎成为微生物全基因组测序的标准方法。

2003年后,随着人类基因组的计划的完成,测序技术有了更进一步的发展,各种自动化的方法相距产生,之后许多微生物的序列相继被测定,至2004年2月,已经完成的微生物基因组达到156个,正在测序的有180个。2005年,454公司首推划时代的新一代测序仪,从而引发了测序市场上454、Illumina、ABI等公司在新一代测序技术上的比拼高潮。也正是这种你追我赶,让绘制人类全基因组图谱由过去的耗费4.37亿美元和13年时间,骤然缩短到如今SOLiD 3运行一次即获得50 GB可定位测序数据。同时,随着新一代测序技术的广泛应用,更多的微生物基因组组序列得以公布。截止2011年底,约有2700株细菌,130余株古细菌完成了基因组测序。同时新一代的测序技术也极大地影响了生物领域的其他方面,主要有:通过全基因组测序(de novo sequencing)以低廉的成本和快捷的速度获得新物种的整个基因组序列;通过重测序来发现不同个体之间的多态性;Chip-seq研究DNA与蛋白质之间的相互作用;DNA甲基化研究;转录组测序来研究基因表达;small RNA的相关研究等(图2.8.1)。

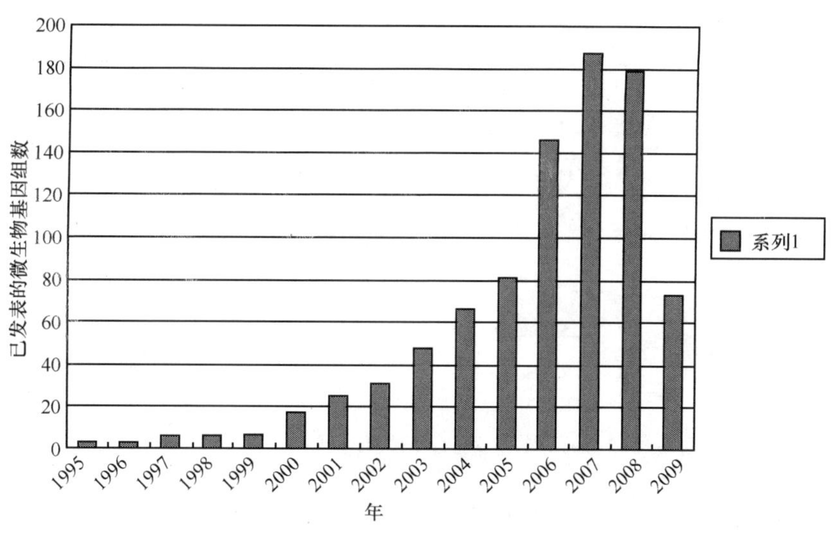

图 2.8.1 微生物基因组测序的发展

二、基因组测序技术基本原理

(一) 全基因组测序技术

由于细菌基因组一般长数百个 kb 至数个 Mb,快速测序可用经典鸟枪法(shot gun)建立基因文库,然后随机克隆测序。第一个完成全基因测序的嗜血流感杆菌就是用此法完成的。鸟枪法的基本步骤为先将细菌的染色 DNA 机械地随机切割成一定相对分子质量范围的片段,分别构建大小两套文库。小片段(1～2kb)经末端修补处理后克隆入如 pUC18 质粒载体,大片段(15～20kb)克隆入 λ 噬菌体载体中,然后进行大规模测序。以后则需进行序列的缺口填补。缺口填补是关键步骤,一般需用几种方法相互组合才能完成,花费的时间及精力很多。能否完成缺口填补有时会成为完成全基因组测序的关键。获得全基因组的资料后,还要利用计算机软件进行数据分析,推测 ORF 是否为真实的蛋白编码序列,检查功能位点,分析共有序列或特征序列(启动子、信号肽、保守序列)等。该方法早期主要用于较小微生物或细胞器基因组的测序,如 Sanger 等于 1977 年完成的第一个基因组序列——噬菌体 φX174,在 1982 年完成的 λ 噬菌体序列都是采用鸟枪法的策略完成的。随后,229kb 的巨细胞病毒、192kb 的痘苗病毒、187kb 和 121kb 的 Marchantia polymorpha 的线粒体和叶绿体的 DNA 也分别在不同的实验室先后被完成测序。

第一代 DNA 测序技术用的是 1975 年由 Sanger 和 Coulson 开创的链终止法,或者是 1976～1977 年由 Maxam 和 Gilbert 发明的化学法(链降解)。后来的四色荧光桑格测序法(每一种荧光代表四种碱基中的一种)被用在自动毛细管电泳测序系统中,此系统由应用生物系统有限公司(Applied Biosystems Inc.)推上市场,后来该公司被整合入生命技术公司(Life Technologies)和贝克曼.考尔特公司(Beckman Coulter inc.)。发表于 2001 年的第一个人类基因组复合序列就是大体上由细管电泳测序系统来测定完成的,不仅耗资庞大,花费人力无数,而且历时超过十年。

第二代的测序技术以 Illumina 的 Solexa、ABI 的 SOLid、Roche(454)的 Genome Sequencer FLX System(GS FLX)这几个平台为代表,他们的测序原理虽然不同,但是相比传统的测序方法,都具有高准确性,高通量,高灵敏度,和低运行成本等突出优势(图 2.8.2)。

	Roche/454	ABI	Illumina/Solexa
Sequencing method	Sequential synthesis: pyrosequencing chemistry	Sequential ligation: oligo ligation-cleavage	Sequential synthesis: labeled base addition
Base per run	100 million	1000 – 1,500 million	1000 – 3,000 million
Read length	100 – 200 bases	35 bases	35 – 50 bases
Length of run	7.5 hr	2 – 4 days	2 – 3 days
Cost of just sequencing	~$9,000 run	~$5,000 run	~$3,500
	~$0.09 base	~$0.005	~$0.003

图 2.8.2　现有主要测序技术比较

1. Genome Analyzer 的基本步骤和原理

(1) 文库制备：将基因组 DNA 打成几百个碱基(或更短)的小片段，在片段的两个末端加上接头。

(2) 产生 DNA 簇：利用专利的芯片，其表面连接有一层单链引物，DNA 片段变成单链后通过与芯片表面的引物碱基互补被一端“固定”在芯片上。另外一端(5′或 3′)随机和附近的另外一个引物互补，也被“固定”住，形成“桥”。反复 30 轮扩增，每个单分子得到了 1000 倍扩增，成为单克隆 DNA 簇。DNA 簇产生之后，扩增子被线性化，测序引物随后杂交在目标区域一侧的通用序列上。

(3) 测序：Genome Analyzer 系统应用了边合成边测序(sequencing by synthesis)的原理。加入改造过的 DNA 聚合酶和带有 4 种荧光标记的 dNTP。这些核苷酸是“可逆终止子”，因为 3′羟基末端带有可化学切割的部分，它只容许每个循环掺入单个碱基。此时，用激光扫描反应板表面，读取每条模板序列第一轮反应所聚合上去的核苷酸种类。之后，将这些基团化学切割，恢复 3′端黏性，继续聚合第二个核苷酸。如此继续下去，直到每条模板序列都完全被聚合为双链。这样，统计每轮收集到的荧光信号结果，就可以得知每个模板 DNA 片段的序列。目前的配对末端读长可达到 2×50 bp，更长的读长也能实现，但错误率会增高。读长会受到多个引起信号衰减的因素所影响，如荧光标记的不完全切割。

(4) 数据分析：自动读取碱基，数据被转移到自动分析通道进行二次分析。

2. 焦磷酸测序技术的基本原理和步骤　焦磷酸测序技术(pymsequencing)是由 Nyren 等人于 1987 年发展起来的一种新型的 DNA 测序技术，其核心是由四种酶催化的同一反应体系中的酶级联反应，四种酶分别为：DNA 聚合酶(DNA polymerase)、ATP 硫酸化酶(ATP sulfurylase)、荧光素酶(luciferase)和双磷酸酶(apyrase)，反应底物为 5′-磷酰硫酸(adenosine 5′-phosphosulfate，APS)、荧光素(luciferin)，反应体系还包括待测序 DNA 单链和测序引物。其原理是：引物与模板 DNA 退火后，在上述四种酶的协同作用下，每一个 dNTP 的聚合与一次荧光信号的释放偶联起来，以荧光信号的形式实时记录模板 DNA 的核苷酸序列。焦磷酸测序技术是新一代 DNA 序列分析技术，它具有快速、准确、经济、实时检测的特点，不需要凝胶电泳也不需要对 DNA 样品进行任何特殊形式的标记和染色，有很高的可重复性、高度的并行性和高度的自动化。454 焦磷酸测序技术是一种新的依靠生物发光进行 DNA 序列分析的技术，在 DNA 聚合酶、ATP 硫酸化酶、荧光素酶和双磷酸酶的协同作用下，将引物上每一个 dNTP 聚合与一次荧光信号释放偶联起来，通过检测荧光的释放和强度，达到实时测定DNA序列的目的，此技术不需要荧光标记的引物或核酸探针，也不需要进行电泳，具有分析结果快速、准确、灵敏度高和自动化的特点，在遗传多态性分析、重要微生物的鉴定与分型研究，克隆检测和等位基因频率分析等方面具有广泛的应用前景。

(1) 第1步：1个特异性的测序引物和单链DNA模板结合，然后加入酶混合物（包括DNA Polymerase、ATP Sulfurylase、Luciferase和Apyrase）和底物混合物（包括APS和Luciferin）组成一个反应体系。

(2) 第2步：向反应体系中加入1种dNTP，如果它刚好能和DNA模板的下一个碱基配对，则会在DNA聚合酶的作用下，添加到测序引物的3′末端，同时释放出一个分子的焦磷酸(PPi)（图2.8.3）。需要说明的是，在焦磷酸测序过程中，dATP能被荧光素酶分解，对后面的荧光强度测定影响很大，而dATPAαS(deoxyadenosine alfa-thio triphosphate)对荧光素酶分析的影响比dATP低500倍，因此在焦磷酸测序中用dATPαS（S原子取代了dATP分子α P=O上的O原子）代替自然状态下的dATP。

(3) 第3步：在ATP硫酸化酶的作用下，生成的PPi可以和APS结合形成ATP；在荧光素酶的催化下，生成的ATP又可以和荧光素结合形成氧化荧光素，同时释放出与ATP量成比例的可见光信号。光信号由CCD光学系统检测并由Pyrogram™反应为特异的检测峰。每个峰的高度（光信号）与反应中掺入的核苷酸数目成正比（图2.8.4）。

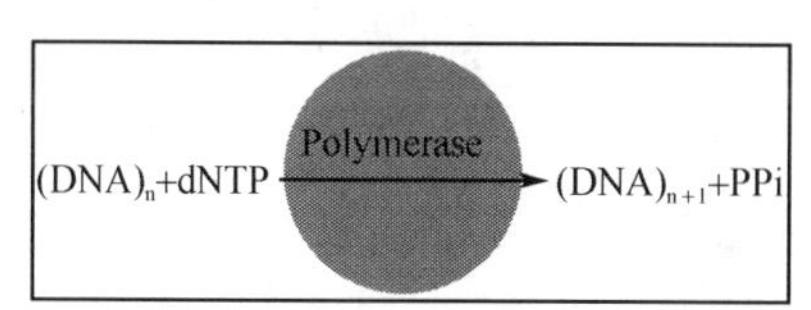

图2.8.3 dNTP与模板配对延伸并释放出焦磷酸(PPi)

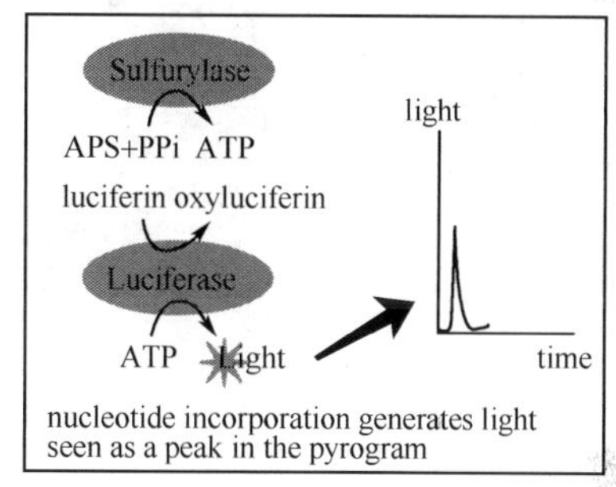

图2.8.4 PPi检测机制

(4) 第4步：反应体系中剩余的dNTP和残留的少量ATP在Apyrase的作用下发生降解，反应体系得以再生（图2.8.5）。

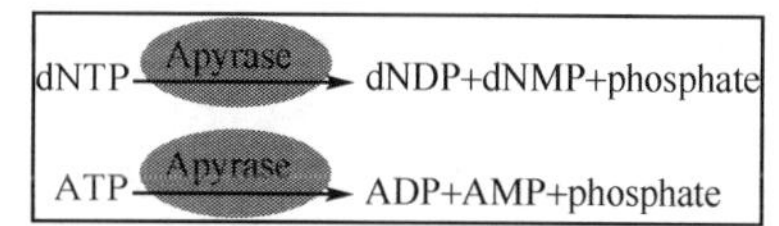

图2.8.5 反应体系中残余的dNTP和ATP被降解

(5) 第5步：加入另一种dNTP，使第2～4步反应循环进行，互补DNA链合成，根据获得的峰值图即可读取准确的DNA序列信息，DNA序列由Pyrogram™的信号峰确定，通过信号峰的有无判断碱基的种类，信号峰的峰高来判断碱基的数目。

（二）重测序研究

全基因组重测序的个体，通过序列比对，可以找到大量的单核苷酸多态性(SNP)，插入缺失(insertion/deletion，InDel)和结构变异(structure variation，SV)位点。通过重测序研究，将获得的信息用生物信息手段，分析不同个体基因组间的结构差异，同时完成SNP及基因组结构注释（图2.8.6）。

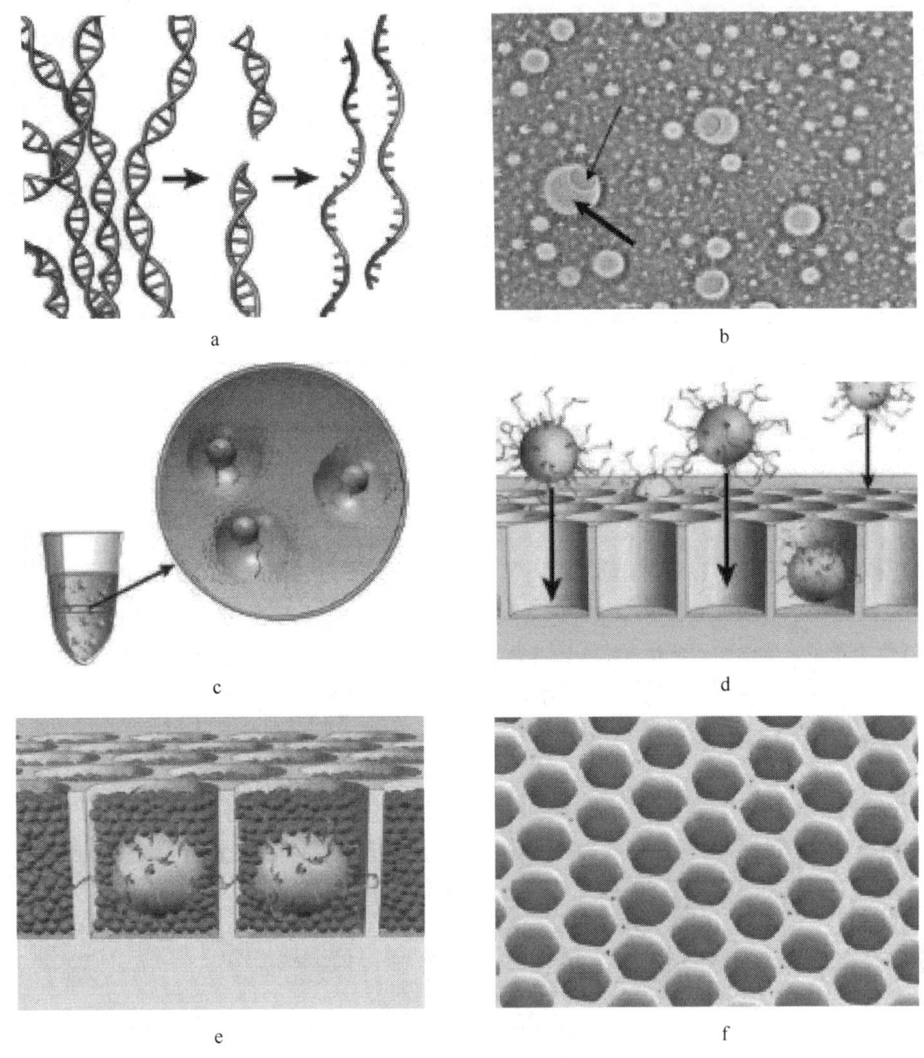

图 2.8.6　454 焦磷酸测序过程示意图

a. 将待测基因组 DNA 打断成较短的 DNA 片段，每个片段两端连接上接头序列，并变性形成单链；b. 将 a 中形成的单链 DNA 与微珠连接，每个微珠上连接一条单链分子，然后将这些微珠在乳液中包裹成一个个小液滴；c. 然后进行乳液 PCR 扩增，最后每个微珠上都会携带上千万条待测模板分子；d. 打破液滴，收集微珠，然后将微珠放置到芯片上的小孔中，每个小孔中一个微珠；e. 在每个小孔中放入吸附有焦磷酸测序反应所需酶的小微珠；f. 微珠放入前的芯片图像

（三）Chip-seq

首先通过染色质免疫共沉淀技术（Chip）特异性地富集目的蛋白结合的 DNA 片段，并对其进行纯化与文库构建；然后对富集得到的 DNA 片段进行高通量测序。研究人员通过将获得的数百万条序列标签精确定位到基因组上，从而获得全基因组范围内与组蛋白、转录因子等互作的 DNA 区段信息。

（四）DNA 甲基化

DNA 甲基化对生命过程非常重要，是表观遗传学的重要调控方式，也是基因精确调控的方法之一，通过对位于基因启动子及第一外显子区的 CpG 岛的甲基化而抑制基因的表达。它在细胞正常发育、基因表达模式以及基因组稳定性中起着至关重要的作用。

（五）基因表达谱分析

基因表达谱芯片可使是科研工作者实现在 mRNA 水平上同时平行研究成百上千乃至上万条基因的表达关系。它与传统的研究基因表达的方法（如差异 cDNA 文库筛选、Northern blot 和 PCR）相比较，可为使用者节省大量的研究经费和时间并获得范围更广、更具有关联性的研究结果。它的主要用途是用于大规模分析一定的生物对象在特定生物过程中基因表达变化的全面信息。目前已经广泛应用于基因表 达检测、基因功能研究、新基因识别、药物靶点筛选、药物作用机制和毒理、疾病相关基因和生物标记物等众多研究领域。

（六）小 RNA 鉴定和定量分析

近几年来，microRNA（miRNA）已经成为广大生物研究者关注的热点之一。miRNA 是一类长度在 19～24 个核苷酸（nt）左右的内源性非编码小分子单链 RNA，在进化过程中高度保守，能通过与靶基因 mRNA 特异性的碱基互补配对，引起靶基因 mRNA 的降解或者抑制其翻译，广泛地负调控靶基因的表达。自 1993 年被报道以来，已在动物、植物和病毒中发现了上万种 miRNA。

表 2.8.1 中，为目前所采用的 miRNA 检测方法及其特点。

表 2.8.1　目前所采用的 miRNA 检测方法及其特点

miRNA 检测技术		特点	检测灵敏度
探针杂交	Northern blotting 法	miRNA 检测的金标准，但耗时长，样本量需求大	几十微克总
	微阵列芯片法	高通量，但有背景和杂信号干扰，重复性差	纳克级总
	基于微球的检测法	显著提高了微阵列芯片法检测的特异性，但成本高	纳克级总
	桥连同位素标记法	简便灵敏，但耗时长，需要同位素标记	130
	纳米金标记法	不需要同位素或荧光标记，灵敏度高、可操作性强	飞摩尔级
扩增技术	定量 PCR 法	高精度定量与高灵敏度，样品消耗量少	00 皮克总 RNA
	滚环扩增法	操作简便，特异性好，但灵敏度较低	几纳克总 RNA
	引物入侵法	简便易操作，但需要特殊的内切酶	100 纳克总 RNA
	克隆测序法	费时费力，但可以发现新的 miRNA	微克级总 RNA
	新一代测序技术	高通量，结果准确度高，可定量检测未知 miRNA	皮克级总 RNA

三、新一代基因组测序技术

为大幅降低基因组测序成本，美国国立健康研究院/美国国立人类基因组学研究所（NIH/NIGRI）的科学家改进了第二代测序技术或研发其他的测序方法，包括扫描隧道电子显微镜（scanning tunneling electron microscope，STEM），荧光共振能量转换（fluorescence resonance energy transfer，FRET），单分子检测（single-molecule detection）和蛋白质纳米孔（protein nonopores）的应用。上述改进的测序技术，我们称为第三代测序技术。

（一）实时单分子测序技术

太平洋生物科学公司（PacBio）首先研发出一种第三代测序平台，该技术是基于实时单分子测序技术。在测序过程中,直接测由 DNA 聚合酶将荧光标记的核苷酸掺入互补测序模板。该技术的最大特点是能够对单个 DNA(脱氧核糖核酸)分子进行测序。而目前市场上的主流测序仪,无法做到单个分子的测序,只能对大量分子进行平均测序。单分子测序不需要对 DNA 样本进行放大,因此可以对 DNA 中罕见的序列变异进行测定。因为核酸的扩增过程,可能发生错配,导致对某个 DNA 序列检测失败。因此,该技术具有独特的优势。

该技术的原理是:用一种聚合酶将 DNA 的复制限制在一个微小的间隙中,给各种碱基加上荧光示踪标记,当碱基合成 DNA 链时,这些荧光标记就会发出不同颜色的闪光,根据闪光颜色就可识别出不同的碱基,如图 2.8.7 所示。

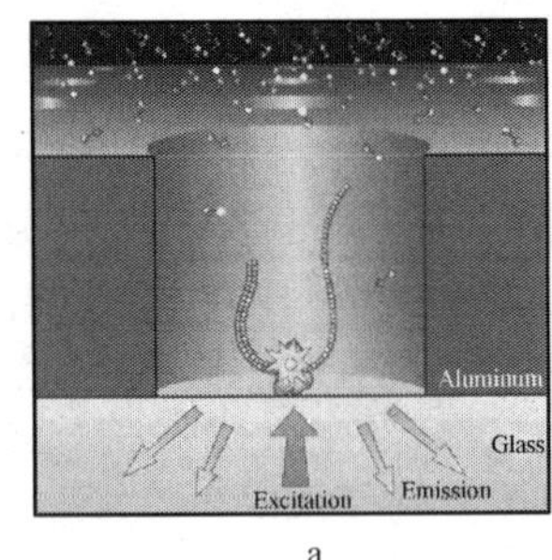

a

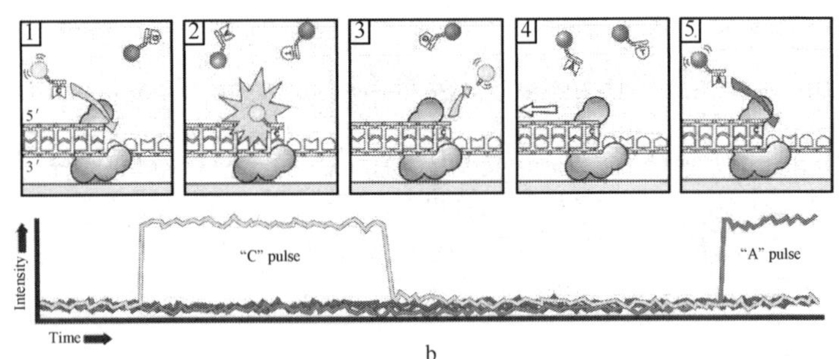

b

图 2.8.7 太平洋生物科学公司(PacBio′s)实时单分子测序方案示意图

a. 单个零点启动模式波导纳米结构的侧面图,每个纳米结构含一个 DNA 聚合酶分子,固定于底部的玻璃面上。波导纳米结构和共焦成像系统确保只对底部进行荧光检测。b. 显示了荧光标记的核苷酸底物掺入测序模板的过程。相应的瞬时荧光探测分为 5 个步骤

采用该技术设计的仪器,一次可以读出的碱基对的平均长度是 1500 对,这是代表该领域目前技术发展水平的伊鲁米那公司(Illumina)所生产测序仪的 10 倍。阅读长度越长,将 DNA 序列片段拼接成完整基因组序列就越容易,同时测序的时间大大缩短。2010 年 12 月,公司首席科学官埃里克·斯凯德和研究小组对引起海地霍乱的 5 个 S 型霍乱菌种进行了基因组测序。伊鲁米那的 150 碱基测序仪完成同样的测序任务则需要一个星期。该公司曾在 2008 年提出,到 2013 年将实现 15 分钟内完成对一个人的全基因组测序。

单分子测序仪代表了 DNA 测序的未来,但该项技术的最大障碍是失误率高。现有其他测序仪准确率能达到 99%以上。但这一缺点能通过重复测序来得到一定的克服。

(二) 基于纳米阵列平台的测序技术

全基因组学公司(Complete Genomics),以杂交和连接进行测序的方法为基础,推出了新的样品处理方法和纳米阵列平台。基因组 DNA 首先经过超声处理,再加上一些接头,然后模板环化、酶切。最后产生大约 400 个碱基的环化的测序片段,每个片段内含有 4 个明确的接头位点。环化片段用 Φ29 聚合酶扩增 2 个数量级。一个环化片段所产生的扩增产物称为 DNA 纳米球(DAN nanoball,DNB)。纳米球被选择性地连接到六甲基二硅氮烷处理的硅芯片上。图 2.8.8a 描述了 DNA 纳米球阵列的设计。

这种测序方法,通过运用 DNA 纳米球和形态各异的阵列,使其具有一定的优势。DNA 纳米球通过增加杂交位点的数量而增强了信号强度。DNA 纳米球的大小与芯片上连接位点的大小相同,因而导致每个位点连接一个 DNA 纳米球。由于芯片上的位点大致彼此相隔 1 微米,所以有多达 30 亿的 DNA 纳米球可固定到宽 1 英寸长 3 英寸的硅芯片上。除了增加每张

芯片上的测序片段的数量外，DNA 纳米球的大小和间隔使得检测器像素使用最大化。与另外的二代测序技术比较，这种杂交芯片降低试剂耗费但增加通量或数据产出。一旦 DNA 纳米球阵列芯片形成，可运用 40 个普通探针，联同标准锚定序列和延伸锚定序列进行杂交和连接检测。这 40 个普通探针分为两组，一组用于检测接头位点的 5′端，一组检测接头位点的 3′端。每组有 5 型，每型有 4 种普通探针。每一探针长 9 个碱基。探针特点见图 3B。标准锚定序列直接与接头的 5′或 3′端连接，随后普通探针进行杂交和连接。延伸的锚定序列由兼并和标准锚定序列连接而成。这种组合的探针锚定序列连接方法(combinatorial probe-anchor ligation，cPAL)使序列读长由 5 个碱基增加到 10 个碱基，从而导致每个 DNA 纳米球有 62 到 70 个碱基被测序。图 2.8.8b 显示了标准和延伸锚定序列的结构。每进行一个杂交和连接循环就要对带有 DNA 纳米球的芯片进行荧光成像，然后用甲酰胺溶液对 DNA 纳米球进行重建。这种循环被重复直到全部组合的探针和锚定序列被检测。这种方式减少了试剂消耗并去除了潜在的累积错误，而这样的错误可在别的测序技术中出现。

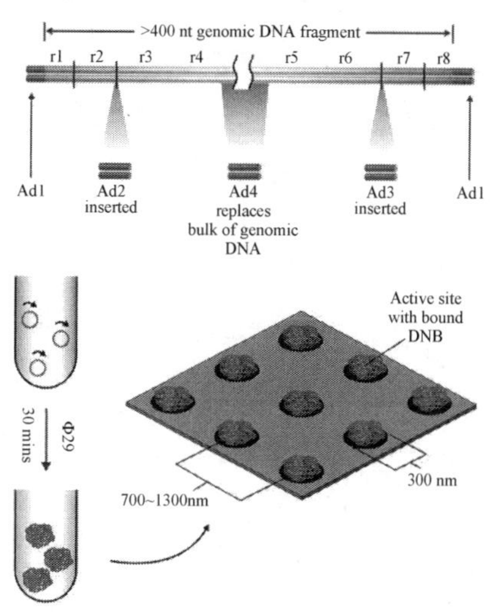

a

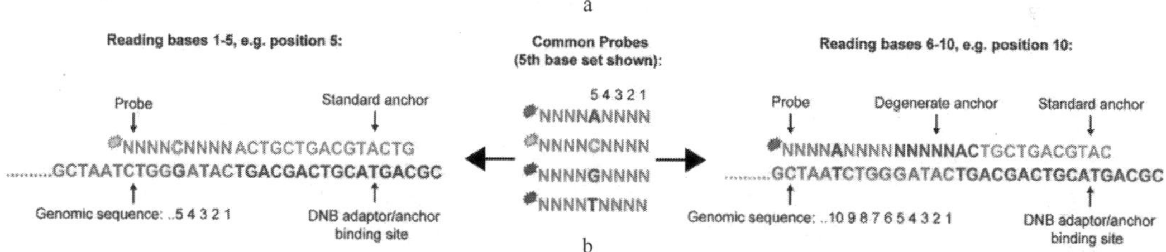

图 2.8.8　全基因组学公司的 DNB 阵列生产和 cPAL 技术的方案示意图

a. 待测片段的设计，DNA 纳米球的合成，用来放置纳米球规则排列的纳米阵列，这些可以显示 DNA 纳米球阵列的形成过程；b. 用对应于一个独特接头位点的 5 个碱基的一组普通探针进行测序过程。图中也显示了标准锚定序列和延伸锚定序列

(三) 基于微池阵列的测序技术

Ion Torrent 公司的新一代测序技术，用场效应晶体管(field-effect transitors，FETs)被用来检测微池结构的 pH 变化。为了增加通量，Ion Torrent 测序芯片运用了高密度的微池阵列(图 2.8.9)。每个微池就是一个单独的 DNA 聚合反应的小室，其中包含有一个 DNA

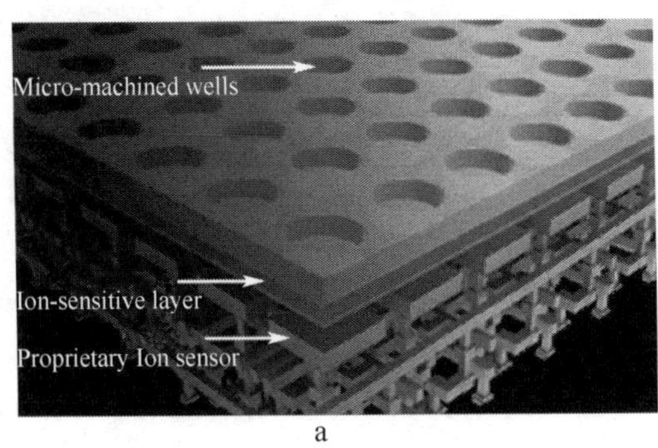

a

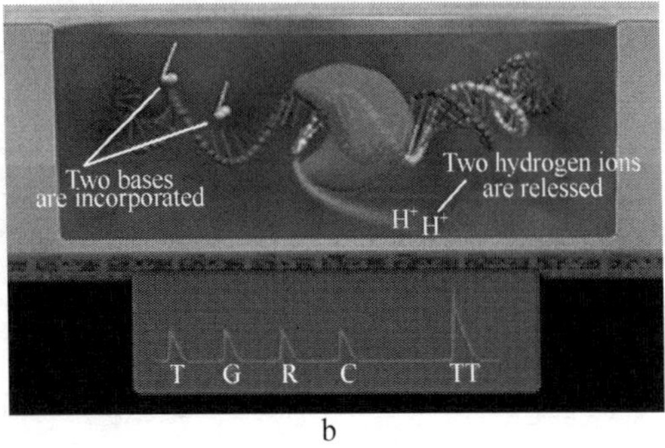

b

图 2.8.9 IonTorrent 公司半导体测序芯片技术图示

a. 该芯片结构设计的逐层显示图。上层为单个的 DNA 聚合反应的微池，底部两层构成场效应晶体管离子传感器。每个微池有其相对应的场效应晶体管探头，以鉴别每一个 pH 的变化。b. 侧面图：微池中，DNA 聚合酶将两个重复的 TTP 核苷酸掺入测序片段中。反应过程中释放出的氢离子被下方的场效应晶体管检测到

聚合酶分子和一个待测序片段。就在微池层的下面，是离子敏感层，紧接着是一个高密度的和微池一样排列的场效应晶体管阵列亚层。和焦磷酸测序类似，4 种核苷酸的连续循环导入微池能保证原始序列分辨率，因为场效应晶体管能感受到核苷酸掺入时 pH 的变化，并把这种信号转变为可记录的电压变化。因为电压的变化与每一步掺入的核苷酸数目有关，所以 Ion Torrent 测序芯片可对重复序列进行分辨。

（四）生物纳米孔测序技术

牛津纳米孔技术公司(Oxford Nanopore technologies)推出了 GridION 系统，该系统引入了纳米孔技术。该公司正准备推出可用于直接单分子分析的 GridION 系统，该系统将采用外切酶测序。该系统基于"芯片上的实验室"技术，将多个电子元件整合进一个支架状的装置。一个蛋白纳米孔整合进磷脂双分子层，位于微池顶部，并配有电极。许多微池被整合入一个阵列芯片，每个模块控制一个芯片，整合包括用于样品制备、检测和分析的液体流动和电子系统。样品被引入模块，这个模块插入一个叫 GridION 节点的装置。每个节点可以单独使用也可以成簇使用，所有节点间可以实时互相沟通、可以同用户的网络系统和存储系统进行沟通。

牛津纳米孔技术正在对两种类型的测序方法进行商业化：核酸外切酶测序和链测序。在核酸外切酶方法中，环糊精接头分子位于蛋白纳米孔的里部，作为 DNA 结合位点。此外，纳米孔还偶联了一个核酸外切酶分子，该酶分子可以从 DNA 链上逐个剪切单个碱基，这样，纳米孔就可以在 DNA 碱基通过并与环糊精结合时精确地检测出每个碱基。外切酶位于纳米孔的顶部，控制 DNA 链的位移速度，使其由固有的泳动速度(微秒级)降低下来(毫秒级)。最必要的是，每个核苷酸通过纳米孔大致时间是 20 毫秒，这个速度足以用于精确检测。四种核苷酸产生不同程度的电流阻断，因此，DNA 序列的测定是可以的(图 2.8.10)。

四、研究的方向和途径

(1) 选择我国特有的或对发展中国家影响大的微生物，进行基因组测序。由于我国经济实力有限，只宜选择少数微生物进行。尽量选择国外尚未进行过的微生物为对象。通过这项研究，可使我国微生物界有少数骨干掌握细菌基因组研究的策略和技术全过程，有利

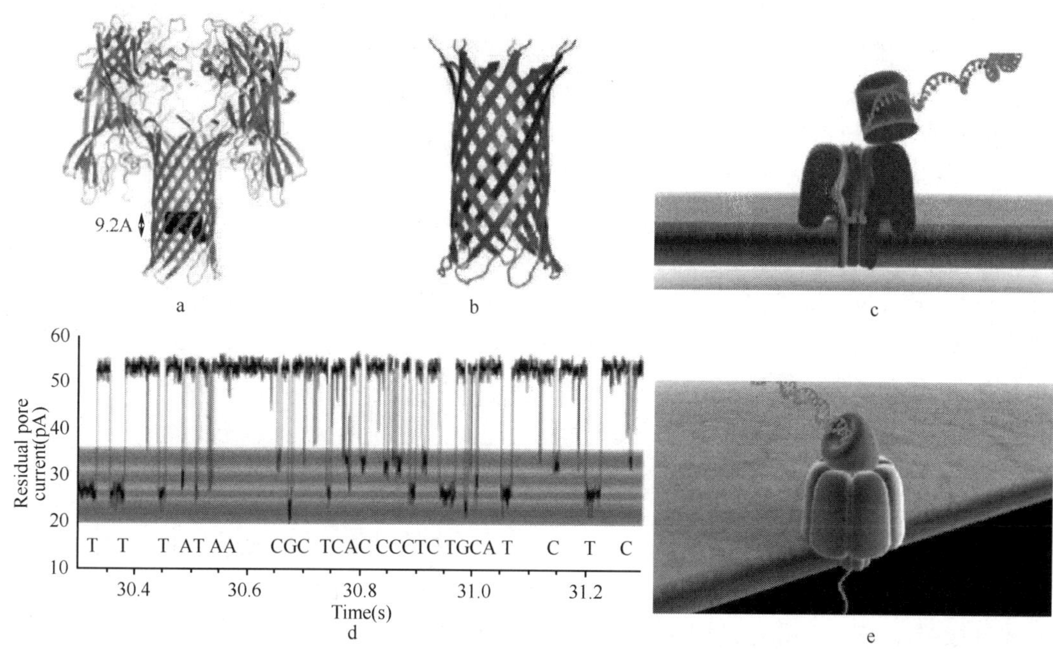

图 2.8.10　牛津纳米公司所采用的生物纳米孔方案图

a. 溶血素蛋白突变体图略，图中描述了环糊精（在第 135 残基处）和谷氨酰胺（在第 139 残基处）的位置。b. 突变的纳米孔的桶状结构的详图。显示了精氨酸（在第 113 残基处）和半胱氨酸的位置。c. 外切酶测序法：外切酶分子附着到纳米孔的顶部，将目标 DNA 链上的单个核苷酸逐一切下来，再使它们通过纳米孔。d. 残基电流-vs-时间的信号轨迹，能将四种不同的碱基清楚的区分开来。e. 链测序法：单链 DNA 线性通过一个蛋白纳米孔，单个碱基得以区分开，而 DNA 链保持完整

于今后基因组功能研究的开展。

（2）对于已公布的基因组要及时掌握，根据我国的需要进行序列分析，选择好有限目标对几种细菌作基因功能研究。应注意在基因功能研究中，学习与借鉴病毒基因功能 研究的已有经验。微生物学家不仅要将分子水平研究与细菌的生物学特性互相联系，还要联系临床及流行病学科、药物学科、生化学科和免疫学科。此外还需要建立适用的细胞及动物模型，以保证基因研究有后劲。

（3）加强微生物界学者在细胞生物学、生物信息学以及生物大分子学方面的知识更新，以适应微生物学科将面临的革命性变化。估计今后的微生物诊断、治疗和预防都会有所改变，及早做好准备方可立于不败之地。

第二节　微生物基因芯片技术的最新发展

人类基因组计划推动了后基因组也就是功能基因组学研究。目前越来越多的微生物基因组测序工作已完成，要同时研究细胞中成千上万条基因的功能，特别是基因之间表达与调控的复杂网络关系，依靠传统的分子生物学方法是不可能的。因此迫切需要一种高效的方法能够大规模、高通量地检测大量基因在特定条件下的表达全貌，基因芯片就是在这种环境下诞生的。

一、基本原理

以 DNA 为模板合成 RNA 的转录过程是基因表达的第一步，也是基因表达调控的关键

环节。转录组是转录产生的所有 mRNA 的总称。与基因组不同,转录组的定义中包含了时间和空间的限定,因为同一细胞在不同的生长时期及生长环境下,其基因表达情况并不完全相同。转录组谱可以提供一定条件下特定基因表达的信息,并据此推断相应未知基因的功能,揭示特定调节基因的作用机制。基因芯片是转录组研究的最重要手段。基因芯片借用了计算机芯片的集成化特点,运用缩微技术把核酸分子密集有序地排列固定在固相支持物预先设置的区域内。将待测样本荧光标记后同制备好的芯片进行杂交并检测杂交信号。检测原理是利用核酸配对原理,样本中的标记分子与芯片上的探针分子发生特异性结合,通过激光共聚焦荧光扫描仪或者其他手段获取荧光信号,经电脑处理分析得到信号值。信号值代表了结合在探针上的待测样本中特定大分子的信息,从而检测与之相对应的片段是否存在、存在多少。最典型的基因芯片是在介质表面有序排列的 DNA 点阵,因此狭义的基因芯片又叫做 DNA 微阵列。

根据基因芯片的制备方式不同,可以将其分成两大类:原位合成芯片和直接点样芯片。原位合成芯片技术要求高,目前仅有 Affymetrix、安捷伦等少数大公司使用这种方法制备芯片。直接点样法根据固相支持物的种类不同,可以分为玻璃芯片、膜芯片和塑料芯片等,目前点样芯片以玻璃芯片为主。基因芯片还有其他许多分类方法:根据探针类型可以分为寡核苷酸芯片、cDNA 芯片;根据应用领域区分还可以分为基因表达谱芯片、疾病诊断芯片、DNA 测序芯片、CGH 芯片以及甲基化芯片等。

二、操 作 流 程

(一) 芯片的设计与制备

1991 年 Affymetrix 公司开发出世界上第一块寡核苷酸基因芯片。基因芯片的设计实际上是指芯片上核酸探针序列的选择以及排布,设计方法根据应用目的的不同也不尽相同。例如,表达型芯片的目的是对多个不同状态的样品(不同生长阶段、不同营养状态、不同外界环境等)中数千基因的表达差异进行定量检测,探针序列一般来自于已知基因的 cDNA 或 EST 库并且在设计时将序列特异性放在首要位置,保证探针与待测目的基因的特异性结合。

芯片制备方法主要包括点样法和原位合成两种类型。点样法首先进行的是探针库制备。根据基因芯片的分析目标从相关的数据库中选取特定的序列进行 PCR 扩增或者人工合成寡核苷酸序列,然后通过计算机控制的工作平台用特殊的针头和微喷头把不同的探针溶液逐点分配在玻璃、尼龙或者其他固相基片表面上,并通过物理和化学方法固定。点样法各技术环节均较成熟,灵活性大,适合各研究单位根据需要自行制备点阵规模不大的基因芯片。原位合成法是在玻璃等硬质表面上直接合成寡核苷酸探针阵列,目前使用的主要技术有光去保护并行合成法,压电打印合成法等。其关键技术是高空间分辨率的模板定位技术和高合成产率的 DNA 化学合成技术,由于这项技术可以实现高密度芯片的标准化和规模化生产,因此适合制作大规模的 DNA 探针芯片。

(二) 靶基因的标记

靶基因在与芯片探针结合杂交之前必须进行分离、扩增及标记,这是基因芯片实验流程的一个重要环节。可以根据样品来源、芯片类型和研究目的的不同选择不同的标记方法。对于检测细胞内 mRNA 表达水平的芯片，一般从细胞和组织中提取 RNA 后先进行逆转录，再加入偶联有标记物的 dNTP，从而完成对靶基因的标记过程。目前高密度芯片的分析一般采用荧光标记靶基因，通过适当内参的设置或者总的荧光信号强度进行标准化，对细胞内 mRNA 的表达水平进行定量检测。近年来采用的多色荧光标记技术可以使研究者更直观地比较不同来源样品基因表达差异，实验中把不同样本用不同激发波长的荧光素标记，并使它们同时与基因芯片杂交，通过比较芯片上不同波长荧光的分布图获得不同样品间差异表达基因的图谱。目前最常用的双色荧光试剂有 Cy3 和 Cy5。多色荧光技术还可以应用于多态性和突变检测型基因芯片，能够大大提高芯片的准确性和检测范围。

(三) 芯片杂交与杂交信号检测

基因芯片与靶基因的杂交过程与普通的核酸分子杂交过程基本相同，一般分为预杂交、杂交和洗片三步。杂交反应的条件要根据探针的 T_m 值和芯片的类型来决定。例如基因表达检测对杂交的严格性要求较低，而用于突变检测的芯片的杂交温度高，杂交时间短，因此条件相对严格。当生物芯片和样品探针杂交完毕后，就需要对杂交结果进行图像采集和分析。目前专用于荧光扫描的扫描仪根据原理不同大致分为两类：一是基于 PMT(photo multiplier tube，光学倍增管)的检测系统；另一种是基于 CCD(charge-coupled devices，电荷偶合装置)摄像原理的检测系统。目前，几大生物芯片公司都已经开发了适用于自己芯片产品或者兼容性的芯片扫描系统。

(四) 芯片数据分析与提交

目前常用的芯片数据分析手段有数据归一化分析、直观视图分析、统计学分析和生物学分析。在芯片实验中，各个芯片的绝对光密度值是不一样的，因此在比较多个芯片信号时，必须消除各个芯片实验之间的差异。最常用的方法便是芯片数据的归一化处理。归一化的方法可以用特定管家基因法或光密度值平均值法。但至今为止对于片间比较，尤其是不同实验室间的芯片数据比较仍无真正意义的理想的归一化方法。芯片数据的视图分析是最简单、直接、直观的分析方法。通常用散点图、直方图和饼图直观地显示芯片表达的结果，对于结果较为明显的数据，可以直接作出判断芯片数据的统计学分析。从芯片实验产生的大量数据中获取有用的生物学信息，统计学的处理分析必不可少。聚类分析(cluster Analysis)是应用于基因芯片表达数据统计分析的主要方法。它的原理是直接比较样本中各指标之间的性质，将性质相近的归为一类，性质差别较大的归在另一类。在基因芯片表达数据分析中，应用最为广泛的聚类分析方法是系统聚类分析(hierarchical clustering)，此外还有 Bayesian 聚类分析，逐步聚类分析(k-means clustering)，自组图分析(self-organizing maps，SOMs)等统计分析手段。

由于基因芯片获取的信息量大，所以对基因芯片杂交数据的分析、处理、查询、比较等需要一个标准的数据格式。目前常用的芯片数据库有美国基因组资源国家中心的 GeneX；美国国家生物技术信息中心的 Gene Expression Omnibus；欧洲生物信息学研究所的 ArrayExpress 等。这些数据库集中了世界各国实验室获得的基因芯片的结果，对数据的交流及结果的评估与分析起到了重要作用。

三、优点和不足

基因芯片最大的优点就是高通量、高信息量。尽管基因芯片技术已经取得了长足的发展，成为一项常规的生物学技术，但仍然存在着许多不足，例如技术成本昂贵、操作过程复杂、检测灵敏度较低、重复性差等问题。这些问题主要来源于样品制备、探针合成与固定、分子标记、数据的读取与分析等几个方面。

四、改进的方向和途径

针对基因芯片在应用中的不足，这项技术正在向着高密度化和微量化发展。高密度化具体表现为芯片密度的增加，目前原位合成的芯片密度已经达到了每平方厘米上千万个探针。微量化是指不断降低芯片的检测下限，目前已经能达到纳克级总 RNA 水平。另一方面，微量化也体现在芯片矩阵面积上。即在同一个芯片载体上平行的进行多个矩阵的杂交，大大减少系统和批次可能带来的差异，同时削减实验费用。

第三节　微生物蛋白质组技术的最新发展

微生物基因组研究作为人类基因组计划的一部分，对人类基因组计划和微生物学乃至整个生命科学都具有重大的影响。但随着对基因组研究的深入，人们认识到单纯从基因组信息不可能完全揭示生命的奥秘，因为蛋白质是生物功能的体现者，这使我们不得不考虑基因编码的蛋白质有什么功能。不仅如此，基因在转录、翻译后产生蛋白质的过程中，存在着转录水平、翻译水平的调控。蛋白质往往还要经过剪接、修饰和加工之后，最终才成为有功能的蛋白质。而且不同组织、不同的分化程度、不同的生存环境下，生物体所表达的蛋白质是不同的。所以单纯从基因组水平上并不能完全揭示生命活动规律。在这种背景下，蛋白质组和蛋白质组学的概念应运而生。

生物的蛋白质组处于一个动态发展的过程。同一生物的基因组在不同的组织和细胞中的表达情况不同；即使是在同一细胞，在不同的发育阶段、不同的生理条件甚至不同的环境影响下，其蛋白质的表达也不同。因此，蛋白质组还是一个在空间和时间上动态变化着的整体。蛋白质组中的各个蛋白之间相互作用，密切有序的联系在一起，从而实现生物的生理功能。

微生物蛋白质组学研究进展很快。自从 1995 年的流感嗜血杆菌基因组测序完成之后，截止 2011 年底，约有 2700 株细菌，130 余株古细菌完成了基因组测序。微生物基因组的大规模测序，为进行微生物蛋白质组学的研究奠定了良好的基础。在微生物中，可以基于基因组、转录组分析进行蛋白质全谱研究。采用微生物材料进行蛋白质组学研究相比其他生物的蛋白质组学研究具有显著的优势。比如：细胞结构简单，培养简单快速，通过诱变较易获得突变株；基因组相对较小，许多微生物已完成基因组测序，因此微生物是研究蛋白质网络体系的理想模式生物。

现阶段蛋白质组学的研究技术已经全面应用于工业微生物、农业微生物、病原微生物、环境微生物和微生物生态等微生物学的各个研究领域。研究内容主要包括：微生物胁迫条件应激机制、病原微生物致病性和耐药性机制、基因工程微生物菌株蛋白质组、微生物细胞生理定量蛋白质组、微生物细胞亚蛋白质组以及微生态宏蛋白质组等重要研究方向。

一、蛋白质组学研究的重要性

转录组分析、基因突变和 RNA 干扰已迅速成为功能基因组学研究的重要技术。蛋白质分子是细胞功能的执行者，它们几乎负责所有的生物功能。通过转录组分析、基因突变和 RNA 干扰研究，只能间接的高速我们蛋白质的功能。因此，通过蛋白质组学研究，直接对蛋白质进行研究具有重要的意义。

(1) 蛋白质的功能决定于它结构和相互作用。根据目前的研究技术，我们仅通过序列，无法准确计算的获得它的结构及与其他分子的相互作用。只有直接的观察和研究，才能得到准确的信息。

(2) mRNA 的转录丰度与蛋白质的丰度之间并不等同。由于存在转录后的基因调节，所以我们无法通过转录组分析，准确的获得相应蛋白质的表达丰度。有人研究了 mRNA 和蛋白质表达的关系，以处于对数生长期的啤酒酵母为研究对象，mRNA 的表达由 SAGE(serial analysis of gene expression)频率表指示，同位素标记酵母蛋白，共选择 80 个基因，结果没有发现翻译和转录丰度有明显相关。对某些基因，相同的 mRNA 丰度翻译成蛋白的量有高达 50 倍的变化差异相似的结果是相等的蛋白量可由相差 40 倍丰度的 mRNA 转录而来。mRNA 丰度与蛋白表达量的统计相关系数在 0.4～0.5，说明转录和翻译两个阶段具有几乎相同的重要性。

(3) 蛋白质的多样性是在转录后产生的。许多基因，特别是真核生物的基因可以通过 mRNA 的选择性剪切，产生多种转录产物，同时翻译成多种蛋白质。只有在蛋白质水平，才可以研究它们的功能。同时，蛋白质翻译后的修饰决定了蛋白质的功能。蛋白质的动态修饰和加工并非必须来自基因序列。在 mRNA 水平上有许多细胞调节过程是难以观察到的，因为许多调节是在蛋白质的结构域中发生的，比如 G 蛋白受体的磷酸化去磷酸化作用，以及许多蛋白的转录后的糖基化、磷酸化、异戊二烯化、酞化作用。许多蛋白只有与其他分子结合后才有功能，蛋白的这种修饰是动态的、可逆的，这种蛋白修饰的种类和部位通常不能由基因序列决定。

(4) 蛋白质组是动态反映生物系统所处的状态。细胞周期的特定时期、分化的不同阶段、对应的生长和营养状况、温度、应激和病理状态，这些状态所对应的蛋白质组是有差异的。蛋白质组学的研究可望提供精确、详细的有关细胞或组织的分子描述。因为诸如蛋白质合成、降解、加工、修饰的调控过程，只有通过蛋白质的直接分析才能揭示。

二、蛋白质组学的研究范畴

蛋白质组学的研究范畴，较为广泛，主要包括：结构蛋白质组学，表达蛋白质组学，相互作用蛋白质组学，功能蛋白质组学。

1. 结构蛋白质组学(structural proteomics)　研究发现，相似的氨基酸序列可以产生相似的蛋白质结构。蛋白质的序列和结构、功能之间存在密切的联系。随着研究的进展，科学家在逐步揭示蛋白质序列和其结构、功能之间的关系。同时产生了蛋白质组学的一个分支，结构蛋白质组学，主要研究蛋白质结构的储存、提交、分析和预测等。Protein Date Bank 是第一个蛋白质结构数据库。目前，结构蛋白质组学技术发展，主要集中在两个方面。一方面是，改进蛋白质结构测定技术，特别是发展高通量的测序技术。另一方面是，启动整个蛋白质组结构分析系统计划。

2. 表达蛋白质组学(expression proteomics)　表达蛋白质组学，主要分析蛋白质的丰度。主要包括蛋白质混合物的分离，蛋白的定量分析及鉴定蛋白的种类。

3. 相互作用蛋白质组学(interaction proteomics)　它主要研究蛋白质之间的相互作用及蛋白质与核酸及小分子之间的相互作用。蛋白质的相互作用研究，可以研究蛋白质的功能，进而揭示蛋白质在代谢途径及细胞调控等方面的作用。

4. 功能蛋白质组学(functional proteomics)　它可以直接对大规模的蛋白质功能进行功能鉴定。目前可以通过蛋白质芯片，研究蛋白质的相互作用和生理功能。

三、蛋白质数据库

应用生物信息学技术存储、处理、比较获得的数据。生物信息学在蛋白质组分析中起着重要作用,是蛋白质组学研究水平的标志和基础。蛋白质组数据库被认为是蛋白质组学知识的储存库,包含所有鉴定的蛋白质信息,如蛋白质的顺序、核苷酸顺序、双向凝胶电泳、三维结构、翻译后的修饰、基因组及代谢数据库等。相应蛋白质数据库及分析软件的出现大大提高了蛋白质组分析的效率,使蛋白质快速鉴定成为可能。将差异蛋白质位点进行鉴定,可分析已知蛋白质的结构、性质、功能,亦可丰富现有蛋白质数据库。常用的蛋白质组数据库和分析工具见下表 2.8.2 和表 2.8.3。

表 2.8.2　常见的蛋白质组数据库

数据库	说明
NCBI(美国国立生物技术信息中心)网址:http://www.ncbi.nlm.nih.gov/	它提供综合的、混合数据库的蛋白质和核酸数据库。全球最有影响的生物学网站之一。提供综合的、混合数据库(非单一,non-identical)的蛋白和核酸数据库。包括 GenBank CDS 翻译库(GenBank CDS translation)、PIR、SWISS-PRO、PRF 和 PDB。NCBI 为了避免重复,花费了很大精力为这些数据库里的序列提供了相互参照引用。提供 PubMed、Entrez、BLAST、OMIM、Taxonomy、Structure 等工具,可对国际分子数据库和文献进行检索、搜索和分析。
Swiss-Prot http://www.expasy.ch/sprot-top.html	一个经过整理后的蛋白质序列数据库,它致力于提供一个高水平的注释(例如描述蛋白质的功能、作用域结构、翻译后修饰、突变体等)、最低水平的冗余以及与其他数据库的整合。建立于 1986 年,从 1987 年开始与日内瓦大学以及 EMBL 数据实验室(EMBL Data Library,欧洲生物信息学学会)共同维护。TREMBL(欧洲分子生物学实验室)对 Swiss-Prot 蛋白质序列数据库的增补,含有 EMBL 核酸序列数据库中尚未出现于 Swiss-Prot 的所有编码区(CDS)的翻译序列。
PIR http://pir.georgetown.edu	蛋白质信息资源(Protein Information Resource,PIR)数据库是由 National Biomedical Research Foundation(NBRF)创立,收集的序列用来研究蛋白质在进化中的关系。数据库现在已经和其他 3 个数据中心建立了国际联盟:NBRF、慕尼黑蛋白质序列信息中心和日本国际蛋白质信息数据库,这 3 个中心共同制作和发布一个"野生型(wild-type)"蛋白质序列数据库。
MSDB ftp://ftp.ncbi.nih.gov/repository/MSDB/msdb.nam	由伦敦皇家学院(Imperial College London)Hammersmith 分校的蛋白质组学系负责维护、基于质谱应用的数据库。属于混合数据库(非单一,non-identical)。
PDB http://www.rcsb.org/	美国国家实验室(Brookhaven National Laboratory,BNL)蛋白结构数据库(Protein Data Bank)。同时提供蛋白质序列及其三维空间晶体学原子坐标. 其中受体-配体、抗原-抗体、底物-酶复合物等相互作用分子的共结晶图谱是基于同源比较的分子设计所需的最佳模型。
EMBL http://www.embl.org/	核苷酸序列数据库(European Molecular Biology Laboratory)一个 DNA 和 RNA 序列综合性的数据库,它的数据是从科学文献和专利申请中收集而来,是由研究人员和测序工作组直接提交的。数据的收集工作是和 GenBank 以及日本 DNA 数据库(DDBJ)合作进行的。

数据库	说明
PROSITE http://cn. expasy. org/prosite/	蛋白质家族和功能域数据库。包含大量具有生物学意义的位点、模型等信息。
Predictome ttp://predictome. bu. edu	蛋白质功能联系预测数据库。研究蛋白质之间的功能关联和相互作用是蛋白质学的研究重点，为44个基因组的蛋白之间的功能联系提供预测。采用三种关联方法(gene fusion，chromosomal proximity，gene co-evolution)，实验包括 yeast two-hybrid，immuno-coprecipitation，correlated expression。

表 2.8.3　常见的蛋白质组分析网站及工具

网站及工具	说明
ExPASy(expert protein analysis system，蛋白质分析专家系统)	位于瑞士，专门分析蛋白质序列、结构、功能和蛋白质 2D-PAGE 图谱。设有 SWISS-PROT、TrEMBL、PROSITE、SWISS-2DPAGE、SWISS-3DIMAGE、ENZYME 等数据库和 AMOS 生物学书签、SWISS-MODEL 等工具。
EBI(欧洲生物信息学研究所)	由欧共体资助的生物信息学网站，开发 EMBL、TrEMBL、SWISS-PROT 等数据库，提供 SRS、FASTA、WU-BLAST、CLUSTAL 等工具，分布多种生物学信息专栏。
RCSB(结构生物信息学研究联合实验室)	研究生物大分子三维结构，管理 PDB、NDB、BMCD 等数据库，开发结构分析工具、标准。
HGMP-RC(UK human genome mapping project resource center)	提供基因组领域研究的领先工具，包含蛋白质序列、三维结构、基因序列、功能蛋白质与基因、基因组等数十种数据库。其主体研究分部和生物信息学分部设在 Hinxton 基因组研究园。
ProteinProspector	提供大量分析质谱数据的工具，包括 MS-Fit，MS-Tag，MS-Seq，MS-Pattern，MS-Homology，MS-Bridge，MS-NonSpecific，以及 MS-Fit Batch，MS-Fit Web Batch，MS-Tag Batch，MS-Tag Web Batch 批量分析工具。
Mascot	基于质谱数据和 MOWSE 概率算法的蛋白质鉴定系统，具有十分丰富的结果展示与辅助解析功能。数据可为肽质量指纹谱，肽序列、氨基酸组成、子离子，串联质谱原始数据等。
BLAST(basic local alignment search tool)	一个 NCBI 开发的序列相似搜索程序，还可作为鉴别基因和遗传特点的手段。BLAST 能够在小于15秒的时间内对整个 DNA 数据库执行序列搜索。NCBI 提供的附加的软件工具有：开放阅读框寻觅器(ORF Finder)，电子 PCR，和序列提交工具，Sequin 和 BankIt。所有的 NCBI 数据库和软件工具可以从 WWW 或 FTP 来获得。
ProAnWin(蛋白质分析专家)	多个蛋白质序列对齐、比较性序列分析，研究蛋白质结构-功能(基因型-属性)关系，设计点突变，找出蛋白质或多肽的活性与分子一级结构或三级结构中某些特征的关系。
roAnalyst	为ProAnWin 提供多功能的蛋白质序列和结构分析的扩展模块，它可以搜索 motif 、绘制理化关系图、对蛋白质的序列变异进行语义分析和理化分析、绘出结构-活性关系的剖析图等。

四、现有技术的优点和不足

运用蛋白质组学技术进行微生物学研究有着高通量、系统化的优点。蛋白质组远比基因组庞大和复杂，在细胞增殖、分化、衰老和凋亡等重大生命活动中及外界环境的刺激下，蛋白质在表达时序、表达量上表现出很大差异，出现复杂的连锁反应和级联反应，所有这些变化皆处于一个相互交错和精密调控的代谢网络中。蛋白质组学研究通过对生物体内表达的各种蛋白质进行识别和定量分析，确定它们在细胞内外的定位、修饰、相互作用和功能，以期获得对生命本质和活动规律的全景式认识。蛋白质组学是在蛋白质水平上大规模研究基因功能的强有力的工具。随着蛋白质组学技术的进一步发展以及相关数据库的进一步充实，蛋白质组学会有更广阔的发展前景，对现代生物学及生物技术的发展做出重大贡献。

蛋白质组学采用一系列不同的技术方法对生物的蛋白质组进行分析和鉴定。由于不同的生物的蛋白质组具有不同的特性，对其分析只能采用合适的研究技术。目前，没有一种技术适用于所有生物的蛋白质组学研究，不同技术具有不同的特点，适合不同的生物。如何把这些方法进行整合并实行自动化是一个难题。

蛋白质组应该包含一种组织或细胞所表达的全部蛋白质。但是，目前的蛋白质分析技术对于分析低丰度的蛋白存在困难。方法的灵敏度不够，同时高丰度蛋白对于分析低丰度的蛋白存在干扰。低丰度的蛋白分析，成为目前技术的短板。同时，某些特殊的蛋白质，如极端酸性、碱性和难溶性蛋白质的分析鉴定仍存在困难。因此，许多重要的蛋白质无法分析，造成数据的不完整。

五、改进的方向和途径

未来蛋白质组学研究技术的发展一方面要发展新的蛋白质组研究技术，增加其灵敏度。同时要将现有的技术进行优化。双向电泳技术正逐渐从目前蛋白质组的主导技术逐渐退至非主流。具有更高分辨率和高通量的分析检测技术，例如蛋白质芯片技术，毛细管电色谱，毛细管电泳，多维色谱，正在被广泛使用。总之，蛋白质组学研究技术，正在发展和完善之中。

微生物是系统生物学研究的理想候选者，系统微生物领域的发展有望带动生命科学研究中具有普遍适用性工具和技术的发展。对于模式微生物蛋白质组学的研究将为原核生物及真核生物提供一个研究基因和基因组功能的平台。

第四节　微生物代谢物组技术的最新发展

代谢物组或代谢组（metabolome）概念的提出沿袭了基因组、转录组和蛋白质组的定义方式，指的是一个（种）细胞或个体内所有小分子代谢物的集合，通常指的是相对分子量 1000 以下的有机分子。针对上述分子的定性、定量研究则被称之为代谢组学（metabolomics 或 metabonomics）。代谢组学概念的两种英文拼写方式是源于早期代谢组学分析针对的对象和使用的手段差异造成的。不同于基因组学或蛋白质组学的检测手段相对比较单一，代谢物之间由于化学组成、物理性质、电荷状态等差异造成了针对不同化合物的检测需要不同的测试手段。比如常见的反相液相色谱(LC)比较适合非极性化合物的分离检测，而挥发性化合物的分离检测常选择气相色谱技术(GC)，核磁共振(NMR)技术则相对不受化合物本身性质的太多限制，但有时会受制于灵敏度的不足。由此出现了以NMR为主流手段针对哺乳动物体液等样品的检测分析的代谢组学和以植物、微生物为主要研究对象、以各种色谱-质谱联用技术为主要检测手段的代谢组学。实际上两种概念之间并无本质区别，学术界也渐渐模糊了两种概念的使用。

理论上，如果能定性、定量一个细胞内的完整代谢组，细胞内处于活动状态的代谢途径或催化酶系将可以被准确推断出来。相对于其他组学而言，从代谢组学研究生物个体具有如下优点：①基因和蛋白水平的微小改变会在代谢物水平得到放大，因而易于检测；②代谢组学分析可独立于全基因组序列信息或大量的表达序列标签等信息的存在；③代谢物的数量远小于一个物种的基因或蛋白质数量；④由于同一代谢物的所有性质不存在物种间差异，因此检测技术平台的通用性更强。代谢组更能反映个体的表型特征。微生物由于结构简单、种类繁多和样品易于获取等特征，十分适合代谢组学分析。根据所分析代谢物的空间分布，将针对细胞内代谢组的分析定义为代谢指纹分析(metabolic fingerprint analysis)；针对细菌分泌到细胞外化合物的检测定义为代谢足迹分析(metabolic footprint analysis)。代谢足迹分析通常只需要简单的离心或过滤除菌就可进行样品分析，因此往往易于进行，但是代谢指纹分析由于需要真实反映取样瞬间细胞内的代谢物水平，因此需要复杂精细的样品预处理过程。

代谢指纹分析过程可简单概括为代谢淬灭(quenching)、代谢物提取(extract)和样品分析三个主要步骤。代谢淬灭的目的是使细胞的代谢活动立即停止，保持细胞内各代谢物的水平保持在取样时的状态，避免发生生物和非生物学改变导致部分代谢物外流或污染外来化合物分子。细胞内，某些底物向其下游产物的转化极为迅速，比如胞内ATP的半寿期仅仅约0.1s。目前常用的淬灭手段主要有低温有机溶剂法(如－45℃甲醇、－80℃乙腈、冷甘油-盐水等)处理，极端温度处理(如液氮、沸水浴)和极端pH(如高氯酸)处理等其主要原理都是通过不同的极端条件处理，尽可能快速灭活酶的活性，使细菌的代谢立即停止。上述方法虽然在灭活酶活性方面行之有效，但是都有可能不同程度地造成细菌胞内代谢物外漏，甘油-盐水虽然能一定程度上克服代谢物外漏，但是残存的甘油会干扰后续分析。目前来看应用最广的是－45℃甲醇处理法，但是该法也会造成诸如乳酸乳球菌等某些菌株的菌体裂解。部分代谢指纹分析采用直接离心取样，但细菌经过离心后，细胞间会残留培养液成分。其中不仅包含培养基成分而且还有细胞外代谢产物，沉淀物经过提取后细胞内外液将无法区别，因此必要的洗涤过程必不可少。真核微生物细胞内存在区域化，转录、翻译、酶活性和生理过程都受区域化影响，所以代谢物浓度的确定最好按不同区域分开测量。就目前而言，由于受分析方法的敏感性和分离过程的复杂性所限，真正实现区域化测量仍难实现。虽然大多数原核微生物细胞内几乎不存在细胞器成分，但是某些内化形式的膜结构仍然存在比如中间体，这会对代谢物测定带来一定影响，必要时可通过控制培养条件加以消除。由于大多数代谢组学分析不会兼顾各种酶的分析，所以某些剧烈一些的化学或物理条件都可以被采用，如果确实受实验条件所限，至少也要保证样品处于低温、代谢不活跃状态。条件允许的情况下，各实验室可针对不同菌株优化出合适的淬灭方法。

代谢淬灭后，下一步就是要进行代谢物提取。目前大部分的提取方法依靠有机溶剂破碎菌体，使细胞内化合物释放出来。常见的有热乙醇法、高氯酸法、氯仿法、酸乙腈法等。

不同方法在提取效率、覆盖化合物种类上差异很大，事实上，由于不同菌种的生理特征、生存环境等差异，目前尚不可能出现一种对所有菌都适合的通用提取方法，多数研究还是以氯仿、甲醇、水提取体系为主。

理论上，取样和淬灭之间最好能实现零时差，事实上多数情况下该要求无法实现。因此，许多集快速取样、淬灭甚至于代谢物提取于一体的新方法也陆续被开发出来。Schaub等人开发了一种集快速取样、淬灭和代谢物提取于一体的新型样品预处理方法。他们利用一根螺旋管与发酵罐连接，该管在取样同时加热到95℃，能够同时实现代谢淬灭与细胞裂解即代谢物提取步骤，该方法能实现每秒5次取样。代谢组学分析也被用于细菌代谢模拟的研究中，其主要目的是对细菌某一代谢过程进行连续动态分析。但是模拟分析的条件需要事先拟合出不同酶促反应动力学参数，一般是通过对稳态培养物施加一个底物脉冲扰动实现。这就要求能在极短时间（毫秒间隔）内完成对样品的多次取样。停流装置（stopped flow apertures）基本能够达到上述要求。比如Buziol等人开发了一套类似装置，在发酵罐顶部施加一个微小压力，该压力可将一定量菌体连同发酵液推入一个含葡萄糖的小装置中，上述过程完成了底物脉冲的施加，同时，与葡萄糖接触的菌液又与5个三通阀门相连，这5个阀门依不同时间间隔打开让菌液流出被收集后置于液氮条件供后续代谢物提取分析。该装置可实现100毫秒间隔的取样。类似地在管路系统中加装氧控和二氧化碳控制装置的取样装置还可实现培养条件的控制，取样口可达11个，适合更广范围的需要。

代谢物分析手段十分多样，分析化学领域内的大部分检测手段都可用于代谢组学分析目的。常用的有NMR、气相色谱-质谱联用（GC-MS）、液相色谱-质谱联用（LC-MS）、毛细管电泳-质谱联用（CE-MS）、薄层色谱等等。NMR的优点是检测速度快而且是无创检测，可针对活体细菌进行，但是传统的NMR技术受制于灵敏度不高的缺陷，但相应的技术改进比如魔角旋转等技术的应用使得NMR的适用性也在不断提高。各种质谱联用技术的优点是既有化合物的分离过程又有化合物的检测。利用质谱检测的精确质量数数据还有助于化合物的鉴定。GC-MS对检测可挥发性化合物较有优势，特别是某些化合物衍生化后也能使其挥发性大大提高，但衍生化步骤的引入导致操作繁琐、定量可比性降低。另外许多热不稳定化合物也不适合GC-MS检测。目前常用的GC-MS技术为电子轰击（EI）离子化技术。在全扫描模式中对洗脱组分具有较高的响应因子。利用GC-EI-四极杆-MS技术的检测限可达0.025-2.0μg/ml。新近出现的GC-TOF-MS技术的检测限可比前者高5-20倍。全二维气相色谱-质谱（GC×GC-MS）技术利用了2根性质不同的柱子进行样品分离，可达到类似二维凝胶电泳的效果，检测峰容量大大提高。如果应用GC×GC-TOF-MS技术，敏感性更高，因为第二维分离峰的宽度很小，通常可使灵敏度提高5～10倍。利用EI的GC-MS的线性范围为$10^{4\sim5}$，而电喷雾离子化的LC-MS可达$10^{3\sim4}$。实际分析过程中要根据实际情况选择分析方法，一般来说，分析方法的检测限越低，该方法对微量组分的检测RSD可能越高。LC-MS则不需要衍生化过程，而且适合不同分离机制的色谱柱种类很多，特别是新近出现的各种细粒径填料的使用，使得分离效率大大提高，已经广泛用于代谢组学分析。依靠传统的LC系统，离子阱LC-MS的灵敏度常可与利用四极杆的GC-EI-MS相媲美。现在满足全组分扫描的MS平台也不断被开发出来，比如线性离子阱LC-MS系统比传统的离子阱LC-MS系统灵敏10～20倍。CE-MS技术灵敏度和分离效率都很高，但是重复性相对较差。然而用于其十分适合芯片实验室（lab-on-chip）的理念，因此仍被广为采用。

代谢组学技术自从进入微生物学领域后，在许多方面发挥了重要作用。比如经验认为同一克隆的所有菌株因具有一致的遗传背景,因此也应具有一致的代谢特征,但是最近通过对 10 个相关克隆而来的大肠埃希菌不同菌株的代谢组学比较研究发现,在葡萄糖限制培养基上生长的这些原本认为具有一致表现的菌株在物质转运和代谢速率方面具有很大差异,其中 177 种被研究代谢物中,仅 68 种无明显差异,其余均表现出受到不同程度影响。研究还证实,各种遗传改造对微生物最大的影响体现在代谢物浓度上而非代谢通量的显著改变。酿酒酵母中存在着磷酸果糖激酶(PFK)的两种同工酶基因-*PFK*26 和 *PFK*27,他们的编码产物为 6-磷酸果糖-2 激酶,催化的反应是连接 EMP 的重要分支途径,而 F6BP 是 6-磷酸果糖-1 激酶的强力激活剂。当 *PFK*26 和 *PFK*27 双双完全失活后,6-磷酸果糖-2 激酶的活性将检测不到,但是仅仅一个基因失活后,仍然能够表现出与野生型类似的生长活性。但是经过对分别失活一个基因的菌株的细胞内代谢组分析后发现,*PFK*26 和 *PFK*27 基因对细胞内代谢物代谢池的影响极其相似,因此可以断定,两者在细胞生理活动中扮演着相同的角色。即使是在只知道其中一个基因的功能的情况下也很容易通过代谢组学分析推断出另一基因的功能。这一技术被称为 FANCY(functional analysis by co-responses in yeast),是一种十分有价值的研究未知基因功能的方法。Saito 等人首先利用酶存在与否对加入的细胞提取物内化合物组分变化的影响对 YbhA 和 YbiV 蛋白的功能进行了分析,发现这两种蛋白兼有磷酸酶和磷酸转移酶的活性,这种基于代谢组学的分析策略被认为是发现新的酶功能的简便有效方法之一。代谢组学的另一重要应用领域就是代谢模拟分析,利用该方法对细胞内可定量的化合物进行广泛检测,然后依据构造的模型可以模拟各种不易于检测的化合物或参数的动态变化,还可以进行代谢控制分析。利用该方法 Teusink 成功揭示出 3 个催化酿酒酵母糖酵解途径的限速步骤。大规模的代谢模拟是构建虚拟细胞系统必不可少的组成部分之一。

第五节　各种微生物组学数据的整合及模型构建及预测

随着实验技术的快速发展,各种组学数据开始变得越来越容易获取,细胞中几乎所有成分和相互作用都有相应的方法进行测定。组学数据获取的高通量化逐渐使我们处于 data-rich 的状态,有效地分析理解这些数据反而成为组学研究的瓶颈。通常,组学数据的分析采用本行业内的成熟的软件,而这些软件往往是针对某一特定类型组学数据而设计开发,如基因芯片数据分析软件、蛋白质组数据分析软件等,侧重于直接分析仪器所产出的数据。我们知道,每个细胞都是一个复杂的系统,各种成分之间存在紧密的相互作用。前面介绍的细胞网络是一个动态变化的过程。生物响应外界环境的信号,启动部分基因的表达,形成一些催化代谢反应的酶类,这些酶催化反应,成为当时代谢网络的主体,同时又受到蛋白质修饰、小分子激活与抑制等调控过程。DNA 合成、mRNA 转录与修饰、蛋白质合成与修饰、酶催化的生化反应、蛋白质与小分子、蛋白质、DNA 的相互作用等,任何一个简单的生物过程,都包含了多种成分的参与。可以想象,单独对一种组学数据(比如转录组)进行分析的方法,割裂了天然地参与细胞活动的他种成分与所分析的组学数据的关系,很难理解生物过程的全貌。

这样看来,集成分析各种组学数据,已经是分析组学数据的唯一正确的手段。然而限于软件分析工具发展的制约,这一领域发展缓慢。现有的集成分析主要还是以静态整合分析为主。静态整合的一个关键是建立一个整合型的细胞网络,其中包括基因组编码的全部生化反应，各级调控关系，相互作用，信号系统，运输系统，以及分区信息等。在这样一个整合细胞网络基础上整合各种组学数据，能够较方便地揭示各种数据之间的因果关系。经过漫长的努力，已经有几个模式生物的整合代谢网络已经初步建立起来，包括大肠埃希菌、酵母菌、人等。这为这些物种的组学数据集成分析奠定了较好的基础。

静态整合分析的另一个关键是软件环境。首先要在统一的环境框架下整合多种数据源和工具，建立统一的数据访问和分析的平台，合理地处理数据集的多样性和复杂性。在2003年，美国加州理工学院Hucka等首次提出SBML（systems biology markup language），即系统生物学标记语言。SBML作为一种机器可读的、基于XML的标记语言，可以描述代谢网络、细胞信号通路、调节网络以及在系统生物学研究范畴中的其他系统，提供了多种数据和模型整合的基础。

很多研究工作致力于整合现有的数据库资源和相关软件，开发了多种基于网络的可视化工具和多组学数据浏览与分析的软件平台，并取得了一定的进展，如Cytoscape和VisANT，都是非常常用的数据整合和可视化工具。加州大学圣地亚哥分校的Baitaluk等建立了名为Biological Networks的服务平台，提供数据分析、信息管理和可视化服务。Biological Networks允许方便的存储、建立和可视化复杂的生物网络，包括基因组规模的蛋白质相互作用、蛋白质-DNA以及基因相互作用的整合网络。该平台的主要优点是可以满足高通量数据显示和分析的需求，将基因或蛋白质的表达谱同时对应到调控、代谢和细胞网络中。与以往通过客户端图形操作引擎以及嵌入式的功能模块实现操作不同，Biological Networks作为一个服务器端的图形和关系查询引擎优化了各种操作。美国系统生物学研究所Shannon等则采用了一种简单的开放的Java软件环境，整合了更多的数据库和软件，建立了名为Gaggle的通用整合平台。他们证明使用名称、矩阵、网络和相关阵列四种简单的数据类型足以把不同的数据库和软件整合到一起。Gaggle整合了多种数据库（如KEGG、BioCyc、String）和软件（Cytoscape、DataMatrixViewer、R statistical environment和TIGR Microarray Expression Viewer），允许同时访问实验数据、功能注释、代谢通路以及Pubmed摘要，提供了一个对生物学家和计算生物学家都很有用的平台。

虽然上述众多的整合工具的出现有助于解决数据整合问题，但是这些工具的共同特点是从网络层次上简单的整合不同数据源，提供方便的数据浏览和可视化，还很难从生物学水平上为生命活动的深入理解提供大的帮助。随着数据整合方法研究一步步深入，和各种定量数据，特别是分子间相互作用数据的大量涌现，预计在数据的动力学和统计学分析处理上，必将产生新的方案，最终解决生物系统的动力学模拟和仿真问题。

第六节　成功应用案例

微生物基因组学是系统生物学的基础和最重要的组成部分。基因组数据允许我们快速重建细胞网络（包括代谢网络和调控网络等），进行各种理论预测，促进在转录组、蛋白质组和代谢物组水平对微生物的生理和代谢特征进行整体分析，帮助功能基因组学对基因的功能进行鉴定，使代谢工程操作的目的性更加明确。比较基因组学是基因组分析的一个有效手段。通过对黑曲霉与其他真菌的比较基因组分析，研究人员重建了黑曲霉的蛋白质分泌系统，指出了数个可能与黑曲霉高效分泌蛋白有关的组分。结合代谢网络重建和比较，黑曲霉过量积累柠檬酸的机制也得到了初步阐明。通过对野生型谷氨酸棒杆菌 *Coryne-*

bacterium glntmicum ATCC 13032 及其赖氨酸高产菌株的基因组数据进行比较分析，Ohnishi 等鉴定了几个可能与高产特性有关的点突变，将这些点突变引入野生型菌株，成功地构建了同样高产、而发酵周期缩短一半的菌株。

基因组是全部静态遗传信息的载体，转录组则是细胞动态响应环境变化、发挥其生理机能的第一步。基因的转录调控是细胞所有调控方式中最广泛的一种，特别是对原核生物来说，转录调控占了全部已发现的调控关系的 90%以上。因此，转录组的研究是研究细胞生理代谢调控的重要手段。通过比较基因工程菌株与生产菌株在转录水平上的差异，Ohnishi 等又发现了另一个代谢工程改造位点 leuC，敲除这一基因使得赖氨酸的产量再提高 14%。韩国 Sang Yup Lee 研究小组最近用代谢工程方法改造大肠埃希菌来生产缬氨酸。通过去除分支代谢(营养缺陷型)、去除反馈抑制和过量表达合成途径相关的酶，得到了一个产生缬氨酸 1.31 g/L 的菌株。通过对工程菌和野生型菌株的转录组进行比较分析，鉴定出全局调控基因 lrp 和缬氨酸运输基因 ygaZH，作为进一步改造的靶点，过量表达这些基因使得缬氨酸的产量再加倍。通过对大肠埃希菌大规模代谢网络的计算模拟，进一步鉴定了数个需要敲除的基因，最后获得了缬氨酸对葡萄糖得率为 0.378 g/g 的高产菌株。

蛋白质是生命活动中的主要执行者，对细胞的蛋白质组进行分析，是全面理解整个生命过程的重要环节。基因是遗传信息的源头，功能性蛋白是基因功能的执行体、是各种生命活动的直接分子基础，多数细胞代谢活动直接或间接由蛋白介导，全面了解基因组所表达的所有蛋白质(即蛋白质组)有助于进一步理解细胞代谢状态。Han 对高产人瘦素的重组大肠埃希菌的蛋白质组学分析表明，丝氨酸生物合成途径中的一些酶的表达水平明显降低，暗示丝氨酸家族氨基酸可能是限制因素，共表达蛋白质组学分析发现的下调酶编码基因 *cysK*，细胞生长和人瘦素产量分别提高了两倍和四倍。Münchbach 等对大豆慢生根瘤菌(*Bradyrhizobium japonicum*)的热休克应答进行研究，发现其表达一些已经确定与热休克有关的大分子热休克蛋白，同时发现了与热休克应答有关的新的小分子热休克蛋白是对热休克应答研究的有益补充。

代谢组学通过考察生物体系受刺激或扰动后(如将某个特定的基因变异或环境变化后)其代谢产物的变化或其随时间的变化，来研究生物体系的代谢途径。代谢流组描述的是所有代谢反应的速率。很多工业生物过程关注代谢的流向和速度(影响产品的产率和得率)，所以代谢流组长期以来一直是代谢工程学者获得代谢途径改造思路的重要手段。在利用土曲霉菌生产具有降血压作用的功能性红曲洛伐他汀时，Askenaz 运用代谢组测定方法定量分析了该菌株发酵液中的聚酮衍生物还包括硫赭曲菌素等，聚酮合酶基因阻断后的突变株可以理性的消除硫赭曲菌素等的产生，从而提高洛伐他汀的产量。在利用谷氨酸棒杆菌生产赖氨酸中，Wittmann 及合作伙伴研究了赖氨酸产生谷氨酸棒杆菌在分批培养过程不同阶段的转录组、胞内代谢物浓度和代谢流组，发现一些基因的表达与代谢流量有强的相关性，如葡萄糖-6-磷酸脱氢酶。通过比较以葡萄糖和果糖为碳源时代谢流量的变化，提出了过量表达果糖-1,6-二磷酸去磷酸化酶以增强五碳糖途径的策略。过量表达葡萄糖-6-磷酸脱氢酶和果糖-1,6-二磷酸去磷酸化酶后，赖氨酸产量提高了 70%。

由于生物系统的各种组分组成一个相互作用、相互依赖的网络，各种组学数据必须在网络的框架下进行分析和整合，其结果才能得到合理的解释。不同层次的、基于网络的数据整合和分析，也有助于改进对网络模型的结构(相互作用关系)和动力学的认识。不断优化网络模型，使网络模型无限趋近于系统的真实情况，模型的预测能力也就越来越强。

根据基因组注释数据重建静态的代谢网络已经是比较成熟的技术。大肠埃希菌、植物乳酸杆菌、枯草芽孢杆菌、谷氨酸棒杆菌、酵母菌、黑曲霉、丙酮丁醇梭菌等许多重要的工业微生物的高分辨率代谢网络都已经建立。Sang Yup Lee 的研究组测定了牛瘤胃细菌 *Mannheimia succiniciproducens* 的基因组序列，并重构了包括 373 个反应、375 个代谢物的代谢网络。代谢流量分析表明，CO_2 消耗、PEP 羧化酶反应与琥珀酸生成密切相关。基于代谢网络的分析结果，他们敲除了代谢副产物甲酸、乙酸和乳酸生成的代谢途径，在分批补料培养条件下，琥珀酸产量达到 52.4 g/L，对葡萄糖转化率达到 1.16 mol/mol。该研究组最近重新升级了该菌株的代谢网络，反应总数达到 686 个。基于新网络的基因敲除预测与上述工程菌的实际测量结果很好地吻合。

尽管对代谢途径酶的编码基因进行直接操作可以改变代谢流的方向，人们逐渐认识到，对代谢网络进行简单的操作并不能获得所有的表型。当需要同时对数个途径进行操作时，直接操纵调控因子可能更加有效。最近，美国系统生物学研究所以极端嗜盐菌为研究对象，测定环境因子和 32 株基因敲除工程菌共计 266 种组合下转录组的稳态或动态变化，获得的数据用于驱动建立一个响应 9 种环境因子和 72 个转录调控因子的动态调控网络模型，该模型能够很好地预测另外 147 个独立实验获得的转录组数据，表明这个由数据驱动建立起来的调控网络已经相当完备。

系统生物学各种原理和方法不能割裂起来运用，只有整合起来，才能获得对工业微生物系统真正的理解和正确的设计，起到 1＋1＞2 的效果。在研究中通常同时会用到多种组学分析技术。在基因组和代谢数据库 ERGO 和大肠埃希菌代谢和调控数据库 EcoCyc 的支撑下，杰能科公司对各个组学水平的数据进行了有效的整合和模拟，预测改造大肠埃希菌生产 1,3-丙二醇的最优代谢和调控网络。研究了超过 200 个基因，对 70 多个大肠埃希菌的基因进行单个或组合的修饰，最后得到的工程菌中有 18 个基因被敲除或过量表达。该生物路线生产的 1,3-丙二醇完全具备了与石油路线产品竞争的能力，2006 年底已顺利实现工业化生产，创造了一个应用现代系统生物技术构建新型细胞工厂的范例。

执笔：宋亚囝、高　鹏、孙际宾

讨论与审核：张延平、蔡　真、柳国霞

资料提供：董红军、宋亚囝、高　鹏、孙际宾

参考文献

刘伟，朱云平，贺福初．2007. 系统生物学研究中不同组学数据的整合．中国生物化学与分子生物学报，23(12)：971～976

Boles E, Gohlmann HW, Zimmermann FK. 1996. Cloning of a second gene encoding 5-phosphofructo-2-kinase in yeast, and characterization of mutant strains without fructose-2, 6-bisphosphate. Mol Microbiol, 20: 65～76

Kretschmer M, Fraenkel DG. 1991. Yeast 6-phosphofructo-2-kinase: sequence and mutant. Biochemistry, 30: 10 663～10 672

Kretschmer M, Tempst P, Fraenkel DG. 1991. Identification and cloning of yeast phosphofructokinase 2. Eur J Biochem, 197: 367～372

Maharjan RP, Seeto S, Ferenci T. 2007. Divergence and redundancy of transport and metabolic rate-yield strategies in a single *Escherichia coli* population. J Bacteriol, 189: 2350～2358

Paravicini G, Kretschmer M. 1992. The yeast FBP26 gene codes for a fructose-2, 6-bisphosphatase. Biochemistry, 31: 7126～7133

Raamsdonk LM, Teusink B, Broadhurst D, et al. 2001. A functional genomics strategy that uses metabolome data to reveal the phenotype of silent mutations. Nat Biotechnol, 19: 45～50

Rabinowitz JD, Kimball E. 2007. Acidic acetonitrile for cellular metabolome extraction from *Escherichia coli*. Anal Chem, 79: 6167～6173

Saito N, Robert M, Kitamura S, et al. 2006. Metabolomics approach for enzyme discovery. J Proteome Res, 5: 1979～1987

Schaub J, Schiesling C, Reuss M, et al. 2006. Integrated sampling procedure for metabolome analysis. Biotechnol Prog, 22: 1434～1442

Taylor J, King RD, Altmann T, Fiehn O. 2002. Application of metabolomics to plant genotype discrimination using statistics and machine learning. Bioinformatics, 18 Suppl 2: S241～S248

Teusink B, Passarge J, Reijenga CA, et al. 2000. Can yeast glycolysis be understood in terms of in vitro kinetics of the constituent enzymes? Testing biochemistry. Eur J Biochem, 267: 5313～5329

Tian J, Sang P, Gao P, et al. 2009. Optimization of a GC-MS metabolic fingerprint method and its application in characterizing engineered bacterial metabolic shift. J Sep Sci, 32: 2281～2288

van der Werf MJ, Jellema RH, Hankemeier T. 2005. Microbial metabolomics: replacing trial-and-error by the unbiased selection and ranking of targets. J Ind Microbiol Biotechnol, 32: 234～252

van der Werf MJ, Overkamp KM, Muilwijk B, et al. 2008. Comprehensive analysis of the metabolome of Pseudomonas putida S12 grown on different carbon sources. Mol Biosyst, 4: 315～327

Villas-Boas SG, Bruheim P. 2007. Cold glycerol-saline: the promising quenching solution for accurate intracellular metabolite analysis of microbial cells. Anal Biochem, 370: 87～97

Visser D, van Zuylen GA, van Dam JC, et al. 2002. Rapid sampling for analysis of in vivo kinetics using the BioScope: a system for continuous-pulse experiments. Biotechnol Bioeng, 79: 674～681

第三篇 战 略 篇

我国微生物领域技术方法创新的发展战略

第一章

我国微生物学科和产业发展对技术方法创新的迫切需求、目标和工作重点

第一节 微生物学科发展对技术方法创新的需求

微生物学(microbiology)是研究微生物及其生命活动规律的科学,作为一门科学,已经历了100多年的艰难曲折的漫长进程,在整个生命科学中具有重要地位,微生物学一直是生命科学主流中一个非常重要的分支。如果说生命科学是当今发展最为迅速、最具影响力的自然科学领域的话,微生物学则是其中最为活跃、最具创新性的发展前沿之一。微生物不仅是研究生物学,特别是分子生物学基本规律的理想材料,而且由于它们代谢能力强、功能各具特色、产物多种多样,因此在农业、医学、食品及工业中的应用越来越受到人们的关注。日本学者尾形学曾说过"在近代科学中,对人类福利最大的一门科学,要算是微生物学了"。

一、现代微生物学的特点和发展趋势

现代微生物学科包括许多分支学科,从应用角度来分,主要是工业微生物学、农业微生物学、医学微生物学和环境微生物学等;而从基本理论来看,主要包括微生物分类学、微生物生理学、微生物遗传学、微生物生态学和分子微生物学等分支学科(图3.1.1)。

微生物具备生命现象的共性和特性,是进一步解决生物学重大理论问题(如生命起源与进化等)和实际应用问题(如新的微生物资源的开发利用等)的最理想材料。当前,由于分子生物学研究的逐步深入,各种新方法、新技术在微生物学研究中的广泛应用,各学科间的积极渗透和交叉,以及生产实践中大量有关问题的提出,为微生物学的发展提供了巨大的推动力。现代微生物学具有以下特点和发展趋势:

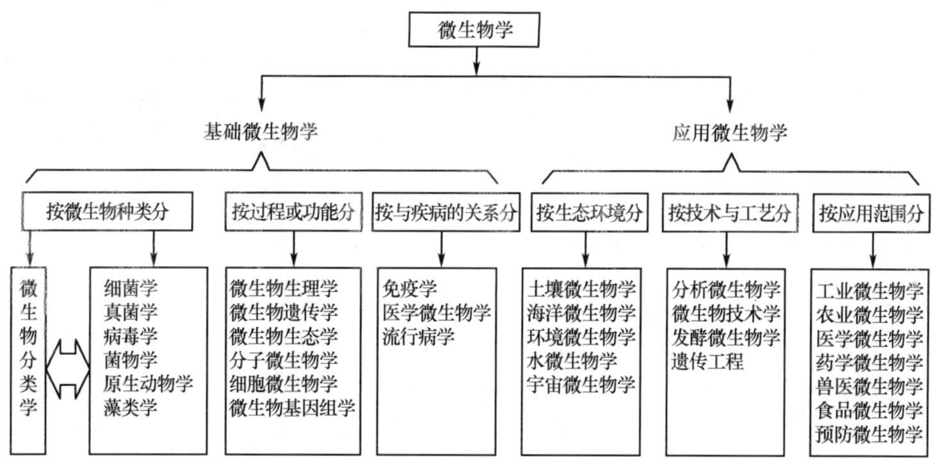

图 3.1.1 现代微生物学科分类

(一) 微生物资源的开发仍然是重点

微生物菌种资源是微生物学的基础,但人类对丰富的微生物资源的开发工作还处于起步阶段。据统计,微生物界(包括病毒在内)的物种总数应大大超过动、植物界物种总数之和(目前约知道有 150 万种),可是目前前者的研究还不到后者的 10%。而在人类认识的微生物中,被人类利用的种数还未超过 1%。至于对微生物特种代谢类型,例如极端环境下微生物的开发等,还停留在起跑线上。因此,对于微生物资源的挖掘,包括新微生物菌株的分离和培养、微生物菌株的分类和鉴定等,仍将是微生物学发展的基础和重点。

(二) 研究向着分子水平纵深发展

随着分子生物学的飞速发展,当前微生物领域中几乎所有问题都深入到了分子水平的研究,诸如细胞构造和功能;微生物对营养物质的吸收机制;生长、繁殖和分化;代谢类型、途径和调控;遗传、变异和进化,传染和免疫;以及分类和鉴定等等。随着分子生物学技术的进一步发展,可以帮助我们更好更深入的在细胞和分子水平上了解微生物的生理与功能,因此目前分子微生物学仍然是微生物学领域的热点之一。

(三) 微生物学与其他学科的渗透、交叉和融合

各学科间的相互渗透、交叉和融合,不仅能产生一系列新概念、新理论和新技术,而且会形成一系列具有旺盛生命力的新的边缘学科。这或许就是学科间的"互补"或"共生"效应的一种体现,例如分析微生物学、微生物数值分类学、微生物地球化学、微生物生物信息学、微生物地理学等等。随着化学、物理学和计算机科学等学科的快速发展,微生物学与其他相关学科的交叉和融合会越来越多,势必会形成更多的新的边缘学科,继而产生一批新的微生物学研究方法和技术,从而推动微生物学的进一步发展。

(四) 新技术、新方法在微生物学中的广泛应用

现代数、理、化和多门工程技术学科的发展为微生物学的发展创造了空前的有利条件,主要体现在新方法、新技术、新仪器、新装备和新试剂的提供上。例如同位素标记技术,电

子显微镜技术,X 射线衍射技术,超离心技术,电泳技术,层析技术,质谱技术,分光光度计技术,细胞破碎技术,免疫学技术,氨基酸自动分析技术,核酸自动合成技术,蛋白质或核酸的顺序测定技术,微生物快速鉴定技术,微量物质的分离、纯化和测定技术等等。这些技术的广泛应用,大大促进了对微生物细胞的结构与功能的研究,把原来以静态、描述、定性为主的研究逐步提高到以动态、定量、定序和定位的新研究水平上。

(五) 向着复合生态系统和宏观范围拓宽

微生物在整个生物圈中生存范围最广、最立体化。近些年来随着微生物学的发展,人们的兴趣开始逐步转向更广、更不易触及的空间和各种复合生态系统,接踵而来的就是又一批新学科的诞生和发展。例如极端环境微生物学,地下生态学,土壤微生物生态学,海洋微生物生态学,大气微生物生态学等等。新学科的出现随即提出了新的微生物学问题。

(六) 基因组和功能基因组研究促进微生物学的发展

随着基因组和后基因组时代的到来,对微生物进行基因组和功能基因组研究,从而解析未知基因的功能,是其他高等生物望尘莫及的,也使得微生物学学科继续在生命科学领域里发挥先导作用。通过开展微生物基因组和功能基因组研究,对微生物进行生理与代谢、遗传与发育的综合研究将不可避免地成为微生物学研究的热点。而多基因共同参与的对微生物生命现象(系统进化、生理与代谢、遗传与发育)的整体调控研究将成为微生物学学科的发展趋势。

(七) 应用性高技术微生物学分科正在形成

微生物学是一门高度扎根于生产实践的学科。当代应用微生物学所包括的分支学科越来越多,它们具有交叉性强、自觉度高和覆盖面广等特点,一批标以“工程”名称的学科就是其中的代表,例如基因工程、细胞工程、生化工程、酶工程、蛋白质工程和代谢工程等等。

二、我国微生物学科发展趋势和对技术方法创新的需求

新中国成立以来,微生物学在我国有了划时代的发展,现代的发酵工业、抗生素工业、生物农药等工作已形成一定规模,特别是改革开放以来,我国微生物学无论在基础理论研究,还是应用研究方面都取得了重要的成果。然而,由于历史等原因,目前我国微生物学离国际先进水平还有很大差距。对于我国微生物学科的发展,必须从我国具体国情出发,在有限的条件下,集中主要人力物力,攻占一些具有我国特色,又有一定基础,在学术上和经济、社会效益上较明显的少数项目作为突破口,然后带动其他方面研究,再逐步扩大战果。目前我国微生物学发展主要体现在多样性微生物资源发掘,极端环境微生物的认识和利用,微生物生理代谢与发酵工程,微生物生态学,环境微生物学和生物修复,微生物地理学与生物进化,微生物基因组学以及系统生物学等方面,而对于微生物技术方法的创新需求也相应体现在这些方面。

(一) 多样性微生物资源发掘

现在尚没有可行的方法评价微生物遗传资源的价值,而其分布之广令人叹为观止。目前已知的细菌不足 6000 种(估计在 30 000 种以上),真菌不足 80 000 种(估计在 1 500 000 种),目前为人类所了解的数目约占总数的 5%;仅有约 1%保存于世界各地的菌种中心,并被开发利用。大量的微生物种类只能在自然界中生存活动,而无法在实验室里分离、培养和研究。我

国土地广袤，地形复杂，地跨寒、温、热三带，生态环境多样，是一个难得的微生物资源大国。然而，目前资源调查与分类鉴定队伍薄弱，技术较落后，发表的成果较少。据统计，我国目前研究过的细菌和真菌数均仅占全世界已知数的5%～10%。在这一领域内，我们要努力调查有我国特色和应用前景的菌种资源，并借此来带动形态、分类和鉴定(尤其是新的鉴定手段)工作的开展。而现有的微生物分离培养和分类鉴定技术仍然还停留在传统经典的方法层面，这制约了新的微生物种类的发现和鉴定，因此创新的微生物资源挖掘技术亟待实现突破。

(二)极端环境微生物的认识和利用

极端环境微生物是生命的奇迹，蕴涵着生命进化历程的丰富信息，代表着生命对于环境的极限适应能力，是生物遗传和功能多样性最为丰富的宝藏。研究极端环境微生物的基本生物学特点及适应机制，对于揭示生物起源的奥秘和发展的规律、阐明生物多样性形成的机制和动力、认识生命与环境的相互作用、尤其是与地球化学变化之间的关系具有极为重要的意义，同时也将大大促进极端环境微生物资源在生物技术产业中的利用(包括极端酶及其他功能基因)。因此近年来极端微生物研究逐渐成为微生物学发展的重点领域。我国具有大量不同类型的极端地域环境(包括热泉、盐碱湖、冰川等)，为极端微生物的研究提供了资源基础。发展极端微生物资源收集，极端功能基因挖掘与应用，极端微生物嗜极生理机制和分子遗传学等研究，将是我国目前在极端微生物研究领域的重点。这就要求我们在极端微生物的分离培养，极端环境功能基因筛选，极端微生物遗传操作系统构建等技术方法上有所突破和创新。

(三)微生物生理代谢与遗传

微生物代谢可塑性强，其次级代谢产物的化学结构和生物活性的多样性难以估计，是一般合成化合物和组合化学产物所不能比拟的，几乎所有种类的药物筛选模型都能从微生物中筛选到活性物质。而微生物产生的各种酶类不仅在其在生理代谢过程中起着至关重要的作用，同时作为高效的生物催化剂在工业生产中得到广泛应用。微生物适应环境的广泛性和生命策略的多样性，为人类社会的可持续发展和科学进步提供了良好模式，也为人类社会发展和文明进步提供了无穷的物质源泉。随着分子生物学的发展，传统上的生理学和遗传学的交叉融合越来越多，微生物生理与代谢研究已是生化研究与分子代谢及遗传分析的结合。尽管我国已在该领域做了大量工作，但整体研究水平不高，高水平基础性研究匮乏，研究手段和方法相对落后。

(四)微生物生态学

微生物生态是研究微生物及其生存环境间相互作用规律的科学。研究微生物生态活动的规律有着重要的实践意义：了解微生物的生态分布及生命活动规律，有助于开发新的微生物资源，并为生物进化研究提供理论基础；了解微生物间及微生物与其他生物间的相互关系，有助于微生物在工农业生产上的应用；了解微生物在自然界物质转化过程中的作用有助于发展综合利用，为净化和保护环境提出理论依据和各种技术措施。我国土地广袤，是一个生物资源大国，因此微生物生态学的发展至关重要。而在微生物生态学的研究领域内，深入的工作还较罕见，有大量的工作等待着人们去研究。例如土壤中微生物新类群的调查，土壤微生物的群体结构与功能；共生和致病微生物与宿主相互识别的分子基础；用微生物防治病虫害的理论基础；我国传统酿造中的微生物生态问题；微生态学的研究；霉腐微生物的种类、霉腐机制和防治方法；重要致病菌在自然界的生存状态；瘤胃、盲肠(马等)、蟑螂肠道的微生物区系及其分解纤维素的机制;厌氧降解生态学,顽固性有机物降解菌,"三废"的综合利用;海洋微生物生态学等等。这也将促使我国在微生物生态学研究方面方法与技术的进一步发展和创新。

(五)环境微生物学和生物修复

我国是世界上环境污染最为严重的国家之一,从城市到乡村,我国的大气、河流、湖泊、海洋和土壤等均受到不同程度的污染,环境治理工作日趋重要。微生物种类丰富、变异快、代谢方式丰富多样,参与了上千万种人工或自然的有机物的转化,作为生态系统的重要成员必将在环境保护中发挥重要作用。从20世纪60年代开始,环境微生物学和微生物修复的发展已经取得了显著的成绩。目前已经研究清楚了1000余种化合物的100多条微生物代谢途径,鉴定了700多种降解酶,发现了一大批原来的未培养微生物资源。微生物修复技术已经应用于环境中有机化合物、重金属污染物的清除;微生物处理工程广泛应用于工业生活废水的生物处理。环境微生物学及生物修复其技术的发展为人类健康和环境的可持续发展做出了巨大贡献。由于分子生物学及其新技术不断发展,使得环境微生物学研究一方面迅速向纵深发展,从细胞水平、酶学水平逐渐进入到基因水平、分子水平和后基因组水平;另一方面环境微生物学的研究领域也大大拓宽了,研究不仅包含原有的土壤、大气、水环境,而且进入了强酸、强碱、高温、严寒和高辐射等极端环境领域。环境微生物学发展面临重大机遇,同时环境微生物学工作者也面临更大的挑战。虽然我国环境微生物学和生物修复技术取得了一些成果,但和世界先进水平相比还有一定差距,生物修复技术的发展还比较缓慢,因此紧紧围绕环境微生物学的前沿基础理论和我国的实际需求,通过学科交叉和理论创新,加快我国的环境微生物学和生物修复技术的发展。

(六)微生物生物地理学

生物地理学是研究生物(包括种群、群落等不同层次)的地理分布格局及成因的科学,是生物学与地理学的交叉学科。长期以来,不同的研究者在对动物和植物空间分布格局深入观测和研究的基础上,提出许多解释这种空间分布格局形成和维持机制的假说和理论,推动了生物地理学的发展。相对于大型生物(动物和植物)而言,微生物(古菌、细菌及微型真核生物)生物地理学的研究十分薄弱,甚至对微生物是否存在一定的地理分布格局都存在广泛争论,许多适用于大型生物的传统生物地理学理论也未能在微生物中得到很好的验证。我国具有广袤和复杂的地形以及多样的生态环境,包括丰富的微生物资源,在微生物生物地理学研究方面具有很好的天然条件。然而我国微生物生物地理学研究起步较晚,在理论和技术各方面还需要进一步的发展。

(七)微生物基因组学以及系统生物学

测序技术的大发展带来了微生物学研究的基因组和后基因组时代,使得微生物学的研究完全进入到分子水平和开始进入组学研究。微生物完整的基因组序列提供了丰富的信息资源,为发现新的特殊功能基因和深入全面研究微生物提供了最大可能性。目前NCBI数据库中已经收录了超过1800个各种微生物的基因组序列,大量基因组序列的积累,促进了比较基因组学、蛋白质组学、转录组学等组学以及生物信息学的发展,而这些学科的发展直接促使系统生物学的诞生。系统生物学是研究一个生物系统中所有组成成分(基因、mR-

NA、蛋白质等)的构成,以及在特定条件下这些组分间的相互关系的学科,作为后基因组时代的新秀,系统生物学与基因组学、蛋白质组学等各种“组学”的不同之处在于,它是一种整合型大科学。无论是基因组学还是系统生物学,都为微生物学的研究和发展开辟了一个新的模式。近些年来微生物基因组学发展迅速,我国也已完成许多微生物基因组的测序,然而在基因组序列信息分析方面仍然与国际上存在差距。而系统微生物学更是刚刚起步,还需要继续加大在这些领域的投入。

第二节　我国生物产业发展迫切需要微生物技术方法的创新

能源和资源短缺与环境污染已经成为制约我国经济持续发展、影响我国国家安全的重大战略问题。预计到2020年我国石油缺口将达到2.5亿吨。我国的煤炭、天然气资源储量也同样不能满足我国长期的、快速增长的资源与能源需求。一个稳定、安全和可持续的国家经济体系不能过于依赖进口能源,更何况全球化石资源也是日渐枯竭。寻求不可再生资源的替代、实现能源供应的多元化,是我国经济发展中艰巨而紧迫的任务。

利用微生物技术进行生物基产品与生物能源的生产、制造和应用,可以减少人类对环境20%~60%的影响。这在很大程度上是因为生物体将生物质原料转化为生物基产品的过程,从生化反应循环的角度是一个不净排放CO_2、甚至减少CO_2排放的过程。例如,通过人工合成细胞实现生物制造的第一例大宗化学品——1,3-丙二醇,其生产工艺与化工方法相比,减少了化石原料和助剂的使用,致使CO_2排放降低63%,原料成本下降37%,能源消耗减少30%。在丁二酸的生物合成过程中,通过对CO_2的固定,每生产1吨生物基丁二酸可吸收0.37吨CO_2。OECD对6个发达国家的分析数据表明:生物基产品相对于石油基产品,可使CO_2减排50%~70%,能耗降低15%~80%、废水减排33%~80%,整体成本降低9%~90%。到2030年,预期可以削减10亿~25亿吨CO_2的排放。利用可再生碳资源发展低碳生物制造,为从根本上降低温室气体排放对环境的冲击提供了可能。然而,现在能够利用生物质原料和含碳气体原料高效合成生物基产品的自然生物体还很少。基于合成生物学技术,设计、改造甚至合成新的人工细胞工厂,将理论上可能的生物合成路线在实践中变为可行,是我国生物产业发展对微生物技术方法创新的重大战略需求。

目前我国主要传统生物技术产品的年产值高达6600亿元,在国民经济中占有较高的比重,但存在着高生产成本、高资源消耗和高环境污染等问题。我国具有国际上工业发酵产业中的所有主要产业,就其规模而言,某些产业在世界上占有举足轻重的地位,并在生物基化学品、生物基材料、酶制剂、大宗发酵产品、精细化学品等领域已经掌握一批关键技术,但整体上与世界先进水平相比仍有较大差距。微生物工程菌与新型酶制剂的开发、产业化和工业规模应用明显落后于国外,特别是分子生物学、系统生物学、合成生物学技术在工业生物体改造与应用方面严重滞后;在化学品制造领域,则基本停留在利用传统发酵技术生产简单代谢物的低端技术水平上;在重要化学中间体、精细与特殊化学品等未来高附加值产品研发上落后于发达国家10年以上,我国企业利润率普遍低于国外企业,在全球经济竞争中存在着巨大的风险,迫切需要基于微生物基因组与系统生物学、合成生物学为基础的现代生物制造技术的发展,提高产业技术水平,增强国际竞争力。

气候变化,环境危机,能源资源短缺正在引起世界范围内产业格局的深刻变革。生物产业具有高效、绿色、低碳、可持续等特征,已经成为全球性的战略性新兴产业,呈现出高速增长的态势。加快培育和发展生物产业，提升我国微生物产业自身技术水平，是突破经济发展的资源环境制约、构建可持续的现代化发展之路的迫切需求。

一、解决能源和资源问题

当前石化资源和能源的开发利用是世界工业生产和制造进行的原动力，是现代人类文明进步的重要保障。改革开放三十多年来经济的高速发展，已使我国成为石化资源和能源的消耗大国。2009 年我国进口原油占需求总量已经超过了 50％的警戒线。在我国每年近 4 亿吨的石油消费中，50％用于工业，仍然不能满足对资源和能源的需求。另外目前我们所面临的环境危机直接或间接与石化资源的加工和使用有关。例如石化燃料燃烧后放出大量 CO_2，SO_x，NO_x 等被认为是形成局部环境污染，产生酸雨以及温室气体等环境问题的根源。目前工业的生产和制造模式是不可持续的，必须要进行彻底的变革。2009 年，我国 CO_2 排放总量达 74.3 亿吨，占全球 CO_2 排放量的 23.7％，居全球首位。到 2020 年要实现单位国内生产总值 CO_2 减排 40％～45％的目标，面临巨大压力和特殊困难，仅靠现有工业体系的节能减排是难以实现的。因此为了满足社会经济健康发展的强烈需求，寻找资源和能源的新来源，减少对石油资源的依赖，建立新一代工业生产、加工和制造模式，已经成为我国经济社会进一步发展的迫切需求。

为了从根本上降低对石化资源的需求，减少 CO_2 的净排放，必须需要利用太阳能和可再生生物质资源，逐步实现对石化资源的替代。要实现太阳能和可再生生物质资源在工业生产和制造体系的开发应用，发展工业生物技术，特别是微生物制造技术是关键。工业生物技术是现代生物技术在工业生产和制造过程的应用，主要以微生物细胞或酶为催化剂进行的物质和能源转化，大规模生产人类所需的化学品、能源、材料等，是解决人类目前面临的资源、能源及环境危机的有效手段。工业生物技术带来洁净，环境友好的生产过程，同时生产出尽可能少的废物和废水，降低生产过程的能源消耗。

工业生物技术的发展很大程度上依赖于具有重要工业应用性能的微生物及酶的开发。但作为一个新兴领域，工业生物技术的发展还有许多问题需要解决，包括生物加工和制造过程的效率还不够高，利用可再生生物质资源的能力还很低，可以生产和制造产品的产量和种类还不足。这些问题的有效解决离不开基础学科的建设和技术的发展。随着生物科学理论与方法的不断发展，特别是随着以微生物为主的工业生物体在利用可再生资源可持续地生产生物产品方面的产业规模不断扩大，生物科学的影响已经突破传统的医学和农业领域，逐步扩展到食品、烟草、饲料、化工、能源、材料、环保、轻纺、冶金、采矿、采油等诸多工业领域。因此，这些进展和突破预示着面向工业领域应用的工业生物科学可以通过发展新一代可持续的工业生物生产和制造技术，提供全新的解决方案解决人类面临的资源和能源问题。

二、促进加工方式的变革改善环境问题

生物制造用可再生生物质资源，包括糖、油脂、非粮生物质、有机废弃物，甚至工业废气、CO_2 等，生产一系列能源与化工产品，生产与石油炼制类似的基本化工原料、溶剂、表面活性剂、化学中间体，以及塑料、尼龙、橡胶等高分子材料。理论上 90％的传统石油化工产品都可以由生物制造获得。我国微生物技术在工业生产和制造业领域中的应用仍处于初期阶段。酶和微生物等生物体在工业生产和制造体系中的行为规律还远未被人们认识，生

物体解决工业可持续发展问题的能力还远未得到充分挖掘和利用。随着经济、社会发展对建立绿色、可持续工业体系的迫切要求，工业生物科学家面临着如何设计、改造、合成具有新工业应用属性的酶或生物体的严峻挑战。因此，迫切需要发展适应工业可持续发展需求的工业生物科学的研究，从而提供在工业环境下理解、改变生物体行为规律的理论、方法和技术，满足社会经济可持续发展对新一代工业生物技术的实际需求、提高国际竞争力。

加强工业生物科学研究，开发和完善新一代工业生物技术来设计改造工业生物体，不仅使生物体能够高效利用原来不能利用的生物质资源及其组分，也使生物体高效合成原来不存在，或者原来制造效率很低的石油化工产品或其功能替代品成为可能。这样，汽油、柴油、塑料、橡胶、纤维以及许多大宗的传统石油化工产品都可以被来自可再生原料的工业生物生产或制造产品所替代。从而基于先进生物燃料、先进生物材料和先进生物基化学品的新兴战略性工业生物产业将孕育而生。工业生物制造将使更多的传统化学制造过程被生物制造过程所替代，促进高温高压、高污染、高能耗、高水耗的化学工业过程，不断向条件温和、清洁环保的生物制造过程转移，从而实现化工产品的生产路线变革及医药、纺织、制革、苎麻、采矿工业的生产方式变革，促进节能减排。

三、提升产业绿色指数

我国是一个发酵工业大国，具有国际上工业发酵产业中的所有主要产业，就其规模而言，某些产业(如谷氨酸、柠檬酸、维生素 C 等)在世界上占有举足轻重的地位，但技术水平特别是发酵水平与发达国家差距较大，在全球经济竞争中存在着巨大的风险，企业利润率低于国外企业的 2～4 倍。以鸟苷为例，我国企业通过多年发展形成的集成技术优势，占领了全世界 80%的市场。但日本、韩国发展的新一代鸟苷基因工程菌，成本显著降低，使我国鸟苷企业面临着巨大的市场风险。由于总体技术水平与国外的差距，我国的发酵产品生产成本明显高于国外，既难以打入国际市场，也难以抵挡国外产品进入国内市场。大宗生物产品生产过程大多较为粗放，资源及能源消耗偏高，环境污染较为严重。我国工业生物新产品的转化能力差，缺少有自主知识产权的产品中试、放大技术体系和平台，不能迅速把实验室成果转化为工业产品，致使我国许多工业生物技术与发达国家相比普遍存在能耗高、资源综合利用率低、环境污染严重、产品质量差、工业放大周期长等问题，例如，我国较国外先进水平工业原料利用率低 10%～20%，产品回收率低 5%～15%，而能量消耗高 20%～30%，操作方式粗放，排污严重；又如，食品和发酵工业生产过程中产生的废水量每年达 40 亿 m^3，约占全国工业废水排放总量的 10%；COD 排放 500 万吨，约占全国工业排放总量的 20%，给我国已十分脆弱的环境带来了巨大的压力。每吨酒精排放 COD 为 70 000～100 000mg/L 的酒精糟 15 吨，总排废水 80 吨；每吨味精排放 COD 为 60 000～70 000mg/L 的废母液近 20 吨，总排废水 400 吨；每吨柠檬酸排放 COD 为 10 000～40 000mg/L 的中和废水 10 吨，总排废水 300 吨。在我国工业废水排放总量中，发酵工业排放的废水仅次于造纸工业，为第二水污染大户。味精废水已成为淮河水污染的主要污染源，在珠江、太湖流域也造成严重的环境污染。我国传统生物技术产业那种主要依靠低劳动力成本、高资源消耗和较高的环境污染代价的生产方式已经走到尽头。以现代生物技术改造传统发酵工业，以“减量化、再利用、资源化”为原则，实现发酵工业低消耗、低排放、高效率的目标，是为着力发展的方向。加快发展工业生物产业，以现代生物技术、生物过程技术、生物信息技术，改造提升传统的发酵工艺技术，将发酵工业改造成为现代生物制造行业，增强市场竞争力，是我国从生物技术产业发展必然途径。

为应对全球气候变化，世界正在重新审视人类活动对未来的影响，发达国家很明显拟借此机会制定高技术产业壁垒，巩固其经济霸权地位。我国到 2020 年要实现单位 GDP CO_2 减排 40%～45%的目标，面临巨大压力和特殊困难。发展低碳经济、节能减排，实现产业资源节约、环境友好、结构转型将是我国经济与社会发展未来的主旋律，发展无污染新型工业技术产业已经成为社会可持续发展的当务之急。随着生物技术的进步，汽油、柴油、塑料、橡胶、合成纤维以及许多大宗的传统石油化工产品，正在不断地被来自可再生原料的工业生物制造产品所替代，高温高压高污染的化学工业过程，正不断向条件温和、清洁环保的生物加工过程转移。工业生物技术可以从源头上解决资源短缺、节能减排与环境污染问题，对缓解我国目前的资源、能源及环境危机，大规模的推进节能减排，提高制造业的可持续发展能力和出口产品的国际竞争力具有重要作用。因此，发展微生物技术，尤其促进其在制造产业的应用，对中国这样一个正处于全面建设小康社会，迈向中等发达社会的发展中国家而言，显得尤为迫切。

第三节　我国微生物领域技术方法创新的目标和工作重点

进入 21 世纪以来，随着各种技术的发展，生物学科特别是微生物学进入了快速和交叉融合发展的时期，新兴交叉学科不断涌现，结合多理论、多技术和手段全面而系统地进行研究成为微生物学发展的趋势。我国微生物学研究虽然已经经历了几十年的发展，然而与国外发达国家和国际领先水平还差距较大。对于我国微生物学科的发展，必须从我国具体国情出发，在巩固微生物资源等具有优势的学科基础上，着力发展微生物生理代谢、环境微生物学、微生物基因组等组学研究以及系统微生物学等，使得我国微生物学科能够全面合理发展，而相应的微生物学研究方法和技术的创新至关重要。

而在微生物产业领域，近年来基因组学和系统生物学的快速发展，提供了从组学水平上系统认识微生物生理功能和代谢特性的工具；元基因组和蛋白质科学与工程技术的发展，则为工业酶开发提供了新的动力。合成生物学的诞生，为设计、改造甚至合成新的生物体，生产满足不同需求的产品提供了可能。基于智能分析和系统集成的工业发酵和生物过程工程不断提高着生物加工和制造的效率。正是这些生物科学在工业过程中的不断渗透，推进了工业生物技术的进展和质的飞跃。目前以发展人工合成细胞工厂为核心的新一代工业生物技术已成为国际生物高科技前沿的竞争焦点。不断完善这一新技术需要进一步加强其基础学科——工业生物科学的研究。只有通过加强工业生物科学的研究，促进生物科学与数学、物理、化学、计算科学多学科的交叉与进步，促进实验设备、软件工具、分析方法以及科学思想上多方面巨大的突破，从生物系统的各个层面上去研究工业生物，理解工业生物与环境相互影响与作用，从而可为环境、能源等问题的解决提供新的技术手段。

针对国际微生物学科与产业发展的激烈竞争，我国必须选择具有基础性与全局性的核心关键技术，集中优势资源，实现重点突破，提高微生物学科与微生物产业科技的核心能力，抢占国际制高点。

一、新一代微生物资源挖掘技术

微生物在自然界中分布最为广泛、生物多样性最为丰富、生物量巨大，然而目前可培养和被认识的微生物只有约 1%，而大量的微生物还未被发掘，而其制约就是微生物的分离培养技术。因此要获得尽量多的微生物资源，就需要发展新一代的微生物资源挖掘技术，包括微生物样品采集和保存技术、微生物分离培养新技术、微生物快速鉴定技术、微生物菌种保藏技术、非培养微生物发掘技术等。

二、特殊环境微生物遗传操作体系构建技术

遗传操作系统的构建是进行微生物生理代谢和遗传研究的关键，目前对于传统的模式微生物(包括大肠埃希菌、芽孢杆菌、酵母等)已有成熟的遗传操作体系，然而对于许多来自特殊环境的微生物(包括极端环境等)，仍然缺乏相应的遗传操作体系，这制约了对这些特殊微生物的进一步研究。因此发展新的微生物遗传操作体系构建技术，包括载体构建、转化方法、基因敲除策略等，就显得尤为重要。

三、环境微生物技术和生物修复技术发展

我国微生物资源丰富，同时环境污染严重，因此对于环境微生物和微生物修复技术的研究，不仅可以加深我们对微生物与环境关系的理解，也可以帮助我们改善和保护生存环境。重点开展土壤和水体微生物检测技术、新的污染物微生物降解菌资源和途径发掘技术、废水生物处理技术及资源化及特殊菌剂的研制、污染和受损环境的微生物修复技术和新型生物脱氮工艺等研究。

四、生物信息学技术的发展

随着基因组、蛋白质组和转录组等组学的发展，产生大量的微生物基因数据的积累，如何有效快速分析这些数据，找出其中所蕴含的科学问题成为关键，而生物信息学的出现可以很好解决这个问题。生物信息学是生物学与数学、计算机科学相互融合的交叉学科，是一门新兴学科，虽然对于现代微生物学研究至关重要，但是其发展还处于起步阶段，而我国生物信息学的发展也仅仅适于近些年。因此大力发展生物信息学技术，包括算法、模型构建、软件开发和分析技术等，是推动我国生物信息学和微生物学发展的关键。

五、新一代代谢工程技术

代谢工程技术是实现重大化工产品生物制造的重要基础。构建大肠埃希菌、酿酒酵母、谷氨酸棒杆菌等模式微生物的代谢网络模型。开发以代谢网络模型为基础，设计最优合成代谢途径的技术策略。构建大肠埃希菌、酿酒酵母、谷氨酸棒杆菌等模式微生物的遗传操作体系，包括基因敲除、基因高效表达、基因整合、启动子改造、核糖体结合位点改造、转录终止元件改造等技术。建立进化代谢工程、反向代谢工程等技术平台。重点开展重大化工产品生产菌株的代谢工程改造，通过竞争途径的敲除、合成代谢途径的优化，提高重大化工产品的生产能力。通过进化代谢工程和反向代谢工程技术提高重大化工产品的产量、生产速率、糖转化率以及耐热、耐酸、耐抑制物等工业适应能力，提高生产指标与技术水平。

六、系统生物学技术

系统生物学技术是重大化工产品生物制造的重要支撑。发展定量分析工程菌所有的组分、状态和组分间的相互作用关系的高通量分析技术，如基因组、转录组、蛋白质组、代谢

组、代谢流组。开发新型芯片、二维凝胶电泳、基于测序的转录组学、基于液质连用的蛋白质组学以及基于高精度、高分辨率质谱技术的代谢组、代谢流组等的测量技术,发展以描述上述系统的动态变化的数学模拟技术手段,建立相应的技术平台。

七、合成生物学技术

合成生物学技术是重大化工产品生物制造的重要发展方向。开发一系列标准遗传操作元件,如启动子、核糖体结合位点、转录终止序列等。开发外源基因在模式微生物体内的高效表达技术,如密码子优化、分泌肽改造、人源糖基化等。开发多个基因合理协调表达技术和合成途径在模式微生物体内的组装及优化技术,有效提高生物制造能力,拓展生物制造的产品范围。

八、酶的定向进化技术

酶的定向进化技术是重大化工产品生物制造的重要基础。改造野生型生物催化剂,提高其对非天然底物的反应活性、稳定性和选择性(包括化学选择性、区域选择性和立体选择性)。采取随机突变结合高通量筛选的策略提高酶催化剂的催化性质;通过分子模拟等方法理性分析选择改造位点,建立高效的突变库,提高筛选效率。

九、生物催化技术

生物催化技术是重大化工产品生物制造的重要支撑。在对生物催化过程的分子和细胞水平认知基础上,进行生物合成过程的优化和调控。研究酶分子化学修饰、固定化过程、反应介质种类、底物结构、混合、传质、反应器结构和操作方式等工程因素对生物反应过程的影响及控制策略;研究产物分离、纯化技术、介质与装备,以及与生物反应相耦合的过程工程,建立生物催化过程优化及控制技术、多种生物催化反应耦联或级联、系统集成技术和过程信息化技术等技术平台,研究绿色生产新技术和新工艺,提高原子经济性,实现化学产品的生物合成和绿色制造。

十、新一代发酵工程技术

发酵工程技术是实现重大化工产品经济、高效生产的关键技术。模拟环境因素对工程菌生理和代谢功能的影响,并在实际发酵过程中进行优化;建立与高通量分析仪器相耦联的新型发酵过程在线监测、分析和控制系统,获得对工程菌生理和代谢功能的动态认识;开发针对重大化工产品的新型发酵—分离耦合系统,提高目标化工产品的生产强度;开发新型气体发酵技术,利用不同组成成分的合成气合成重大化工产品。

执笔:于　波、周　成
讨论与审核:张延平、蔡　真、柳国霞
资料提供:于　波、周　成、贾开志、张海峰

第二章

我国微生物领域设备创新的需求、目标及工作重点

第一节　高通量设备

随着基因组、蛋白组、代谢组等组学的快速发展，对高通量设备的需求迅猛增长，如高通量培养技术、高通量纯化、高通量质谱等分析系统。

一、高通量细胞培养

细胞培养作为一种实验技术，已经在生命科学领域的基础研究和临床应用研究中得到广泛应用，从药剂研发，到疫苗研制，再到给他基因功能的分析，都离不开细胞培养技术。然而，细胞培养技术基本上仍是一项繁重的手动操作技术。直至近期，德国 Fraunhofer 制造技术与自动化研究所联合马普协会分子细胞生物学研究所等机构研发了一个可完全自动培养细胞的系统，这一设备由多个模块组成，包含有能移动细胞培养容器(多滴定板)的机器臂，以及能观察评估细胞形态，或培养物生长情况的显微镜。将培养平板传送至显微镜台上，显微镜便能自动聚焦并开启镜头，点亮所需光源。整个光学系统能在高湿度条件下工作——而这种高湿度正是细胞培养所需要的，显微分析的结果则被用于系统调控，这种能自动调控的细胞培养技术还是首次出现。计算机程序能分析显微图片，检测并辨别容器表面覆盖的细胞浓度，如果已经形成合适的细胞群落，那么另外一个模块，一个空心针就会从培养物中选取 100～200μm 大小的细胞，放置于新容器中。系统管理员可以通过软件调整识别模式，一旦出现新细胞类型，便能找到其所在的样品区域，这样系统就能自动识别出细胞类型。

高通量培养技术有广阔的发展前景。它将单个细胞包埋和流式细胞仪分选结合起来。该技术在一定程度上模拟了自然环境，使所有的微生物处在一个开放的、连续的培养环境中，而不破坏微生物之间的生态联系。但同时又将单个微生物分离开来培养，避免了混合培养时的营养竞争问题，使大量的微生物能够获得纯培养。微生物高通量分离培养技术的建立有望能够培养出大量以往未被培养出的微生物，这将对天然活性物质的筛选以及生态学的研究具有非常重要的意义。该技术可以培养各种环境中的微生物，例如海洋和土壤。

二、高通量筛选检测

传统的微生物分析技术主要通过琼脂培养方法对细菌进行计数和鉴定，尤其是对复杂的混合菌群的分析更是如此。这些方法的缺点除了耗时外(12～72 小时)，许多细菌还需要特殊培养条件，如需要苛刻的营养条件或厌氧条件培养等，据估计，某些样本菌群中(比如环境样本)只有不到 10%的细菌能够成功培养。由于传统方法的局限性，微生物学家正致

力于通过分子遗传方法对不同微生物样本进行鉴定和分析。盈九思的合作伙伴之一——美国环球基因有限公司根据改进的变性高效液相色谱(DHPLC)原理,通过温度介导的DNA片段分析技术,发展起来一种不依赖培养的混合微生物群体分析系统,即WAVE微生物高通量检测系统。WAVE微生物高通量检测系统是进行微生物分子分析的理想工具,它不仅可用于细菌的识别鉴定,混合细菌样本的分离鉴定和细菌抗药基因的突变检测,还可用于真菌、病毒和寄生虫等研究领域。WAVE微生物高通量检测系统提供了一个自动化的技术平台,通过快速和简单的工作流程,我们就能在当天获得样品中微生物构成的结果。

哈佛大学Weiza研究组构建了一套基于微流控芯片液滴技术的超高通量筛选平台,利用该系统进行酶的定向筛选,每秒钟可筛选上千个反应。他们首先对约10^7个原始辣根过氧化物酶进行超高通量的初筛,获得大约100个活性较高的突变型辣根过氧化物酶,经过复筛得到了比亲代酶活性高10余倍的突变型。整个反应过程仅用10小时就完成了10^8个酶反应的筛选,此方法的筛选效率提高了1000倍,而试剂消耗量仅有150μl,费用为现有技术的百万分之一。

三、高通量蛋白纯化系统

蛋白质分离纯化的研究开发将围绕着快速、高分辨率、高上样量,易于操作、全自动化以及低成本等方面而展开。具体的技术改进着重于对纯化操作系统的性能改进和载体介质的性能提高,而操作系统的性能改进则需要多学科的协同合作,如自动化、计算机及生物学科等。蛋白质的纯化体现在实验室与工业中主要为层析技术,因而对于固相的开发便成为关键。亲和层析的载体介质的研发中,则需要提高分辨率与选择性,提高凝胶的机械强度以容许载体在较高的流速压力下工作而不会降低分辨率;径向膜层析结合了层析技术与膜过滤及超滤的效应,处理量大,即使在高流速时压降很低,在保持柱径不变的情况下,无需改变分离条件,仅增加柱长便可以增加上样量,有利于生产放大,因此具有良好的应用前景;在金属螯合亲和层析中,通常螯合剂将Zn^{2+}、Cu^{2+}、Fe^{2+}、Ni^{2+}等二价金属离子螯合于基质上,而后样品通过的时候二价金属离子可以与带有组氨酸等外露的蛋白质残基结合,然而,在实际应用过程中金属螯合层析填料多采用琼脂糖作为基质,其颗粒表面较为粗糙,容易产生非特异性吸附,尤其对于一些分子量小的蛋白或者在疏水蛋白较多的情况中,因而不利于快速分离纯化蛋白,因此需要开发一些磁化或超磁化的介质来克服。

生物芯片技术的发展仍处于初期阶段,提高其准确性和稳定性的理论和技术有待于进一步研究,由于生物芯片存在的局限性,如基因芯片制备过程中光刻掩膜的制备成本高、周期长,光的折射、衍射引起寡核苷酸的错配等,其应用短时间内难以普及,仍需要付出大量的工作以克服。生物芯片在我国起步较晚,许多技术依靠国外引进,所开展的项目非常有限,没有形成较大的规模,缺乏自主知识产权,另外生物芯片技术的标准化及质量控制的实施等方面也有一定难度,监督体系尚需进一步加强与完善。生物芯片更体现了多学科的交叉,如生命科学、化学染料、微电子技术、激光、自动化等,在此道路上我们任重而道远。

第二节　发酵在线监测和控制设备

微生物发酵工艺开发是生化工程和现代生物技术产业化的基础,生化过程的各种参数变化直接影响着整个生化反应过程,各种参数的高精度智能检测技术和仪器化研究,对生化过程智能测控系统的优化控制有重要意义。

液态发酵控制过程中可采集并用来分析的数据有限，主要有在线的温度、pH、溶氧及CO_2，离线的细胞量、产物量、副产物量等。在上述因素中，活菌密度是最为重要的工艺参数，但目前尚无满足要求的在线检测仪，能对发酵过程中菌体密度进行准确的实时在线检测。菌体密度的传统测量方法是离线的，离线测量存在两个问题：一是取样过程容易污染，再者是给发酵自动控制带来困难。在工业化生产过程中难以找到完全相同的过程曲线，其根本原因在于细胞量、产物量数据的准确性和及时性不够。如能准确有效地判定细胞量，将会使发酵工艺控制技术得到极大的改善。因此，研制菌体密度时在线检测系统是非常必要的，其对了解发酵信息、掌握和控制生物发酵过程、提高发酵质量具有重要意义。

在微生物发酵过程中，残糖量的测定通常作为发酵产物产量多少的重要指标。糖浓度过高对菌体增殖有阻碍作用，糖浓度过低则会导致代谢迟缓，致使代谢产物的生成速率下降。目前工业上一般采用中途分次流加补糖的发酵方法。正常发酵过程的产酸期要求基质浓度稳定变化，采用间歇补糖的方法往往高于正常菌体的耐受范围，如果降低代谢的稳定性，则会破坏细胞增殖，直接影响发酵的生产效率。因此，严格准确地控制不同阶段的残糖浓度是发酵成败的重要因素。迄今为止，微生物发酵过程中在线检测残糖浓度的传感器还未问市，一般都采用定时取样分析的方法，依据残糖测定结果和累计的操作经验，确定补糖数量，实施间歇补糖。该法虽然较一次加糖法的生产效率有所提高，但从生物分子水平角度分析，也存在着问题，即培养系统环境的不断改变而使菌体活性下降，从而导致生产效率不稳定和效率降低。综上所述，实现残糖量的在线测量和最佳化自动控制便成为使发酵过程达到稳定化和进一步提高生产效率的关键因素。

为了对发酵过程进行有效的优化控制，使先进的控制算法与策略得以实际应用，迫切需要对最终发酵产物浓度参数进行在线实时检测。当前，发酵产物浓度在线检测方面的研究依然不够，发酵产物浓度的检测大多还是采用离线的方法（如气相色谱法，离子色谱法等），不仅滞后程度较大，且容易污染发酵液，而在线检测技术尚不成熟、缺乏智能性。因此迫切需要研制出具有较高准确度和测量精度的智能化发酵产物浓度在线检测仪器，以实现产物浓度在线智能检测，并将所得的信息实时保存和实现反馈控制，及时调整生产流程使生产达到最佳状态，这将对提高产品质量、实行质量跟踪、降低生产成本、减轻劳动强度、提高生产效率等具有重要意义。因此，研究微生物发酵过程中发酵产物浓度在线检测技术，研制智能化乙醇浓度在线检测仪具有重要的理论意义和实际应用价值。

第三节　自动化取样分析一体化设备

目前，我国微生物发酵蓬勃发展，既有用于科学研究的实验室规模的小试发酵设备，也有生产各种食品、药品或化工平台产品的万吨级规模的工业发酵厂。然而，我国发酵行业普遍存在着工艺与装备落后，过度依赖技术人员和工人的经验，自动化水平低等问题，尤其是发酵过程中取样分析的设备、方法和手段相对落后，同国际先进水平存在着很大的差距。

由于在线检测的生物传感器的不稳定性和许多发酵指标如菌体量、发酵液基质（糖、脂质、各种离子）浓度和代谢产物（抗生素、酶、有机酸、氨基酸）浓度等参数，以及 RNA、DNA 、ATP 及 NADH 含量等无法通过在线检测来完成分析处理，致使许多发酵生产厂仍采用原始的人工取样和离线监测技术。由于人工取样和离线检测分析技术存在不连贯性和滞后性，易产生误差，甚至导致发酵过程污染等问题。此外，在实验室发酵过程中也多为手动取样，科研人员熬夜取样、连续几十个小时不休息也是一种司空见惯的现象，这不仅使科研效率降低，而且严重影响着科研人员的健康。为了避免上述问题，提高生产效率与检测的准确性，自动化取样-分析一体化设备的研制和开发是非常必要的，也是提高我国发酵行业自动化程度的一个重要方面，因此自动取样分析一体化设备在工业生产和科研试验中都存在着很大的需求。

鉴于我国目前发酵行业的水平和存在的问题，在自动化取样和分析方面的工作重点主要有两个方面，一是紧跟国际自动化取样分析设备的发展趋势，有条件的企业和科研单位应加快自动化设备的应用和研制；二是根据我国的行业现状做出对自动化取样分析设备应用的经济评价，然后在此基础上加快适合我国发酵行业现状，经济可靠的自动化取样分析一体化设备。

自动化取样分析一体化设备就是将计算机控制、机械操作和分析设备自动检测有机结合起来的一个自动化、可控、可靠的取样分析一体化系统。这种一体化设备由自动取样设备，自动处理样品设备、自动进样设备和各种大型分析仪器（HPLC、HPLC-MS、GC、IC、NMR、分光光度计、红外光谱分析、原子吸收等）组成。

自动化取样设备可以通过机械化的自动取样器方便完成对样品的采集，在自动化设备的研制中主要考虑以下两个方面的内容，首先是采样设备要保证不会造成发酵过程的污染，其次是采样设备是智能化的，既可以按时采样也可以根据在线监测设备和自动化取样分析设备提供的数据随时采取样品，这需要利用计算机编程手段，在计算机广泛普及的今天比较容易实现。

自动化取样分析一体化设备的主要问题是许多大型分析仪器对样品的处理要求都比较苛刻，比如离子色谱（IC）对样品的要求很严格，残留的菌体、大分子蛋白质等都要除去否则会对色谱柱造成较严重的影响。因此在一体化设备的研制中对样品的处理是最为关键的，样品的自动化处理设备要做到以下两点：一是自动样品处理设备要简单高效，所需步骤较少；二是在样品的处理过程中不能有样品的损失和污染。为了做到以上的要求，需要引进各种分离手段到样品的处理过程中，如膜分离、选择性吸附和离心等，或者将各种分析仪器作为样品处理的一部分。Turner 等曾将一个微型离心机和 HPLC 连接到一起，将处理后的样品自动泵入 HPLC 中来研究发酵液中糖和各种有机质的含量。Rottenbach 等为了减少样品的污染和损失，将一个组分收集器和 GC 与元素分析仪直接连接在一起，进行自动采取样品和处理，采到的样品被元素分析仪燃烧处理后生成 CO_2，CO_2 进入自动气体处理系统进行处理，然后再进入加速质谱仪（AMS）进行分析。

目前自动化取样分析一体化设备是一个发酵设备研究的重要方向，也是我国发酵行业继续改善和改进的一个重要方面，所以我们需要加快科研步伐，积极地将计算机、机械和生物技术等学科整合一起，大力推进自动化取样分析一体化设备的应用，同时结合我国行业整体水平和现状，开发研制出适合我国发酵行业的自动化取样分析一体化设备，为我国发酵行业的发展做出贡献。

第四节　高通量微型生物反应器系统

一、微型生物反应器

随着反应器构造类型与反应容积的可选择性越来越广泛，微型生物反应器（Miniature bioreactors,MBRs)(反应容积小于 10μl)受到人们越来越多的关注。按照反应体系内部的搅拌方式不同,MBR 可分为摇动型与搅拌型。对于传统微生物发酵过程(菌种选育、菌种改造、发酵过程优化)来说,通常需要大量的摇瓶菌株培养与分离鉴定实验,这就意味着需要耗费大量的人力与反应试剂。相对于传统生物反应器(摇瓶)而言,摇动型微型生物反应器除了能够同时检测更多的样品数量与反应参数外,还能够极大地降低人工成本、所需反应试剂添加量与发酵废液的生成,这不仅降低了整个发酵过程的成本而且使得整个过程变得更加绿色环保。更加重要的是,MBRs 能够准确模拟实验室规模与小规模发酵实验过程,这使得菌种细胞生长动力学与发酵产物生成的过程优化速度大大提高。

微型搅拌生物反应器(miniature stirred bioreactors,MSBRs)是基于传统搅拌罐式反应器开发而成,作为 MBRs 的一种,通常可用来模拟替代前期菌种小规模发酵试验,以便确定菌种发酵产物生成种类与目标产物的终浓度。其原理是通过控制微管内的搅拌转速与通气条件,使得整个发酵反应体系的代谢产物转化速率与底物消耗速度与大规模发酵实验类同,这不仅大大降低了传统发酵罐实验所需要的人力与试剂消耗,而且能够迅速确定菌种发酵特性与工业化潜力,大大缩短了前期试验时间成本。

虽然微型生物反应器具有上述种种优点,但是单一的反应器类型并不能够同时满足所有生物反应过程需要,在实际应用中,应该根据具体的菌体细胞生长特性,通气条件要求,搅拌速率与发酵体系中成分复杂程度来选择相应的微型生物反应器类型。

二、微流控生物反应器

微流控生物反应器也称为微流控芯片,是一种以在微米尺度空间对流体进行操控,从而可以将化学和生物实验室的基本功能微缩到一个几平方厘米芯片上的能力为主要特征的科学技术,微流控芯片的主要优点是可以在体外创造一个类似于大多数细胞尺寸的环境,因而一种是理想的高通量筛选设备,广泛应用于药物研发、组织工程、生物工艺优化以及基于细胞的筛选研究。

微流控芯片综合了分析化学、微机电系统、计算机、材料学、生物医学等多学科领域,可以实现多种分析功能,如采样、稀释、加样、反应、分离、检测等。微流控芯片的主要材料有硅质材料(玻璃和石英等)、高聚物材料(如聚碳酸酯、聚二甲基硅氧烷等)以及陶瓷、印制电路板等。通过微加工技术、软蚀刻技术等将微管道、微泵、微阀等元件集成于基质芯片材料上。微流控芯片具有较高的分析效率和超高的筛选通量,极大地降低试剂的消耗。

现已证明一些类型的微流控芯片作为高通量工具,在细胞产物分析、细胞生理生化行为、药物研发、蛋白生产、酶进化、菌株进化等方面的巨大应用前景。现在的微流控芯片尚不能同时检测多种组分,因而未来的微流控芯片研发有可能持续集中于整合更高功能原件,如微通道、材料类型等。此外,不同细胞或组织具有不同的微环境,从而影响其表型,所以说,先要了解这些不同的微环境,进而开发更高层次的微流控芯片。

三、微孔板生物反应器

微孔板反应器是在微小体积(25μl 到 5ml)的多孔板中进行的反应容器,常用规格有 24 孔、48 孔和 96 孔等,常用于突变体菌株的筛选、培养基的优化和次级代谢物的筛选等,具有样品处理量大,样品体积小,所需时间短等优点,是一种有效的高通量筛选工具。

筛选可在液体培养基或固体培养基中进行，检测方法需根据应用目的的不同使用诸如分光光度计、pH 指示剂、溶氧率、显色剂、抗生素等方法来实现快速检测。由于微孔板与传统的摇瓶相比，体积小很多，在实验过程中需注意由此而导致的溶氧率、气液交换率、液体表面张力、交叉污染等问题，因而现在开发了多种膜和合适的封闭系统，既可保持通气、减少挥发又避免了交叉污染。

微孔板生物反应器已成为替代传统的三角瓶进行高通量筛选的成熟系统，通过合适条件的摸索确定，在微孔板中可快速、高效、廉价的获得目的菌株。在未来的微孔反应器发展中，应集中于研发合适的封闭系统，以及快捷的在线监测仪器的整合。

四、可丢弃型生物反应器

可丢弃型反应器(disposable bioreactor，或称"一次性生物反应器")是由培养容器和一些为细胞生长提供外部环境的装置组成，特别适用于微升级的小体积动物细胞、微生物等的培养。除主体培养容器外，一些过程参数的测量和控制单元也是必需的，如在线的温度、pH 和溶氧等传感器。从反应器构型来说，可以分为刚性反应器和柔性反应器。刚性反应器包括管状、盘状、长瓶状、圆柱状等，柔性反应器包括袋型。反应器的主体材质是塑料，如聚乙烯、聚苯乙烯、聚四氟乙烯聚丙烯等，而不是传统的反应器材料，玻璃或是不锈钢。

可丢弃型反应器的发展可分为三个阶段。第一阶段是此类反应器出现后的将近 50 年里。在这个阶段，在许多实验室里塑料材料的容器代替了玻璃容器，1963 年，Falch 和 Heden 发现塑料材质的四面体培养袋可以很好地培养如大肠埃希菌、枯草杆菌等细菌。第二阶段是 20 世纪 80、90 年代 Knazek 引入了中空纤维技术，实现了体外连续生产单克隆抗体。也是在这一阶段，多托盘细胞体系和双间隔分离膜反应器被应用到动物细胞的培养中。这种设备更适宜疫苗和治疗性蛋白的生产，而且适合长时间而且微升级的细胞扩展和筛选试验。第三阶段是 20 世纪 90 年代末期，WAVE 袋式反应器的出现至今。根据能量输入的形式不同，可以将反应器分为波浪混合式、搅拌式、震动式和充气式等。在波浪式反应器中，氧气被从袋的顶端注入，避免形成气泡。细胞的生长和产物的表达受到质量和能量转移的控制，可以通过摇摆速率、摇摆角度、装液量以及通气速率来调节。这种类型的反应器尤其适合低需氧量的中小体积规模的培养过程。对于形式多样的可丢弃型反应器的选择受多种因素影响。培养细胞或是生产生物活性物质等培养目的不同对形式的选择其决定作用。反应器的规模以及一些工程参数如液体流动形式、混合时间、氧传输速率、剪切力的分配等也是一些关键因素。

与传统反应器相比，可丢弃型反应器具有突出的优势，如高度灵活性、易操作性、降低交叉感染的概率、降低操作时间和成本等。同时，也存在不少限制其应用的因素，如有限的应用经验、塑料材料的强度不够以及一次性使用的理念培养。除此之外，培养容器的再生会增加固体废物处理成本，限制其应用。测量和控制操作参数的一次性传感器在商业上的可行性同样是一个限制因素。

执笔：邢建民

讨论与审核：张延平、蔡　真、柳国霞

资料提供：邢建民、巩伏雨

参考文献

Ali K, Robert L, Jeffrey B, et al. 2006. Microscale technologies for tissue engineering and biology. Proc Natl Acad Sci, 103: 2480～2487

Bareither R, Pollard D. 2011. A review of advanced small-scale parallel bioreactor technology for accelerated process development: Current state and future need. Biotechnol Prog, 27: 2～14

Bernhard S. 1996. New concepts for quantitative bioprocess research and development. Biotechnol, 54: 155～188

Buchenauera A, Hofmanna M, Funkeb M, et al. 2009. Micro-bioreactors for fed-batch fermentations with integrated online monitoring and microfluidic devices. Biosens Bioelectron, 24: 1411～1416

Dennise D, Dalma W, Janet W, et al. 2006. The Affymetrix GeneChip® Platform: An Overview. Method Enzymol, 410: 3～28

Douglas B, George M. 2006. Applications of microfluidics in chemical biology. Curr Opin Chem Biol, 10: 584～591

Ebiba Y, Ekida M, Hashimoto H. 1989. Pething dielectric and electronic properties of biological materials. Biotechnol, 33: 1290～1295

Felix G, Emilio G. 2009. Bioreactor scale-up and oxygen transfer rate in microbial processes: An overview. Biotechnol Adv, 27: 153～176

Gernot T, Ingo K, Christoph W, et al. 2003. Integrated optical sensing of dissolved oxygen in microtiter plates: A novel tool for microbial cultivation. Biotechnol Bioeng, 81: 829～836

Ghosh R, Cui ZF. 2000. Protein purification by ultrafiltration with pre-treated membrane. J Membrane Sci, 167: 47～53

Greeley J, Jaramillo TF, Bonde J. et al. 2006. Computational high-throughput screening of electrocatalytic materials for hydrogen evolution. Nature mater, 5(11): 909～913

Guillaume R, Anna S, Berthold R, et al. 1999. A generic protein purification method for protein complex characterization and proteome exploration. Nature Biotechnol, 17: 1030～1032

Hart J, Wring SA. 1997. Recent developments in the design and application of screen-printed electrochemical sensors for biomedical, environmental and industrial analysis. Trac-Trend Anal Chem, 16: 89～103

Huang C W, Lee GB. 2007. A microfluidic system for automatic cell culture. J Micromechan Microeng, 17: 1266～1274

Hung PJ, Lee PJ, Sabounchi P, et al. 2004. A novel high aspect ratio microfluidic design to provide a stable and uniform microenvironment for cell growth in a high throughput mammalian cell culture array. Lab Chip, 5(1): 44～48

Ingham CJ, Sprenkels A, Bomer J, et al. 2007. The micro-Petri dish, a million-well growth chip for the culture and high-throughput screening of microorganisms. Proc Natl Acad Sci, 104: 18217～18222

Kilonzo P M, Margaritis A. 2004. The effects of non-Newtonian fermentation broth viscosity and small bubble segregation on oxygen mass transfer in gas-lift bioreactors: a critical review. Biochem Eng, 17: 27～40

Matthias F, Andreas B, Uwe S, et al. 2010. Microfluidic biolector-microfluidic bioprocess control in microtiter plates. Biotechnol Bioeng, 107: 497～505

Meyvantsson I, Beebe DJ. 2008. Cell Culture Models in Microfluidic Systems. Annu Rev Anal Chem, 1: 423～449

Moser I, Jobst G, Urban G. 2002. Biosensor arrays for simultaneous measurement of glucose, lactate, glutamate, and glutamine. Biosens Bioelectron, 17: 297～302

Pascal B, Josh L. 2003. High throughput protein production for functional proteomics. Trend Biotechnol, 21: 383～388

Pedro F. 2010. Miniaturization in Biocatalysis. Int J Mol Sci, 11: 858～879

Peter R, Christoph S, Mariel D. 2006. Single step protocol to purify recombinant proteins with low endotoxin contents. Protein Expres Purif, 46: 483～488

Philip S, Ritsa S, Dominic S, et al. 1990. New Colorimetric Cytotoxicity Assay for Anticancer-Drug Screening. Natl Cancer Inst, 82: 1107～1112

Rao G, Moreira A, Brorson K. 2009. Disposable bioprocessing: The future has arrived. Biotechnol Bioeng, 102: 348～356

Rottenbach A, Uhl T, Hain A, et al. 2008. Development of a fraction collector for coupling gas chromatography with an AMS facility. Nucl Instrum Methods Phys Res Sect B-Beam Interact Mater Atoms, 266: 2238～2241

Turner C, Thornhill NF, Fish NM. 1992. On-line asmpling and analysis of fermentation broth using a novel sampling device, microcentrifuge and HPLC. Model Control Biotech Pro, 10:339～342

Wouter A D, Lorenz R, Robert H, et al. 2000. Methods for Intense Aeration, Growth, Storage, and Replication of Bacterial Strains in Microtiter Plates. Appl Environ Microbiol, 66:2641～2646

Wouter A D. 2007. Microtiter plates as mini-bioreactors: miniaturization of fermentation methods. Trend Microbiol, 15: 469～475

Yi CH, Li CW. Ji SL, et al. 2006. Microfluidics technology for manipulation and analysis of biological cells. Anal Chim Acta, 560:1～23

Yong W, Jason A, Sandra D, et al. 2004. A Comparison of cDNA, Oligonucleotide, and Affymetrix GeneChip Gene Expression Microarray Platforms. J Biomol Tech, 15:276～284

Zhan T, Wang T, Wang J. 2006. Analysis and measurement of mass transfer in airlift loop reactors. Chin J Chem Eng, 14: 604～610

Zhu T. 2003. Global analysis of gene expression using GeneChip microarrays. Curr Opin Plant Biol, 6:418～425